中国宏观经济研究院

我国重大技术发展战略与政策研究

王昌林/等著

WOGUO ZHONGDA JISHU FAZHAN ZHANLUE YU ZHENGCE YANJIU

中国财经出版传媒集团

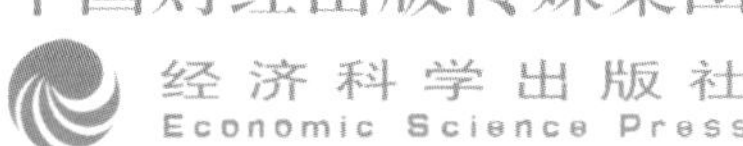

经济科学出版社
Economic Science Press

前　言

当前，新一轮科技革命和产业变革正在孕育兴起，全球科技创新呈现出新的发展态势和特征，新技术突破加速带动产业变革，对世界经济结构和竞争格局产生了重大影响。在这种形势下，主要国家纷纷制定战略和行动计划，把推动重大技术突破与发展，作为掌握新一轮科技革命和产业变革主导权的主要抓手。我国党的各届中央领导集体一直高度重视重大技术发展，经过多年努力，取得了两弹一星、载人飞船、杂交水稻、高速铁路等一批重大成果，在世界高技术领域占有一席之地。特别是近年来，在国家一系列战略举措的支持下，我国在一些科技领域已经跻身世界前列，部分领域正在由“跟跑者”变为“并跑者”，甚至是“领跑者”。面对新的发展形势，推动重大技术发展，特别是加强关键核心技术研发和产业化，不仅事关我国在全球科技竞争中能否抢占制高点，而且对于推动我国产业发展迈向中高端、破解资源环境瓶颈约束、保障国家安全、促进新常态下我国经济社会持续稳步发展等都具有重要的现实意义。

推动重大技术发展，首先要客观分析我国重大技术发展现状与问题，找到我国重大技术发展与世界先进水平的差距，厘清存在的主要问题和制约因素。近年来，我国大力推进自主创新，不断缩短与发达国家的差距，在部分领域突破一批关键技术，并成功实现产业化。但与世界先进水平相比，还存在较大差距。造成这些差距的原因是多方面的，既有发达国家先发优势、我国工业基础积累不够等方面的客观因素，也有体制机制政策等方面原因。归纳起来，主要包括战略重点凝练聚焦不够，新形势下集中各方力量组织开展重大技术创新和攻关的体制机制不健全，缺乏完整的创新链和良好的生态系统，标准体系、认证认可体系和法律法规建设滞后，相关经济政策不完善，针对性、操作性和有效性不强等。

针对这些问题，我们认为，必须要尽快明确推动我国重大技术发展的总体思路、发展目标和主攻方向。总的考虑是：紧紧抓住新一轮科技革命和产业变革的历史机遇，面向国民经济社会发展的重大需求，坚持充分发挥市场配置资源的决定性作用和更好发挥政府作用，进一步明确主攻方向，突出重点领域，确立有限目标，加强资源整合和协同攻关，着力构建社会主义市场经济条件下集中力量办大事的新机制，尽快突破一批具有全局性带动作用和战略意义的关键核心技术，走出一条产学研结合、军民结合的中国特色自主创新道路。重点发展煤炭清洁高效利用技术、绿色制造技术、水的净化与治理技术、海水淡化技术、土壤修复技术、资源循环利用技术、智能电网技术、低成本、普惠的健康医疗技术、农作物育种技术、通信和网络安全技术、移动互联网技术、新型轨道交通装备技术、高效太阳能电池技术、新一代核电技术、先进机器人技术、新能源汽车技术、量子计算机技术、下一代基因组技术、纳米材料技术、载人航天与深空探测技术和碳捕集与封存技术等重大技术。

力争经过5到10年的努力，在一批制约经济转型升级的“卡脖子”重大技术上取得大突破，拥有自主知识产权的重大产品市场占有率明显提升。在前沿重大技术领域取得一批具有世界影响的原创性成果，在部分领域成为领跑者，在国际技术标准制定和知识产权布局中掌握更多话语权，总体跻身世界第二方阵行列。

为此，需要出台更有针对性和更具操作性的技术经济政策措施。一是制定国家重大技术发展战略与行动计划，按照有所为、有所不为的原则，从清洁生产与消费、低成本和普惠的健康医疗、新一代信息技术、高端装备等领域甄别遴选20余项可有力带动经济转型升级的“国家重大技术清单”，对进入“国家重大技术清单”的每项技术，抓紧研究制订行动计划和实施方案，明确发展路线图、时间表和相应的技术经济政策支持措施。二是创新国家重大技术项目组织实施的机制和模式，积极探索“企业主导+科研院所和高校+政府支持+开放创新”的模式，集中资源，加强协同攻关，组织实施若干重大技术攻关工程，务求取得突破性进展。三是建立健全有效解决重大技术发展争议的评估和决策机制。对于民众高度关切的转基因育种、干细胞等重大技术发展争议，政府应加强引导，按照争议大小、技术成熟度、安全控制能力等有序推进这类技术的研发和产业化步伐。对于特高压电网、核电等关系多方利益的重大项目建设，应该建立独立的、超脱部门与企业利益的第三方技术经济综合评估机制，建立客观、系统的综合论证指标体系与科学的项目决策机制。四是制定针对性、操作性和突破性更强的经济政策。对于高铁、核电等我国具有比较优势、已基本成熟的重大技术，要进一步突破关键核心技术，加快实施走出去战略，切实加强出口信贷等政策的支持。对于清洁生产、CPU和操作系统等国际上已基本成熟、我国经济社会发展亟须的重大技术，要坚持以应用促发展，依托大企业，结合国家重大工程的实施，加强集成创新和协同创新，切实加强政府采购等政策的支持。对下一代基因组、量子计算机等需要长期投入、“打持久战”的基础性、前沿性重大技术发展，国家要持续加大研发支持，使投入力度与预期目标相称。五是组织实施一批重大技术攻关工程。在整合国家重大科技专项、“863”计划、支撑计划、战略性新兴产业重大工程、知识创新工程等基础上，围绕保障国家经济安全、破解资源环境约束、提升制造业核心竞争力等重大需求，抓住几个可有力推动我国经济升级的关键领域，以新的机制和模式组织实施一批重大技术攻关工程。

本书观点和内容源自国家发展和改革委员会2014年度重大课题《重大技术经济政策研究》成果，中国宏观经济研究院王昌林副院长拟定总体思路并设计研究框架，由总报告和10个专题报告、1个综述报告、1个调研报告组成。总报告执笔人为王昌林，专题报告一、观点综述报告执笔人为盛朝迅，专题报告二执笔人为姜江，专题报告三执笔人为韩祺，专题报告四执笔人为张于喆、王君、杨威、李红宇，专题报告五执笔人为徐建伟，专题报告六执笔人为张义博，专题报告七执笔人为曾智泽、李红宇、杨威，专题报告八执笔人为杨威、曾智泽、李红宇，专题报告九执笔人为刘坚，专题报告十执笔人为付保宗，调研报告执笔人为王昌林等。

课题研究过程中非常注重调查研究和成果转化，先后召开了CPU与云计算、高效太阳能电池、特高压、核电、新能源汽车等有关领域院士、专家参加的30多场专题研讨会，走访了国家重大科技专项办公室、中科院计算所、中国汽车工业协会、中国汽车技术研究中心、中国智能终端操作系统产业联盟、中国农业科学院、上海市光电子行业协会、国家核电技术公司等相关机构，深入了解相关领域重大技术发展的现状与问题。同时，加强与国家发展和改革委员会政研室、高技术司等合作，聚焦研究重点，加快成果转化，对研究报告和成果转化报告进行了数次集中讨论修改。课题研究成果获得了党中央和国务院领导的批示肯定，也获得国家发改委优秀成果二等奖和国家发改委宏观经济研究院优秀成果一等奖，但由于重大技术发展问题比较复杂，还需要进一步研究。不妥之处，请批评指正。

王昌林

二〇一六年十二月

目 录

主 报 告

专题报告

综述报告

调研报告

主 报 告

促进重大技术发展的思路与政策研究

内容提要：当前，国际国内形势发生重大变化，对我国重大技术发展提出了紧迫要求。必须把握世界重大技术发展趋势，紧扣我国经济社会发展重大需求，坚持“官产学研”结合、军民结合、发展需要与现实能力相结合，切实突出重点和有限目标，加强资源整合和协同攻关，下决心打“歼灭战”和“持久战”，切实突破一批关键核心技术，为我国经济转型发展提供有力支撑。要研究制定国家重大技术战略，积极探索市场经济条件下集中力量办大事的新型举国体制，抓紧组织专家研究提出20项左右的“国家重大技术清单”，制定专项行动计划。要创新国家重大技术发展项目组织实施的机制和模式，建立健全有效解决重大技术发展争议的科学评估和决策机制。坚持分类指导，制定具有针对性、操作性和突破性的经济政策，组织实施一批国家重大技术攻关工程。

加强重大技术特别是关键核心技术研发和产业化，促进产业转型升级，破解资源环境瓶颈约束，保障国家安全，是当前我国经济社会发展的紧迫任务，迫切需要健全重大技术发展机制，采取有效的技术经济政策措施。

一、基本概念与分析框架

（一）重大技术的内涵与特征

重大技术是指对经济发展和人们生活有重大影响或对一个国家至关重要的技术，一般具有以下特征：

1. 重要性

这些技术在科技创新中处于核心地位，是新产品、新业态的基础，能够显著提高产业技术水平和竞争力、推动新兴产业形成，显著提高资源能源利用率、减少污染物排放，大幅提高国家安全能力等。如计算机中央处理器（CPU，Central Processing Unit）和操作系统是信息技术产业的核心，深刻改变了人们的生产生活方式。又如，“两弹一星”大大提高了我国国际地位和影响力，正如邓小平同志所指出的，“如果60年代以来，中国没有原子弹、氢弹，没有发射卫星，中国就不能叫有重要影响的大国，就没有现在这样的国际地位”。

2. 带动性

这些技术的突破和创新，能带动相关技术的进步和发展，带动传统产业升级，具有很强的波及带动效应，产生巨大的经济规模。如移动互联网技术发展，将带动移动电话、智能终端和移动软件等行业发展，催生互联网金融、移动导航、移动医疗等新业态，带动数以万计的企业投资、生产和研发，为人们生活带来更大的便利，影响全球近50亿人的生活方式。

3. 相对性

主要指在不同时期，重大技术范围不同。如在18世纪第一次工业革命时期，重大技术是蒸汽机、纺织、钢铁冶炼等技术。在19世纪，重大技术为发电机、电话、电报、汽车、船舶、铁路等技术。在20世纪，重大技术为集成电路、计算机、网络、飞机、核能、卫星、基因工程等技术。同时，不同国家和地区的重大技术范围也会有所区别。

（二）影响重大技术发展的因素

总结历史上一些重大技术发展的经验，归纳来看，影响重大技术发展的因素主要有以下四个方面（见图1）：（1）科技进步推动。包括技术和产品的性能不断提高，成本不

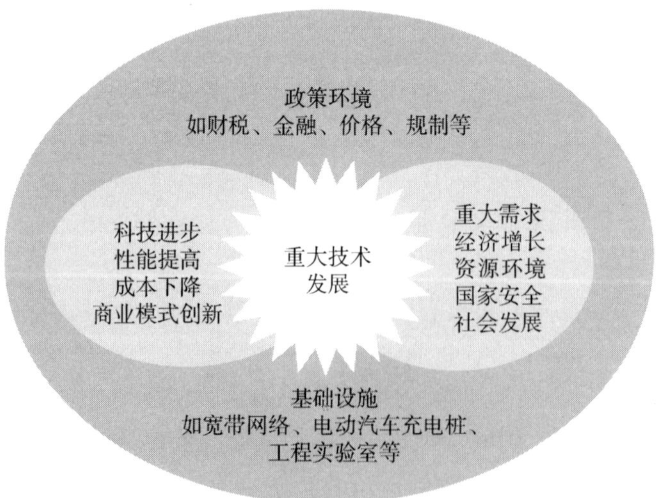

图1　影响重大技术发展的因素

断下降，以及相关的工艺技术、商业化模式创新等的不断进步。（2）需求拉动。包括人类对生产效率提高、生活质量改善、军事战备、健康和可持续发展等的重大需求。（3）相关基础设施。包括宽带网络、电动汽车充电桩等基础设施。（4）政策法制环境。包括相关的财税、金融、价格、规制、市场准入等政策。

（三）政府、企业、大学和科研机构的作用

国际看，无论是美国，还是日本、韩国等国家，在重大技术发展中政府都发挥了非常重要的作用。有的重大技术发展，政府甚至是直接组织实施。从各国看，政府的主要作用包括：（1）组织重大技术发展计划的制订和实施；（2）推动重大技术研发、示范应用和重大技术基础设施建设；（3）制定推动重大技术发展的政策和规制。但从实施看，企业是重大技术研发与产业化的主体。大学和科研机构在重大技术发展中的主要作用是从事前沿性、基础性的重大技术研究，或参与企业主导的重大技术联合攻关。

（四）重大技术发展模式

由于国情和发展基础、发展阶段差异，各国在推进重大技术发展中采取的模式不同。一种是以美国为代表的技术领先型模式，这是在市场经济条件下，以“国家战略需求—基础研究—技术开发—商业化—创新型中小企业—大企业收购兼并”为主线，通过基础研究和国防科研经费支持、专项基金资助、政府采购与国防采购引导和军民结合，运用市场机制促进研究开发、推广应用的一种模式。这种模式要求具备良好的产学研合作和技术转移机制，同时要有一整套有利于重大技术发展的制度和政策安排，科技与经济结合紧密。另一种模式是以日本、韩国等国家微电子工业为代表的技术追赶型模式，是以“经济发展需求—引进消化吸收再创新—商业化—大企业主导”为主线，通过政府的强有力组织、大企业的雄厚实力和金融财团的大力支持，实现重大技术快速发展和追赶的一种模式。

二、国际重大技术发展动向与趋势

在经历了20世纪科学革命、技术革命以及浪潮迭起的产业革命后，当今世界科技创新又处在一个重要的关口，一些重要的科学问题和重大技术已经呈现出革命性突破的先兆，新一轮科技革命和产业变革正蓄势待发。

（一）一批重大技术面临革命性突破，正在推动全球经济和人们的生活方式深刻变革

当前，全球新技术、新产品和新的商业模式不断涌现，一批重大技术开始进入产业化阶段。例如，移动互联网技术迅速普及应用，过去5年智能手机的处理能力每年提高25%（目前一台400美元的“iPhone4”的性能与1975年价值500万美元的CDC7600高性能计算机相当），2012年智能手机数量增长了50%，占全球移动电话的比例达到30%，目前全球有11多亿人使用智能手机和平板电脑，预计到2025年近80%的网络连接将通过移动设备。物联网技术尽管仍处于应用的早期阶段，但正以日新月异的速度发展。据统计，自2010年以来传感器销售额每年增长70%，RFID标签和传感器价格大幅下降；在过去的20年中，太阳能电池转化效率不断提高，目前已达到15%，在实验室已达到44%，太阳能电池成本从1990年的每瓦8美元降到不到80美分。2000～2010年，风电平准化电力成本从每兆瓦80美元降到70美元，目前风电成本已接近煤炭和天然气发电成本。预计到2025年，太阳能的平准化电力成本将继续下降60%～65%，风电将下降25%～30%，锂离子电池价格将从现在的每千瓦时500～600美元下降到160美元；基因测序技术正以比摩尔定律更快的速度发展，目前用测序机器花1 000美元、用几个小时就能完成一个人的基因测序，而在2003年第一个人类基因测序由一个科学家团队花了3亿美元、耗时13年才完成，预计在不久的将来人们就可以使用价格便宜的桌面基因测序机器；从2004年首次人工生产出石墨烯，到2011年IBM已经制造了基于石墨烯的集成电路，在短短的几年之内先进材料技术实现了重大突破，预计到2025年左右，石墨烯将成为继硅材料后的新一代信息基础材料，在超高频集成电路、大面积柔性显示屏、太阳能电池等领域广泛应用。

正如蒸汽机、发电机、铁路、飞机等重大技术那样，当今新一代信息技术、生物技术、新能源技术等正在推动全球经济和人们生活方式深刻变化。比如，移动互联网、物联网、3D打印、大数据等新一代信息技术发展正在推动智能制造、智能服务、智能交通、远程医疗等发展，工业化和信息化进一步深度融合；以下一代基因组技术为核心的生物技术发展正在不断揭示生命的奥秘，推动医疗、医药、农业、工业等领域的深刻变革；以高效太阳能电池、储能技术等为代表的新能源和可再生能源技术发展正在推动能源生产和消费革命，减少二氧化碳排放，实现经济可持续发展。麦肯锡公司《颠覆性技术：将改变人们生产生活方式和全球经济的进步》报告指出，到2025年移动物联网、知识工作自动化、物联网、云计算、先进机器人、无人驾驶汽车、下一代基因、能源储存、3D打印、先进材料、先进油气勘探、可再生能源等12大颠覆性技术每年对经济的影响将达到14万亿美元至33万亿美元。同时，重大技术发展也会带来新的挑战。比如，3D打印将使致命武器的控制更加困难。机器人在创造新的就业机会之前取代太多的劳动力，从而扩大财富和收入差距。合成生物学的发展使人们能够制造更加致命的病毒和微生物等。

专栏 1

麦肯锡公司提出的到2025年对人类生产、生活方式和全球经济具有颠覆性影响的12项颠覆性技术

2013年5月，美国知名咨询公司麦肯锡发布了题为《改变人们生产生活和全球经济的颠覆性技术》的研究报告。报告重点分析了22项热点前沿技术，最终遴选了12项最具产业化前景、很可能会大规模改变全球经济格局、影响社会各方面的颠覆性技术。报告指出，如果这些技术全部实现产业化，预计到2025年将产生巨大的经济效益和潜在的应用前景。

1. 移动互联网技术。主要包括无线技术、自然人机接口、先进廉价电池以及包括可穿戴设备在内的低成本小型计算存储设备等相关技术。到2025年，其影响规模可达3.7万亿~10.8万亿美元。

2. 知识工作自动化技术。主要包括人工智能、机器学习、自然人机接口、大数据等技术。到2025年将产生5.2万亿~6.7万亿美元的影响规模。

3. 物联网技术。主要包括先进、低成本的传感器、无线网络以及近场通信设备（如RFID）等技术。到2025年将产生2.7万亿~6.2万亿美元的影响规模。

4. 云计算技术。主要包括云管理软件、数据中心硬件、高速网络以及软件/平台即服务。到2025年将产生1.7万亿~6.2万亿美元的影响规模。

5. 先进机器人技术。主要包括工业制造机器人、服务性机器人、机器人调查、人类机能增进、个人及家庭机器人等。到2025年其经济影响将达到1.7万亿~4.5万亿美元。

6. 自动与半自动汽车技术。主要包括人工智能、计算机视觉、先进传感器、机器对机器的通信等技术。到2025年将产生0.2万亿~1.9万亿美元的影响规模。

7. 新一代基因组技术。主要包括先进DNA测序、合成、大数据及先进分析等技术。预计到2025年将产生0.7万亿~1.6万亿美元的影响规模。

8. 储能技术。主要包括机械储能、电磁储能、电化学储能等技术。到2025年将带来1 000亿~6 000亿美元的经济效益。

9. 3D打印技术。主要包括选择性激光烧结、直接金属激光烧结、熔融沉积成型、光固化立体造型、层片叠加制造以及生物（细胞）打印技术。到2025年将产生2 000亿~6 000亿美元的影响效应。

10. 先进材料技术。主要包括石墨烯、碳纳米管、纳米颗粒（如纳米级的金或银）以及智能材料（压电材料、记忆金属、自愈材料）等。到2025年将带来2 000亿~5 000亿美元的经济效益。

11. 先进油气勘探开采技术。主要包括水平钻探、水力压裂法、微观监测等技术。到2025年将带来1 000亿~5 000亿美元的经济效益。

12. 可再生能源技术。主要包括太阳能、风能、水电、海洋能等短时期内可以再生或可以循环使用的自然资源。到2025年将带来2 000亿~3 000亿美元的经济效益。

（二）信息技术更加广泛应用，重大技术呈现融合发展的态势

信息技术进入新一波创新浪潮，应用不断深化，从人的互联网到物联网，从固定互联网到移动互联网，宽带、泛在、融合的信息网络就像铁路、公路一样正在成为国家经济社会发展的重要基础设施。从柔性制造到智能制造，从电子商务到智能服务，3D打印、大数据等信息技术正在成为许多重大技术发展的平台技术，如下一代基因测序技术高度依赖于计算能力和大数据分析的提高，风能、太阳能等新能源发展很大程度上依赖于智能电网的发展，等等。

同时，重大技术越来越呈现交叉融合发展的态势。如智能电网是以包括各种发电设备、输配电网络、用电设备和储能设备的物理网为基础，将现代先进的传感测量技术、网络技术、通信技术、计算技术等与物理电网高度集成而形成的新型电网。智能制造则是物联网、云计算、3D打印、先进机器人以及先进材料等技术集成发展的产物。兰德公司《面向2020年的技术革命》报告认为，当今世界正处在由生物技术、纳米技术、材料技术和信息技术集成发展所推动的技术革命之中。

专栏2

兰德公司提出的到2020年可实现商业化的16项重大集成技术

受美国国家情报委员会（NIC）、美国国家能源部（DOE）和美国智能技术创新中心（ITIC）的委托和资助，美国知名智库兰德公司于2006年研究发布了题为《面向2020年的全球技术革命》的报告。报告指出，科学技术将继续呈融合发展的态势，并将对社会产生深远的影响。报告构建了“技术成熟度”、“潜在市场规模”以及“影响范围”的评价模型，对全球科技发展进行了技术预见。报告认为在2006~2020年，生物技术、纳米技术、材料技术和信息技术的集成发展将对全球经济社会产生重大的、革命性的影响，其中16项集成应用技术将最有可能实现产业化。

（1）低成本太阳能利用。主要包括对太阳能的收集、转化和存储技术。

（2）农村地区通信接入。主要包括电话、无线互联网通信技术。

(3) 无处不在的信息通信。主要包括能处理多样化数据的通信、存储等设备和技术。

(4) 转基因植物。主要指通过生物手段，提高农作物产量、改善营养价值以及减少病虫害等遗传修饰技术。

(5) 快速生物检测。主要指对生物活性物质的高效检测技术。

(6) 水的净化和消毒。主要指高效可靠的过滤、净化和消毒技术。

(7) 靶向治疗药物。主要指基于分子识别的定向给药技术。

(8) 低成本绿色建筑。主要指无须依赖外部提供能源的建筑技术。

(9) 绿色制造。主要指减少“三废”排放的循环经济相关技术。

(10) 无线射频识别标识。主要指可以对商品和人进行跟踪识别的无线射频识别技术。

(11) 混合动力汽车。主要指具有多种动力系统的汽车技术。

(12) 无处不在的传感器。主要指通过网络实现传感数据实时传送的技术。

(13) 再生医学（人造器官）。主要指仿生和组织功能恢复和移植的技术。

(14) 改进的诊疗方法。主要指有助于提高诊断精度和减少手术损伤的相关技术。

(15) 可穿戴设备。主要指可以穿在身上或贴近身体，并能发送和传递信息的计算设备。

(16) 量子密码。指一种应用于信息安全传输、具有量子力学特性的先进数据加密技术。

（三）主要发达国家纷纷制定出台重大技术发展战略和计划，努力抢占新的国际竞争制高点

美国围绕推进“再工业化”和实现能源独立等战略目标，制定出台了“连接美国：国家宽带计划”（2010 年）、“国家机器人行动计划”（2011 年）、“大数据研究和发展行动计划”（2012 年）、“逐日计划”（2012 年）、“电动汽车普及计划”（2013 年）等一系列重大技术发展计划，提出了明确的路线图和时间表，旨在新一代信息技术、生物、新能源、先进制造等重大技术领域继续强化其领导地位。欧盟先后制定了“物联网行动计划”（2009 年）、“欧洲战略性能源技术计划”（2010 年）、“石墨烯工程”（2013 年）等重大技术发展计划，努力在环境保护、新能源、生物等领域重大技术创新方面取得领导地位。2011 年，日本制定发布了第四期“科学技术基本计划”，重点发展绿色创新和生命科学领域的研发开发活动，提升信息安全、大数据、稀有元素和替代材料、先进航天、海洋科技等领域的国际竞争力。2013 年 7 月，韩国通过“第三次科学技术基本计划”，提出重点开发 120 项战略性技术和 30 项战略性关键技术。此外，印度、巴西、俄罗斯等国家也在信息、新能源等领域制定了重大技术发展计划。

从各国发展方向看，应对人类可持续发展的挑战成为全球重大技术发展的重点。据统计，2006年以来，美国财政研发投入大幅向健康、能源和环境等领域倾斜，2013年上述三个领域的投入占民口研发经费的比重达到62%。在欧盟委员会制定的《地平线2020》科研计划中，人口与健康、食品安全、清洁高效能源等方面的研究经费为317亿欧元，占总经费的比重接近40%。

三、我国重大技术发展现状与问题

新中国成立以来，党的各届中央领导集体一直高度重视重大技术发展，取得了两弹一星、载人飞船、杂交水稻、高速铁路等一批重大成果，在世界高技术领域占有一席之地。但总体来看，我国重大技术发展水平与世界先进水平还存在较大差距。

（一）我国重大技术发展现状

1. 对重大技术研发投入大幅上升

为突破重大技术制约，2008年以来，国家先后实施了“核心电子器件、高端通用芯片及基础软件产品”、“极大规模集成电路制造装备及成套工艺”、“新一代宽带无线移动通信网”、“高档数控机床与基础制造装备”、“大型油气田及煤层气开发”、“大型先进压水堆及高温气冷堆核电站”、“水体污染控制与治理”、“转基因生物新品种培育”、“重大新药创制、艾滋病和病毒性肝炎等重大传染病防治”等重大科技专项，截至2013年已累计投入852亿元。[①] 为加强战略高技术和前沿重大技术研究，国家批准中科院先后启动实施了知识创新工程、创新2020等工程，累计投入资金500多亿元。为应对金融危机冲击，促进产业振兴和培育发展战略性新兴产业，2008年后国家相继设立了“重点产业振兴和技术改造专项”资金和“战略性新兴产业专项资金”，截至2012年，已累计投入财政资金859亿元。[②] 加上“863”计划、“支撑计划”等领域资金，以及地方财政配套的资金，近年来国家投入重大技术研发的资金超过3 000亿元。

2. 部分领域重大技术发展取得突破

近年来，我国大力推进自主创新，在部分领域突破一批关键技术，并成功实现产业化，为促进产业转型升级和经济社会发展做出了重要贡献。例如，通过引进消化吸收和再创新，掌握了高速铁路技术，技术水平世界领先，目前已建成了京沪、京广等高速铁路，并实现高铁技术出口。自主研发的第三代移动通信国际标准TD－SCDMA，成为世界

① 参见科技部重大科技专项办公室：《关于国家科技重大专项进展情况的汇报》，2014年1月。
② 参见国家发改委产业司：《重点产业振兴和技术改造专项实施效果显著》，载于《国家发改委信息》第1470期。

第三大移动通信标准之一等。

在前沿重大技术研制方面也取得重要进展，与发达国家的差距缩短。如“神州”系列飞船成功发射，“玉兔”号月球车成功登月，标志我国航天技术进入世界先进水平。具有自主知识产权的模块化高温气冷堆研制成功，使我国在新一代核能系统研究方面占据世界一席之地等。[①]

3. 我国重大技术发展与世界先进水平存在较大差距

尽管近年来我国重大技术发展取得了重要突破，但与世界先进水平相比，还存在较大差距。如被誉为信息产业“心脏”的国产 CPU（中央处理器）性能只有世界先进水平的 1/5 ~ 1/10，相当于奔腾 3 和奔腾 4 的水平，约为 Intel（英特尔）公司 2000 年左右水平，国内市场占有率不到 5%。国产操作系统无论是在知名度，还是市场占有率，国产操作系统都显得微不足道，市场占有率不到 1%。我国在中重型汽车柴油发动机方面已经跻身世界先进行列，占全球的份额超过了 1/3，而在技术含量较高的乘用车尤其是轿车发动机领域，我国自主开发能力仍然十分薄弱。目前，外资、合资品牌的轿车发动机占国内市场的份额高达 70% 以上，国内销量最大的前 3 家汽油发动机企业全部为合资企业，前 10 家企业有 8 家是合资企业。国际上先进的钻井船工作水深 3 000 米、钻井深度 11 000米，而我国钻井船工作水深不到 200 米、钻井深度只有 4 500 米。先进国家半潜式生产平台水深 1 920 米，而我国只有 300 米等。

在前沿重大技术方面也存在差距。例如，目前我国太阳能电池产量占世界的 2/3 左右，但主要生产装备基本全部依赖进口。我国在公有云相关技术领域已处于世界主流水平，与除美国谷歌公司之外的其他国家和企业水平相当，处于第二梯队前列，但私有云相关技术领域的差距还比较大。我国新能源汽车整车和部分核心零部件关键技术尚未突破，已开发的整车产品在可靠性、安全性和节能减排指标等方面与国外先进产品差距较大，产业化和市场化进程受到较大制约。根据罗兰贝格咨询公司发布的“2014 电动汽车指数”报告，综合考虑产业发展、技术进步、市场拓展等不同方面，我国电动汽车综合指数为 3.7，远落后于日本（11.0）、法国（8.5）、美国（8.4）、德国（6.2）、韩国（6.0）等国家。虽然我国在转基因抗虫水稻、棉花和转植酸酶基因玉米研究上处于国际领先水平，但在转基因复合性状研究上与被跨国公司差距明显，国内 95% 以上的种子企业仍停留在传统育种水平。国产机器人可靠性相比外资品牌仍有很大差距，其寿命只有 8 000 小时，而外资品牌可以达到 5 万 ~ 10 万小时。国产机器人主要应用于性能要求较低的领域（如五金、陶瓷等），以三轴、四轴为主。在关键零部件领域，高精密减速机、高性能交流伺服电机、多轴运动控制器等基本被国外垄断等。

① 科技部课题组．《我国科技实力研究报告》．2007 年．

（二）存在的主要问题与制约因素

造成上述差距的原因是多方面的，有发达国家先发优势、我国工业基础积累不够等方面的客观因素，也有体制机制政策等方面原因。归纳起来，主要有以下几个方面。

1. 战略重点凝练聚焦不够，缺乏顶层设计，集成各方力量、组织开展重大技术创新和攻关的体制机制不健全

主要表现在，受利益格局多元化等因素影响，长期以来在重大技术创新主攻方向、发展路径等战略问题上难以达成共识，缺乏顶层设计、统筹规划和安排，重大技术发展中存在“盲目跟风”的现象，一些重大专项（工程、计划）重点不突出、面面俱到，集成力量发挥多学科和上下游优势、组织开展重大技术创新的体制机制不健全。比如，从2000年以来，我国投入了大量资金致力于国产CPU和操作系统的开发和产业化，但没有达到预期效果，重要原因不是缺资金、缺市场、缺人才，而是没有形成国家意志，缺乏顶层设计，缺乏良好的生态系统，不仅包括CPU以及集成电路设计、制造、封装、材料、装备和以操作系统开发为核心的软件研究应用领域，还包括基于“CPU+集成电路+操作系统”这些平台技术之上能够吸引全球优秀程序员共同参与的各类应用软件开发的盈利模式、知识产权规则、利益分享机制等系列制度安排。正如有的专家所指出的，“做CPU并不仅仅是完成一件产品，而是在构建一个软硬件生态体系。”这方面比较典型的例子是GooArm联盟，该联盟以ARM为中心聚集了100多家集成电路企业、1 000多家OEM企业、10 000多家芯片设计企业以及数十亿用户和以Android为核心聚集的1 000多家OEM/ODM企业、1 000多家品牌企业开发的10 000多种设备、200多万名开发者为用户开发近百万个应用等共同组成的“强强联合”的产业生态系统。

在支持方式上，许多重大技术专项（计划、工程）主要采取事前支持的方式，财政科技投入分散重复、低效等问题比较突出。以“重大新药创制”专项为例，2013年中央财政投入资金16.5亿元，支持了175个项目，平均每个项目投入资金为900万元，有的项目甚至只有300万元（见表1）。而在发达国家，研制一个新药平均需要10亿美元以上，耗时10年以上。又如，“核高基”重大科技专项每年中央财政仅投入20亿元左右，但要解决问题太多。仅是CPU一项的目标就不仅包括解决国家重要领域的信息安全问题，还包括实现大规模商业化；既包括计算机CPU，还包括手机芯片等。

在组织方式上，一些重大技术创新和攻关仍然沿袭过去“计划经济+科研机构和国有企业+封闭发展”的模式，以需求为导向、企业为主体的重大技术创新机制没有真正建立，产学研、上下游、军民之间合作不够，难以实现集成创新和协同创新。

表 1　　2013 年国家重大科技专项经费支出情况

专项名称	中央财政经费总额（亿元）	项目数（个）	项目平均经费（万元）	项目牵头单位					
				企业		科研院所		高等院校	
				数量	占比（%）	数量	占比（%）	数量	占比（%）
核心电子器件、高端通用芯片及基础软件培育	19.69	71	2 773	45	63.4	10	14.1	5	7.0
极大规模集成电路制造技术及成套工艺	24.87	20	12 435						
新一代宽带无线移动通信	27.93	179	1 560	132	73.7	33	18.4	14	7.82
大型油气田及煤层气开发	26.57	43	6 179						
大型先进压水堆及高温气冷堆核电站	11.39	15	7 593						
水体污染控制与治理	5.66	21	2 695						
转基因生物新品种	4.55	15	3 033	19	22	36	43	27	31
重大新药创制	16.5	175	943						
艾滋病和病毒性肝炎	30.35	131	2 317	10	7.6	41	31.3	41	31.3
高档数控机床与基础制造技术	15.2	58	2 621						
经费合计	182.71	728	2 510	206	44.1	120	25.7	87	18.6

资料来源：根据科技部重大专项办公室编：《国家重大科技重大专项年度报告（2013）》计算。

2. 重大技术创新体系不健全，科研院所改革不彻底、不到位，现行以“游击战”、“单打独斗”为主的科研方式，严重不适应重大技术创新的要求

许多重大技术发展都是长期科研积累的结果，是多学科、多领域集成的产物，需要有一支稳定的科研队伍持续进行长期的基础研究和应用研究，需要进行团队攻关和协同创新，但目前我国科研体系和制度不适应这一要求。

当前存在的突出问题：一方面，重大技术基础研究、共性技术研究和前沿技术研究薄弱。特别是原来从事共性技术研发的科研院所转制变为企业后，致使行业共性技术研发弱化，而新的重大技术研发体系没有建立。近年来，为加强协同攻关，我国成立了一批产业创新联盟，但由于缺乏有效的利益共享和风险分担机制，多数联盟未产生实质性和突破性成果。另一方面，现代科研院所制度不健全，不适应出重大创新成果的要求。在发达国家，科研机构主要分为国立科研机构和私立科研机构两类，国家对国立科研机构给予稳定、足额的经费支持，科研人员有科研方向选择的自主权，可以安心研究。而在我国，目前科研机构普遍缺乏稳定、足够的经费支持，加上考核制度等不完善，造成科研人员学术浮躁、短期行为等问题比较突出，难以“十年磨一剑”，专心从事重大技术特别是前沿重大技术的研究。例如，有专家提出，荷兰能源研究中心开发的金属穿孔卷绕硅太阳能电池技术，从研发到产业化历时9年，在此期间，研究中心只进行了专利申请工作，并未发表任何文章，而这在我国是不可想象的，因为大学、科研机构往往要根据发表文章、申请专利的数量来决定对研究人员的学术评价和考核，在科研人员每年都有量化考核的背景下，研究人员必须要根据绩效要求选择最易出成果的研究，又会有哪位研究人员去选择做耗时费力、需要“十年磨一剑”的前沿重大技术研究呢？因此，如何根据新时期新阶段我国重大技术创新的要求，进一步推进科研院所改革，是当前亟待解决的问题。

3. 标准制定滞后、基础薄弱，法律法规不健全，成为重大技术发展的重要制约因素

通过制定标准和法规，建立产品兼容性和准入透明性，创造良好的法制环境，对于鼓励社会投资、促进新技术产业化具有重要作用。这是发达国家促进重大技术研发和创新的重要举措。如美国为促进清洁能源发展，首要的工作之一是制定清洁能源标准和相关法律法规。但从我国看，目前政府在支持重大技术研发等方面比较重视，而在标准和法规制定方面工作比较滞后，不适应重大技术研发和创新的需要。如我国新能源汽车企业采取不同的设施，标准不统一，导致充电桩、电池等一系列开发的重复投入和巨大研发成本。又如，云计算在数据接口、数据迁移、数据交换、测试评价等技术方面，以及云计算治理和审计、计费标准等运营方面，都缺少一套公认的执行规范。再如，推进云计算发展，需要制定保护数据安全、隐私等方面的法律法规，但目前这方面的政策法规缺失，不利于云计算产业化发展。

4. 缺乏有效的争议解决机制，一些重大技术发展在技术路线选择、安全性等方面长期争议不休，延误发展时机

近年来，我国在核电、特高压电网、转基因等重大技术发展上引发了激烈的争议。例如，各界围绕转基因的产业化问题就长期争论不休，争议主要集中在安全问题上。老百姓最关心转基因食品吃了之后对身体是否有伤害，一些专家担心转基因作物会产生基因污染，造成农业生态灾难，但是转基因育种技术研究者认为无须忧虑，因为我国转基因食品的安全评价严格遵循国际标准，批准上市的转基因食品可以放心食用，我国转基因棉花的种植实践也表明基因污染不是问题。又如，近年来围绕特高压电网建设也争议不断。赞成发展特高压电网的专家认为，发展特高压电网，可以推动国家清洁能源开发目标实现及清洁能源的高效利用，促进以电代煤和煤电布局优化，大幅度减少“三华”电网（华北、华东、华中三大区域电网）范围内的燃煤消耗，改善当地环境质量，有利于在全国范围内实现土地资源优化开发与节约利用，节约宝贵的土地资源，并且是技术先进、经济合理、安全可靠的。但一些专家指出，特高压电网特别是“三华电网”建设将破坏我国经过长期实践证明是安全合理的分层、分区、分散外接电源“三分”结构，为大面积停电事故埋下严重隐患，电网安全不可控。同时，特高压电网造价高，线路利用率低，经济性差，对解决资源环境问题作用有限。再如，目前我国核电发展是否应统一技术路线也存在不同认识。一种意见认为，应统一技术路线，集中发展 CAP1400，主要是因为 CAP1400 是当今全球最先进的第三代核电技术，具有全部自主知识产权，安全性高。但反对者认为，目前 CAP1400 还没有证明其经济性和安全性，作为主力堆型发展风险很大。

出现上述争议，原因是多方面的。从客观上看，任何技术发展都是一把“双刃剑”，实际上并不存在“绝对安全、完美无缺”的技术，许多技术发展带来的不利影响只能在发展中逐步解决。从主观上看，有专家认识差异的原因，也有利益集团之争方面的因素。比如，核电技术路线选择之所以长期争议不断，最直接的原因是争议双方利益主体不同，立场不够中立，分析标准不一。另外，缺乏独立的第三方评估机制也是一个重要原因。比如，目前有关方面围绕特高压电网建设的争议很大，但双方并未从技术先进性、经济合理性、安全性等方面提供充足的论据和报告。

5. 经济支持政策非常薄弱，操作性不强、落实不够，激励重大技术研发和创新的政策不完善、不配套

近年来，我国先后制订了许多促进重大技术发展的规划和政策。但从具体内容看，许多政策都是原则性的，针对性和操作性不强，特别是在市场需求、金融、财税、价格等经济方面的支持非常薄弱。在政策制定过程中，常常是行业部门做“加法”，财税、金融等部门做“减法”，结果是政策很全面，但“有干货”的政策不多。另外，政策落实也不够，许多重大技术发展规划和政策仅停留在文件层面，或者仅落实部分专项资金，而在财税、金融、体制机制创新等方面落实不够。例如，2008 年国务院办公厅颁布的

《促进生物产业发展的若干政策措施》，制定工作历时 8 年，经过各个部门反复协调，最后出台的政策虽然明确了生物产业发展的重点方向、目标与技术经济措施，但主要是原则性的，在重大新药研发、生产、价格、招投标等管理体制改革以及财税、金融等政策支持方面缺乏实质性的重大举措。又如，2012 年国务院办公厅发布了《关于加快发展海水淡化产业的意见》，提出要加大财税政策支持力度、实施金融和价格政策支持等措施，但如何给予具体的财税政策，如何理顺自来水价格与海水淡化价格的关系，目前没有具体的实施细则。

四、发达国家促进重大技术发展的经验与启示

重大技术是国际经济科技竞争的焦点。长期以来，发达国家高度重视重大技术发展，特别是日本、韩国等国家在部分领域抓住机遇实现了关键技术的重大突破，积累了一些成功经验，值得我们借鉴。

（一）重大技术发展，关键在于营造良好的创新生态和土壤

从历史上看，重大技术发展，关键取决于良好的创新生态和环境，许多重大技术都不是规划或计划出来的，主要是在大量的科学家、发明家和企业家持续不断的努力、在大量新兴企业前仆后继的过程中涌现出来的。这方面比较典型的例子是美国。虽然美国建国只有 200 多年的时间，但却是世界上重大技术发明和创新最多的国家。在近 200 多年的历史中，美国人发明了蒸汽船、轧棉机、电灯、电话、电报、飞机、原子能、疫苗、计算机、软件、互联网、移动电网、基因工程药物等 100 多项重大技术，涌现出一大批杰出的科学大师、发明家和创业者。特别是在 19 世纪和 20 世纪，美国更是引领了世界重大技术创新的潮流，成为第二次工业革命和信息技术革命的发源地。为什么这么多重大技术创新能在美国出现？是什么原因使美国超越英国成为全球重大技术的领导者？国内外学者对此进行了深入研究，大家普遍认为，一批重大技术之所以能在美国不断地冒出来，除了美国是移民国家，本身具有强烈的变革和创新精神外，主要是因为美国在长期的发展过程中，逐步建立了一整套激励创新创业的制度和政策体系，包括知识产权保护制度、科研和教育制度、创业投资制度等。

（二）组织实施重大计划（或工程），是政府推进重大技术发展的重要方式

早期的重大技术主要是在市场竞争中“自然冒出来”的，但随着科技在经济社会发展中的作用越来越重要，各国政府都加强了政府对科技发展的干预，许多重大技术发展是政府直接推动的产物。如美国曾经组织实施了“曼哈顿计划”、“星球大战计划”、“信

息高速公路计划”、“人类基因组计划”等，这些重大技术计划对加速原子能、航天技术、信息技术和生物技术发展都发挥了很大作用。

特别是对于后发国家，由于企业普遍经济实力和技术能力不强，因此，在重大技术发展中需要政府发挥更大的作用，有时甚至是直接组织实施，并采取市场保护、金融支持、财税扶持等措施给予支持。如，20 世纪 70 年代末期，面对国际集成电路技术迅猛发展带来的巨大机遇和挑战，日本政府制定了“大规模集成电路计划”，组织了由日本电气、日立、富士通、三菱电机、东芝 5 家大公司和日本电子综合研究所的 100 名研究人员共同组成了研究所，整个项目耗资 7 370 亿日元，政府出资 41.6%，产业界出资 58.4%，由政府以无息贷款给厂商，直到技术被开发、商业化和获得利润为止。又如，为促进液晶显示产业发展，1992 年，韩国政府实施了“下一代平面显示器基础技术开发计划”，计划在 1992 ~ 2001 年内，投入 1 789.6 亿韩元进行液晶显示器关键技术开发，之后又陆续实施了“下一代信息显示器研究计划”、“下一代成长动力计划”、“中期据点技术开发”、“FPD 标准化基盘构建”等专项计划，这些计划的实施为韩国液晶产业突破关键技术发挥了重要作用。韩国政府对三星电子长期扶持，20 世纪 90 年代总共投入 266.5 亿美元，其中大部分投入是政府直接干预下的银团贷款，直到 20 世纪 90 年代中后期，其产业才形成整体规模。韩国学者金仁秀在总结韩国经验时把强有力的政府领导作为可供其他国家借鉴和模仿的一条重要经验。他认为：“坚强的政府领导是奋起直追国家迅速发展的重要条件。没有一个有远见和坚强决心来实现变革的改革型领导人，任何国家都不可能有效地发展。日本和“亚洲四小虎”的经验对其他奋起直追国家提供了有益的启示”。①

空客的发展也是这方面的典型例子。空客公司成立于 1970 年，是由德意志航空公司、法国宇航公司、英国的霍克西德利公司和西班牙航空航天公司共同组建的。在其发展过程中，政府直接通过给予启动资金、研发资助、税收优惠、低息贷款等方式给予了大量补贴，并在政府采购上给予大力支持。目前，空客已成为与波音公司相抗衡的大公司。

（三）综合采取投资、财税、金融、法律法规等政策措施支持重大技术和产品的发展

政府投资政策的重点是市场失灵的环节，主要是加强基础和共性技术研究等市场竞争前的研发投入，加强对重大技术基础设施的投入等。如美国为促进移动互联网、电动汽车等发展，国家大力推动宽带、充电桩、智能电网等基础设施建设。在财税政策方面，主要通过税收优惠、产品补贴、政府购买产品和服务等补贴消费者和以事后激励为主的方式。如美国规定对消费者购买符合条件的混合动力汽车可享受税款抵免政策，明确规

① 金仁秀.《从模仿到创新——韩国技术学习的动力》，新华出版社，1998.

定了政府部门采购新能源汽车的比例。为促进云计算发展，政府公布了 200 亿美元的政府采购云计算服务计划；在金融政策方面，主要是采取低息贷款、鼓励创业投资发展等方式给予支持。如为促进新能源汽车发展，2008 年 9 月，美国政府启动了先进汽车制造技术贷款项目，总规模达 250 亿美元，向福特、日产和特斯拉发放了 80 亿美元低息贷款。同时，对重大技术和产品出口给予信贷资金支持。

（四）紧密的产学研合作，是重大技术研发和攻关的主要组织方式

总结历史上许多重大技术发展的经验，无论是技术领先国家还是后发国家，重大技术发明和创新基本都是协同合作和创新的结果，包括创业者之间的合作、产学研合作和上下游的合作等。因此，发达国家在推动科技创新和重大技术发展中都非常重视促进产学研合作研究。比如，美国的先进技术计划对产学研合作研究有明确要求。欧盟为加强产业学研合作，制定了“创新联盟计划”，等等。日本、韩国政府在推进集成电路、汽车等重大技术创新中，采取市场驱动、龙头企业牵头、科研院所和高校参与的组织方式，取得了明显成效。

（五）军事与国防的研发和采购，是民用重大技术发展的重要来源和动力

对技术发展史的研究表明，在历史上许多重大技术都来源于军事技术的研究和开发，国防采购在技术发展中发挥了非常重要的作用。比如，早期人们在制造武器方面积累的知识和经验，是工业革命的重要来源。第二次世界大战加速了原子能、飞机等重大技术的发展。电子计算机和半导体的发明和早期发展几乎完全靠美国陆军和海军的合同支持，如果没有军事和国防领域大量的研发支持和采购，计算机的商业化至少要晚 10 年以上。互联网起源于美国国防部高技术研究项目局于 1968 年主持研制的用于支持军事研究的计算机实验网 ARPANET，在 20 世纪 90 年代以前，互联网的发展主要由政府资助。另外，全球定位系统（GPS，Global Positioning System）、机器人、语音识别技术等重大创新也是在 DARPA 的大力支持下诞生的。

（六）抓住新技术革命的重大机遇，是后发国家实现重大技术追赶的重要条件

科学技术的重大突破和新技术革命会改变产业经济中的主导技术，实现主导产业的更替，在其发展初期由于技术和市场垄断格局没有形成，后发国家可以抓住机遇实现后来居上、跨越发展。如日本汽车工业的崛起与朝鲜战争的带动、第二次世界大战后美国的大力扶持以及 20 世纪 70 年代的石油危机等带来的机会密切相关。日本、韩国开始大力发展微电子工业的时期，正是信息技术革命发展的初期，存在技术追赶的机会。

五、事关我国未来发展的重大技术选择

当前，即将到来的新一轮科技革命和产业变革与我国加快转变经济发展方式、实现中华民族伟大复兴形成历史性交汇，为我们提供了“百年一遇”的机遇。面对新的形势，我国重大技术发展应有整体战略考虑和统筹安排，明确国家优先领域与重点方向。

（一）总体思路

当前和今后一段时期，推进我国重大技术创新的总体思路是：紧紧抓住新一轮科技革命和产业变革的历史机遇，面向国民经济社会发展的重大需求，坚持产学研结合、军民结合，进一步明确主攻方向，突出有限目标，加强资源整合和协同攻关，着力突破一批关键核心技术，走中国特色的自主创新道路。政府主要做好顶层设计，做好组织协调，着力营造良好的有利于重大技术发展的生态系统，充分发挥市场配置资源的决定性作用。

在推进重大技术发展中，要坚持“四个更加注重”：一是更加注重发挥企业主体的作用，要改革重大技术相关专项（计划、工程）实施机制，真正建立市场导向、企业主体、产学研结合的重大技术创新机制。二是更加注重市场机制存在失灵领域的重大技术发展，对于市场机制能够充分发挥作用的领域，政府要加快转变职能，创造良好的政策和体制机制环境。三是更加注重发挥标准、法规的作用，政府作用要由现在事前支持、前置审批为主向通过购买产品和服务、事后监管转变，加强重大技术标准的制定和法规的制定工作，营造有利于新企业进入、公平竞争的环境。四是更加注重发挥经济政策的激励、诱导作用，切实加强政府采购、财税、金融、价格等经济政策的支持。

在发展策略上，对于发达国家具有优势的领域，我国应主要采取“搭便车”、重点突破的战略，在跟紧不掉队的同时，努力在局部领域实现赶超。对于发达国家已经成功实现商业化，但符合我国经济发展阶段、我国具有市场优势的重大技术，要充分发挥集中力量办大事的优势，加强协同创新，努力实现突破。

（二）发展目标

美国重大技术发展的战略目标是全面保持世界领导地位，德国、日本的战略目标是在优势领域保持领先地位。20 世纪 80 年代，邓小平同志对我国重大技术发展的目标定位是“在世界高技术领域占有一席之地”。

当前，我国综合国力有了大幅度提高，但与美国等发达国家仍存在很大差距。因此，我国重大技术发展目标定位要有所调整。总的目标是：力争经过 5 到 10 年的努力，在一批制约经济转型升级的“卡脖子”重大技术上取得大突破，拥有自主知识产权的重大产品市场占有率明显提升。在前沿重大技术领域取得一批具有世界影响的原创性成果，在部分领域成为领跑者，在国际技术标准制定和知识产权布局中掌握更多话语权，总体跻身世界第二方阵行列。

（三）主攻方向

1. 优先发展我国经济社会转型亟须的重大技术

这方面的技术主要包括清洁生产和消费、健康等技术。这些技术符合世界重大技术发展趋势，是我国经济社会转型发展的“卡脖子”技术，也是市场机制不能充分发挥作用、具有正外部性的领域。同时，发达国家有这方面大量先进适应技术，具有较好的技术经济可行性。例如：

（1）煤炭清洁高效利用技术。燃煤是温室气体排放的主要来源，是造成近年来我国雾霾天气频发的主要原因之一。2013 年我国总消费煤炭近 40 亿吨，其中直接燃烧用煤 30. 60 亿吨。从发展趋势看，短期内我国以煤炭为主体的能源消费结构难以改变，因此必须大力发展煤炭的清洁高效利用技术。

（2）绿色制造技术。我国工业化、城镇化尚未完成，重化工业在短期内难以“完全消失”，制造业的高端化需要一个漫长的过程。同时，与智能制造技术等相比，它更符合我国国情、发展阶段和比较优势。因此，应将绿色制造技术（包括石化工业液体近零排放技术、火电近零排放技术、生物过程替代化学工程制造技术、脱硫脱硝脱尘与除汞技术等）作为我国重大技术发展的主攻方向，摆在优先位置。

（3）水的净化与治理技术。水是生命之源，但目前我国水污染十分严重，“喝干净水”成为广大人民群众的强烈期待，必须把水的净化与治理技术放在突出位置。

（4）海水淡化技术。地球上水总储量的97%是咸水，在跨区域调水受到越来越多限制的情况下，开发利用海水资源，进行海水淡化成为拓展水源、解决我国淡水紧缺的一条有效的战略途径。

（5）土壤修复技术。目前，我国约有 1/5 耕地受到不同程度和不同类型的污染，造成粮食减产、农作物污染物含量招标，严重影响我国粮食安全，应大力发展土壤修复技术。

（6）资源循环利用技术。我国每年产生的有机废物约 60 亿吨，其中畜禽粪便 47 亿吨、农林废物 12 亿吨、城市生活垃圾 2 亿吨，既是巨大的污染源，但如果加以循环利用，也是一座“新能源矿山”，具有显著的能源和生态环境效益。

（7）智能电网技术。并网问题是制约当前我国风能、太阳能发展的瓶颈，未来一段时期，要大规模发展新能源必须突破智能电网技术。同时，分布式能源网络也是未来电网发展的趋势。

（8）低成本、普惠的健康医疗技术。“看病难、看病贵”是当前我国面临的突出问题。未来一段时期，随着我国快速进入老龄化社会，健康、养老问题将日趋突出。同时，健康产业也是我国未来的第一大产业，估计到2020年产业规模在15万亿元左右。因此，要把低成本、普惠的健康医疗技术作为优先方向。

（9）农作物育种技术。农业是我国经济社会发展的基础，而种业又是农业的基础。目前，我国种业安全形势不容乐观。保障我国粮食安全，必须大力培育优质、高产、安全的农作物新品种。

（10）通信和网络安全技术。信息安全是当前我国面临的突出问题。未来一段时期，随着云计算、物联网、移动互联网等新一代信息技术的发展和深化应用，我国信息安全面临的形势越来越严峻。为此，必须大力发展信息安全技术，包括CPU和操作系统、网络安全态势感知与攻击等技术。

2. 推动产业重大技术的创新和突破

这方面的技术包括新型轨道交通装备、移动互联网、物联网、高效太阳能电池、通用航空、新一代核电等。这些技术未来发展潜力很大，但市场机制能够较为充分发挥作用，政府主要做好顶层设计，抓好标准制定等工作，创造良好的体制机制和政策环境。例如：

（1）移动互联网技术。今后5到10年，移动互联网技术发展将对全球经济带来“颠覆性”影响，全球经济规模在数万亿美元。我国是世界移动互联网最大的市场，发展潜力和规模巨大。

（2）新型轨道交通装备技术。轨道交通装备产业链产，是新的增长点。更为重要的是，与美国、欧盟等发达国家相比，我国城镇化尚未完成，在轨道交通装备技术领域拥有市场、技术等优势，是可能成为世界“产业领袖”的领域。

（3）高效太阳能电池技术。在风能、太阳能、生物质能等可再生能源中，太阳能是“重中之重”，是未来新能源发展的主要方向。同时，我国太阳能领域具有较好的基础与优势，是有可能成为未来“领跑者”的行业。

（4）新一代核电技术。核电是军民两用技术，既是清洁能源，也是当今国际斗争中的“杀手锏”。我国在核电领域已经具备较好的基础，国内市场很大，应坚持军民结合，进一步提升核电技术水平，实现突破的可能性较大。

（5）先进机器人技术。机器人被誉为“制造业皇冠顶端的明珠”，其研发、制造、应用是衡量一个国家科技创新和高端制造业水平的重要标志。目前，随着劳动力等生产要素成本上升，我国已成为全球最大的机器人市场，但创新能力不足，主要产品被外资企业垄断，迫切需要加快先进机器人技术发展。但从技术经济可行性看，该行业不是我国的比较优势，要直接面对发达国家的激烈竞争，抢占制高点的可能性不大。

（6）新能源汽车技术。新能源汽车是未来汽车发展的方向。加快发展新能源汽车，既是有效缓解能源和环境压力的紧迫任务，也是加快汽车产业升级转型升级、培育新的经济增长点的战略举措。但从可行性看，我国要实现领跑的可能性不大。

3. 加强前沿重大技术的原始创新

这些技术是指在今后10年之内有可能实现革命性突破，存在较大的不确定性，但一旦取得突破会对经济社会发展产生“颠覆性”影响的重大技术。在这些领域，我国应超前规划和布局，下决心从基础研究抓起，力争取得一批原创性重大技术成果，抢占未来竞争的制高点。例如：

（1）量子计算机技术。量子计算机具有现代信息技术无法实现的强大信息功能，可满足未来社会对海量数据处理和高性能超级计算的需求，对于我国抢占新一轮全球信息技术制高点、提升国家网络空间信息安全保障水平具有重要的战略意义。

（2）下一代基因组技术。经济合作组织发展预测，到2030年，人类将进入生物经济时代。而生物经济的核心技术是下一代基因组技术。

（3）纳米材料技术。纳米材料在涉及国计民生的诸多领域，有着广阔的应用前景，其实用化将对信息通信、智能交通、航空航天、资源高效利用、环境保护相关战略性新兴产业的发展起到极大的推动作用。

（4）载人航天与深空探测技术。空间科技具有前瞻性、技术综合性、创新性等特性，已成为支持国家未来经济社会发展的最有力的综合科技领域之一，是未来世界大国科技竞争的焦点。

（5）碳捕集与封存技术。作为应对全球气候变化的技术途径之一，碳捕集与封存（Carbon Capture and Storage，简称CCS）在全球受到了高度重视。国际能源署（IEA）研究表明，到2050年将温室气体浓度限制在450ppm的所有减排技术中，仅CCS就需贡献20%。

六、重大技术经济政策措施建议

（一）制定国家重大技术发展战略与行动计划

我国“两弹一星”、高铁和韩国半导体技术等发展的经验表明，强有力的政府领导、周密的计划、紧密的官产学研结合是后发国家实现重大技术创新和突破的重要保障。我国是一个社会主义大国，应当和能够发挥集中力量办大事的优势。社会主义市场经济体制也要求在发挥市场配置资源决定性作用的同时，充分发挥政府的组织协调作用，以便合理应用政府掌握的资源，并有效引导社会资源，集中力量实现重点突破。为此，建议当前采取三项重要举措：

一是组织经济、科技专家和企业家，研究制定我国重大技术发展战略，在深入分析世界重大技术发展趋势和潮流，以及我国经济社会发展战略需求的基础上，提出我国重大技术发展的战略目标、重点和技术经济政策措施。

二是要抓紧组织专家在现有有关研究的基础上，进一步深入研究，按照有所为、有所不为的原则，从清洁生产与消费、低成本和普惠的健康医疗、新一代信息技术、高端装备等领域甄别遴选20余项可有力带动经济转型升级的“国家重大技术清单”。

三是在上述工作基础上，对进入“国家重大技术清单”的每项技术，抓紧研究制订行动计划和实施方案，明确发展路线图、时间表和相应的技术经济政策支持措施。

（二）创新国家重大技术项目组织实施的机制和模式

总的来看，当前我国重大技术发展到了需要集中力量打“歼灭战”和“持久战”的阶段，应集中资源，加强协同攻关，组织实施若干重大技术攻关工程，务求取得突破性进展。但必须采取新的机制和模式，否则难以达到预期效果。一是要创新重大技术的选择机制。应成立超脱利益攸关方的专家组，真正站在国家的角度选择一批事关我国未来发展全局和长远的重大技术。选择的重大技术应目标明确、定位清楚、可考核，一般应有明确的重大产品或战略性产品。二是要创新重大技术攻关的实施机制。对近期需要实现产业化的重大技术，具体实施由相关行业主管部门负责，主要项目应由企业牵头组织承担，积极探索“企业主导 + 科研院所和高校 + 政府支持 + 开放创新”的模式。对前沿重大技术研究，可考虑以新的机制和模式组建若干国家科研机构，把不同专业的科学家、技术专家集中起来，下决心打“持久战”，加强集成创新和协同创新。同时，对于特别重大的技术攻关，为加强组织协调，可考虑借鉴“两弹一星”的方式，成立由国务院领导亲自挂帅的领导小组。三是完善重大技术研发和创新的评估机制。要根据不同技术特点，建立分类评估办法：对应用技术类研究，重点要加强产业化情况指标的评估；对需要进行“持久战”的重大前沿技术类研究，不能急于求成，要有耐心，拉长考核的周期，重点考核其发明专利、技术转移等情况。

（三）建立健全有效解决重大技术发展争议的评估和决策机制

对于民众高度关切的转基因育种、干细胞等重大技术发展争议，政府应加强引导，按照争议大小、技术成熟度、安全控制能力等有序推进这类技术的研发和产业化步伐。对于特高压电网、核电等关系多方利益的重大项目建设，应该建立独立的、超脱部门与企业利益的第三方技术经济综合评估机制，建立客观、系统的综合论证指标体系与科学的项目决策机制。对于像新能源汽车这类发展前景存在不确定性的技术，由于不同技术的优势和前景尚在变化之中，政府的主要作用应放在推动技术研发、标准制定、基础设施建设、需求引导等方面，不应主导技术路线，要尊重市场主体的选择。

（四）制定针对性、操作性和突破性更强的经济政策

对于高铁、核电等我国具有比较优势、已基本成熟的重大技术，要进一步突破关键核心技术，加快实施走出去战略，切实加强出口信贷等政策的支持。对于清洁生产、CPU 和操作系统等国际上已基本成熟、我国经济社会发展亟须的重大技术，要坚持以应用促发展，依托大企业，结合国家重大工程的实施，加强集成创新和协同创新，切实坚强政府采购等政策的支持。对于海水淡化等已进入产业化阶段的重大技术，要重点支持需求方和用户侧，加快建立健全行业标准、技术标准和认证认可体系，在市场准入等方面创造宽松的环境，在财税、价格、重大技术基础设施建设等方面构建和完善经济政策支持体系。对于军民两用重大技术发展，要坚持“军用启动、带动民用、军民联动”的战略，切实加强国防支出在前期研究开发、分担风险和市场化初期国防采购的作用，在投资、研发、信贷等方面切实给予有效的扶持和支持。对下一代基因组、量子计算机等需要长期投入、“打持久战”的基础性、前沿性重大技术发展，国家要持续加大研发支持，使投入力度与预期目标相称。

（五）组织实施一批重大技术攻关工程

在整合国家重大科技专项、“863”计划、支撑计划、战略性新兴产业重大工程、知识创新工程等基础上，围绕保障国家经济安全、破解资源环境约束、提升制造业核心竞争力等重大需求，抓住几个可有力推动我国经济升级的关键领域，组织实施一批重大技术攻关工程，例如：

1. 通信和网络安全工程

加强 CPU、操作系统等信息安全关键技术研发和攻关，积极在党政军工系统以及能源、金融等涉及国计民生领域的信息系统和广播电视互联网等基础信息网络推广应用。开发安全可控云计算系统，重要信息系统安全态势感知与攻击防御体统。组织实施若干具有自主知识产权的安全可控关键软硬件产品试点示范和推广应用。建立健全通信和网络安全法律法规体系。到 2020 年，国产化 CPU 和操作系统性能接近国际先进水平，在关系国家安全的重要部门得到普及应用。网络和信息安全事件的监测、发现、预警、研判和应急处置能力大幅度提高。网络基础设施抵御攻击能力大幅提升。

2. 种业安全工程

开展重要农作物分子育种基础理论研究，突破基因发掘、基因表达调控、安全转基因和规模化转基因操作技术，提升检测检疫、抗性鉴定、生产加工和生物安全管理水平，建立分工协作的国家级育种研发基地，构建种业技术创新战略联盟，积极培育一批“育

繁推一体化”大型种子企业，加强种子生产基地建设，强化种子市场监管和新品种保护，争取到2020年主要农作物自主研发良种市场占有率在50%以上。

3. 太阳能低成本利用工程

推进太阳能关键技术研发和产业化，发展高效太阳能电池。组织实施金太阳工程，开展微电网供电示范。制定普及太阳能光热利用的法规和标准，建立适应太阳能分布式发电的电网运行和管理体制。到2020年，太阳能发电成本降到0.6元/千瓦时，太阳能发电总装机容量达到5 000万千瓦，实现规模化发展。

4. 煤炭资源清洁综合利用工程

大力开发和推广应用煤炭伴生资源和废弃物综合利用、先进超超临界发电、高参数节能低排循环流化床发电、煤转化效率提升、减排与节水等重大技术。到2020年，煤炭安全绿色开发、燃煤发电和煤炭转化技术达到国际先进，示范煤电污染物排放量与燃气电站相当，煤电平均供电煤耗310gce/kWh，较目前污染物排放降低75%、现代煤化工能源转化效率提高5%，水耗降低20%。

5. 智能电网工程

重点突破大规模可再生能源发电并网技术、大电网智能运行与控制、智能输变电技术与装备、电网信息与通信技术、大规模储能技术、柔性输变电技术与装备等关键技术。加快标准体系制定，有序放宽市场准入，组织实施智能电网综合集成示范工程。到2020年，基本建成符合我国国情的智能电网，全面满足消纳大规模风电、光电的技术需求，城市配电网供电可靠率达到99.9%以上，电压合格率达到98.5%以上。

6. 百万辆电动汽车工程

建立电动汽车技术创新平台，整合整车企业、零部件企业、科研机构以及其他研发资源，促进关键共性技术研发。加大示范推广支持力度，积极推行电动汽车“共享计划”，提高政府及公共机构电动汽车强制性采购比例。完善相关建设规划及标准，适度超前地加快基础设施建设。到2020年，电池和电驱动系统成本下降50%以上，电动汽车生产能力达到100万辆。

7. 非常规油气开发工程

组织产业链上下游企业、高校、研究机构组建产业共性技术研发联盟，重点突破微地震压裂检验、水平井钻井、欠平衡钻井、射孔优化、压裂增产、超临界二氧化碳开采页岩气等非常规油气开发技术，共同推进相关技术、装备和系统开发。通过完善油气输送管道、推广示范应用和用户补贴等政策扶持措施，降低用户使用成本，推动页岩气、致密气和煤层气等非常规油气商业化开发。到2030年，争取使非常规油气资源产量占我国油气总产量比重提高到30%。

8. 核心动力装备工程

掌握汽油机燃油缸内直接喷射技术和增压技术、高效应用替代燃料技术、排气后处理技术、柴油机燃油精细过滤及高效水分离技术、可变进气系统技术等核心技术，发展一批技术水平高、燃油消耗低、环境污染少的先进内燃机产品，以及配套的零部件、测试设备和仪器、信息化技术平台等。建设一批内燃机国家工程研究中心。到2020年，研发制造和成套能力接近国际先进水平，重型内燃机热效率提高到50%以上，高性能产品的进口替代进一步加快。

9. 先进机器人工程

开展工业机器人系统集成、设计、制造、试验检测等核心技术研究，攻克伺服电机、精密减速器、伺服驱动器、末端执行器、传感器等关键零部件技术并形成生产力。开发一批自主知识产权机器人产品，在劳动强度大、危险程度高、环境洁净度要求严的领域实施一批应用示范工程，推动国产工业机器人在汽车等重要制造领域生产线上的规模化应用。到2020年，我国工业机器人高端产品市场占有率提高到45%以上；到2030年，国产工业机器人新装机量达到150万台套。

10. 移动互联网产业培育工程

结合宽带中国战略的实施，积极推进无线宽带建设。推进实施新一代宽带无线移动通信网、下一代互联网等专项，加强移动互联网操作系统、核心芯片、关键器件等的研发创新，积极发展物美价廉的移动终端、平板电脑、应用系统等上网终端产品。加快完善移动互联网标准体系，积极参与相关国际标准和规范的研究制定。支持移动互联网商业模式创新。到2020年，基本建成覆盖城乡、高速畅通、技术先进的无线宽带网络，用户普及率达到50%以上，无线宽带接入能力达到50Mbps以上，掌握一批拥有自主知识产权的核心技术，产业增加值规模突破1万亿元。

同时，要瞄准世界重大技术发展前沿，组织实施碳收集、量子计算机、下一代基因组、3D打印、核聚变、纳米材料等一批战略性重大科技工程，下决心从基础研究抓起，努力抢占未来科技经济竞争制高点。

（执笔人：王昌林）

主要参考文献

[1] McKinsey Global Institute, Disruptive technologies: Advances that will transform life, business, and the global economy, May 2013.

[2] Rand Corporation, The Global Technology Revolution 2020, In-Depth Analyses, 2006.

[3] German National Academy of Science and Engineering, Recommendations for implementing the strategic initiative INDUSTRIE 4.0, April 2013.

[4] German Federal Ministry of Education and Research, High-Tech Strategy 2020 for Germany, 2010.

[5] Vernon W. Ruttan, Military Procurement and Technology Development, March 2005.

[6] National Economic Council, Council of Economic Advisers, and Office of Science and Technology Policy,《A Strategy For American Innovation》, February 2011.

[7] 徐寿波.《技术经济学》. 经济科学出版社, 2011.

[8] [美] 哈罗德·埃文斯等著、倪波等译.《美国创新史——从蒸汽机到搜索引擎》. 中信出版社, 2011.

[9] 国际技术经济研究所课题组.《国家关键技术发展战略》. 2002.

专题报告

专题一

事关我国未来发展的重大技术选择研究

内容提要： 重大技术选择是我国促进产业技术创新、推进产业转型升级、推动经济发展方式转变和破解经济社会发展瓶颈制约的重要途径，但究竟选择发展哪些重大技术，用什么方法选择重大技术存在较大争议。为此，课题在梳理国内外重大技术选择方法和实践的基础上，研究提出我国重大技术选择的主要原则和方法，并据此选出移动互联网、物联网、云计算和大数据、智能电网、转基因育种、新一代核电技术、下一代基因组、先进储能技术、CPU 与操作系统、新能源汽车、3D 打印与先进机器人等事关我国未来发展的十二项重大技术。

重大技术是指对经济社会发展和人们生活具有重大影响，能够保障国家安全、促进产业国际竞争力提升、破解经济社会发展瓶颈制约的重要技术。当前，全球新一轮科技革命和产业变革正在孕育兴起，一批新技术、新产品和新的商业模式不断涌现，重大技术作为提高社会生产力、提高国际竞争力、增强综合国力、保障国家安全的战略支撑，必须摆在国家发展全局的核心位置。为此，应密切跟踪、科学研判世界科技创新发展的趋势，紧密结合我国经济社会发展战略需求，考虑现实可行性，科学遴选我国未来一个时期的重大技术，瞄准主攻方向和突破口，着力攻克一批关键核心技术，不断提升自主创新能力，努力占据制高点。

一、重大技术的内涵和特征

（一）重大技术的概念和内涵

关于什么是"重大技术"，国内外有许多不同观点和表述。最具代表性的观点是美国白宫科学技术政策办公室发布的"国家关键技术"，认为重大技术是指对国家经济繁荣和国家安全至关重要的技术。其他代表性的观点还有麦肯锡公司提出的"到 2025 年将改变人们生活、生产方式和全球经济的颠覆性技术”、兰德公司提出的“到2020年可实现商业化的16项重大集成技术”等。虽然这些表述的形式和侧重点略有不同，但这些概念的实质指向是一致的，即都是以一定的战略目标为导向，能够对经济社会发展和人们生活有重大影响或至关重要的技术，可以统称为“重大技术”。

（二）重大技术的特征

归纳而言，重大技术主要具有以下四个方面的特征：

重要性。主要体现为技术对实现国家目标至关重要。这些技术的突破、创新和应用，对保障国家安全、促进经济增长、提高国际竞争力和缓解资源环境瓶颈、改善人民生活，促进社会的全面可持续发展具有决定性作用。

规模性。主要指技术商业化能创造新的产业，产生巨大的经济规模。比如麦肯锡公司研究认为，到2025年12项可能对人类社会发展具有颠覆性影响的重大技术将有望创造14万亿～33万亿美元的经济规模。

带动性。主要指技术发展能促进或带动多项技术的进步和发展，技术应用领域广阔，是可以商业化的技术，能促进多种行业的发展，对经济社会发展具有突破性的带动作用。比如移动互联网技术的发展将可能影响到50亿人的生活方式，带动数以万计的企业投资、生产和研发，并催生线上线下融合（O2O，Online to Offline）、互联网金融等许多新的产业。

动态性。主要是指重大技术具有一定的生命周期，其重要性、规模性和带动性都是相对特定历史时期而言的，比如蒸汽机、电力技术对于第一次、第二次工业革命而言是重大技术，而当前却不是。因此，美国、欧盟、日本等主要发达国家在开展重大技术选择时都强调重大技术的动态性，一般选取未来5～10年之内有重大影响的技术，并根据经济社会发展需求和科技发展态势定期进行调整。

二、国内外重大技术选择方法与实践

（一）国外主要选择方法与实践

自20世纪70年代以来，美国、欧盟、日本等发达国家相继组织实施了一系列重大技术发展计划，通过技术预测和一套选择准则或评价指标，选出对国民经济发展有重要影响的重大技术。在选择方法上，目前世界各国主要采取定性分析方法进行技术预见①或

① 在一些国家的报告中，技术预见和重大（关键）技术选择未被加以区别，实际上，技术预见和重大技术选择是有区别的。技术预见的主要目的是为了把握未来技术发展方向，研究的时间跨度较长（如日本的30年技术预见），重视技术突破和萌芽技术的研究。国家重大技术选择是在把握未来科技发展趋势的基础上，根据本国的能力和实力，有选择地确定优先发展领域和研究重点，时间跨度一般在10年左右。

重大技术选择，大致可以分为三类：一是以日本、韩国为代表的技术预见，其主要方法是大规模德尔菲调查，通常先确定比较长的备选技术清单，再通过两轮大规模的德尔菲调查确定重点发展技术，旨在确定未来科技发展方向；二是美国、欧盟为代表的重大技术选择，主要方法是建立分析框架或选取指标，再通过大范围的专家会议或专家访谈，根据遴选指标对重大技术进行排序，选取得出未来重点发展的重大技术；三是部分专业技术领域的技术路线图研究，其主要方法是专利分析、技术路线图和技术预测。还有少数研究综合文献调查与分析、情景分析法等多种方法。这些经验和方法对我国当前重大技术选择具有重要的借鉴意义。根据课题研究和我国重大技术选择的实际需要，这里重点介绍以美国为代表的重大技术选择方法与经验。

1. 美国的关键技术选择

美国较早重视重大技术选择问题，在 1976 年就成立了“国会未来研究所”，对科技、经济和社会发展等方面的问题进行预测。美国总统办公厅科技政策办公室于 1990 年成立了“国家关键技术委员会”，定期发布“国家关键技术报告”。联邦政府其他部门也积极开展技术预测，如国防部发布《国防关键技术》，商务部提出《新兴技术》，美国竞争力委员会发布《获得新优势：美国未来优先发展的关键技术》等。虽然美国采用关键技术这一概念，但就技术选择结果看与重大技术选择大致相近。

美国国家关键技术的选择准则包括国家需求，重要性和关键性，以及市场规模和多样性三个方面，每个方面又包括若干细则（见表 1）。

表 1　　美国国家关键技术的选择准则

选择准则	具体细则	说　明
I. 国家需求	A. 工业竞争能力	能够通过新产品投放市场和对现有产品进行成本、质量和性能方面的改进来提高美国在世界市场上的竞争能力的技术
	B. 国防	由于改进国防武器装备的性能、成本、可靠性或生产能力，可对美国国防产生重大影响的技术
	C. 能源保证	能够减少对外国能源的依赖性，降低能源成本或提高能源效率的技术
	D. 生命质量	对于无论国内还是世界范围内的卫生、人类福利和环境作出重大贡献的能力
Ⅱ. 重要性和关键性	A. 领导市场的机会	发挥和保持国家在对经济或国防具有头等重要性的技术领域的领导作用的能力
	B. 性能、质量、生产能力的改进	使各种现有产品和工艺发生革命性或渐近性改进，从而产生经济军事效益的能力
	C. 杠杆作用	政府的研究与发展投资刺激私人企业在商品化方面的投资的潜力，或此项技术的成功刺激其他技术、产品或市场成功的可能性

续表

选择准则	具体细则	说　明
Ⅲ. 市场规模和多样性	A. 易损性	如果一种技术由别国而非美国独占，则可能使美国受到严重损害
	B. 推动与推广	此种技术构成许多其他技术的基地，或与国民经济的许多部门具有密切关系
	C. 扩大市场规模	通过扩大现有市场、创立新行业、产生资本或创造就业机会而对经济产生重大影响的能力

在这个选择准则之下，美国国家关键技术的研究方法大致过程如下：(1) 审议关键技术的第一步是考察当前各官方和非官方部门已经进行的有关关键技术的研究工作。根据一些研究机构发布的简要报告，汇总成国家关键技术的综合清单。(2) 委员会采用审慎的、循序渐进的方法，对照经审定的关键技术评价准则，对各项备选技术进行筛选，列出备选关键技术清单。(3) 根据委员会确定的选择准则基本内容，对备选关键技术清单所列各项技术，逐一评估其对国家安全、国民经济和满足国家其他需求的重要性，从而评价其"关键性"。(4) 最后对经过"关键性"大小评价的各项技术作目标时间的审议，即入选技术主要能在今后 10～15 年内用于商售产品，商售工艺或国防武器装备。

《美国国家关键技术报告》自 1991 年起每两年发布一次，其中，1995 年发布的报告选取了能源、环境质量、信息与通信、生命系统、材料、制造和交通七大领域的关键技术。

2. 麦肯锡公司《2025 年将改变人们生活、生产方式和全球经济的颠覆性技术》报告

2013 年 5 月，美国知名咨询公司麦肯锡发布了题为《2025 年将改变人们生活、生产方式和全球经济的颠覆性技术》的研究报告。报告重点分析了 22 项热点前沿技术，其主要选择依据和方法是技术进步速度、影响范围和经济效益，并依据这些技术到 2025 年将产生巨大的经济效益和潜在的应用前景将技术排序，最终遴选了 12 项最具产业化前景、很可能会大规模改变全球经济格局、影响社会各方面的颠覆性技术。包括移动互联网技术、自动化知识工作技术、物联网技术、云计算技术、先进机器人技术、自动与半自动汽车技术、新一代基因组技术、储能技术、3D 打印技术、先进材料技术、先进油气勘探开采技术和可再生能源技术等。

3. 兰德公司《2020 年全球技术革命》报告

受美国国家情报委员会、美国国家能源部和美国智能技术创新中心的委托和资助，美国知名智库兰德公司于 2006 年研究发布了题为《面向 2020 年的全球技术革命》的报告。报告指出，科学技术将继续呈融合发展的态势，并将对社会产生深远的影响。报告

构建了“技术成熟度”、“潜在市场规模”以及“影响范围”的评价模型，对全球技术发展趋势的进行了预见。报告认为在2006~2020年，生物技术、纳米技术、材料技术和信息技术的集成发展将对全球经济社会产生重大的、革命性的影响，其中低成本太阳能利用、农村地区通信接入、无处不在的信息通信、转基因植物、快速生物检测、水的净化和消毒、靶向治疗药物、低成本绿色建筑、绿色制造、无线射频识别标识、无处不在的传感器、再生医学（人造器官）、改进的诊疗方法、可穿戴设备和量子密码等16个集成应用技术领域将最有可能实现产业化。

4. 韩国三星经济研究所《韩国应主导的六大未来技术》报告

2008年，韩国三星经济研究所完成了题为《韩国应主导的六大未来技术》的研究报告，遴选了对其他产业具有重大影响、或者具有市场发展潜力，但目前韩国还不具有研发和市场竞争力的六大未来关键技术，并向韩国政府提出了如何优先扶持六大未来技术创新的具体政策建议。① 其主要方法是波士顿矩阵法，三星在调研韩国支柱产业的上述演变过程以及美国、日本等各国的重点技术领域基础上，集中整理了半导体、网络与通信等15个未来技术群，并针对这15个技术群进行了评价（见表2），评价指标包括：（1）未来市场，即2020年该项技术的世界市场规模预测，满分10分，以下简称为“市场”。（2）产业间影响，即该项技术对其他产业发展的影响程度，满分10分，以下简称为“影响”。（3）企业实力，即与世界各国的企业相比较的、韩国企业现有的、与该项技术相关的研发和市场竞争力，满分10分，以下简称为“实力”。

表2　　三星对未来技术群的评价

各项技术			评价结果		
15个技术群		具体技术	市场	影响	实力
信息技术	半导体	下一代存储器、非存储器半导体、片上系统等技术	7	8	9
	网络与通信	下一代网络、便携式互联网、第四代移动通信技术	8	7	7
	显示器	有机EL、3D显示器等技术	6	8	10
	智能基础设施	电力系统、智能交通系统等技术	7	7	5
生命	生物制药	生物治疗、基因组与蛋白体应用等技术	8	4	4
	生物农业	农畜产品自由开发、动植物病虫害预防等技术	2	3	2
运输设施	汽车	智能型汽车、环保型汽车等技术	10	2	7
	船舶与海洋	下一代船舶、海洋与港口建筑等技术	5	2	10
	航空航天	下一代飞机、无人机、卫星运载火箭等技术	5	8	1
	下一代列车	先进的轻轨列车、磁悬浮列车技术	4	1	8

① 任真.《波士顿矩阵在韩国技术选择中的应用及启示》. 图书情报工作，2009（3）：8-10.

续表

各项技术			评价结果		
15 个技术群		具体技术	市场	影响	实力
能源环境	环境	降低大气污染、环境保护与修复技术、水质管理等技术	9	4	2
	能源	氢能、核能、太阳能、风能等技术	9	4	3
其他	纳米材料	碳纳米材料、智能纳米材料、环保纳米材料等技术	3	9	3
	服务机器人	家用机器人、军用机器人、医用机器人等技术	4	8	4
	认知科学	脑科学、人工智能、脑病治疗等技术	1	10	2

资料来源：任真．波士顿矩阵在韩国技术选择中的应用及启示．图书情报工作，2009（3）：8－10.

在针对上述15 个技术群进行评价的基础上，利用波士顿矩阵进行分析，最终遴选了韩国政府应重点支持的六大未来技术。该矩阵把未来市场和企业实力作为坐标的纵轴和横轴，并分为4 个象限，每项技术均可以根据其被评价的结果而确定其在象限中的位置，最终绘制出上述15 个技术群的波士顿矩阵图。除了“生物农业”由于各项评价结果较低而被排除以外，其余14 个技术群被划分为以下两类：第一类是韩国企业研发投入多、研发能力强、已经具有国际竞争力的技术，即“实力”得分在6 分以上的半导体、网络与通信、显示器、汽车、船舶与海洋、下一代列车共6 项技术，相当于企业的明星类业务和现金牛业务，是韩国目前的支柱产业和最有发展前途的行业。第二类包括“实力”得分小于或等于5 分，而“市场”得分或者“影响”得分在6 分以上的智能基础设施、生物制药、航空航天、环境、能源、纳米材料、服务机器人、认知科学等8 项技术，相当于问题类业务和部分瘦狗类业务。三星将以上8 项技术中的环境、能源合并为“清洁能源”，将航空航天、服务机器人合并为“无人化军事技术”，最后集中确定了韩国政府应重点支持的以下六大技术：智能基础设施、生物制药、清洁能源、无人化军事技术、纳米材料和认知科学。这六大技术对韩国的经济与社会而言具有重要影响，但是因其研发成本过高、风险过大，很难达到韩国企业所需的盈利水平，企业不愿成为这六大技术的选择主体。因此，只能采用政府选择和政府投资的方式来发展这些领域技术。

（二）我国重大技术选择方法与实践

在我国半个世纪以来的工业化进程中，国家重大技术的选择历来受到重视，并在经济发展中起了重大作用。[①]“一五时期”的156 项重大建设项目，20 世纪60 年代的“两

① 黄春兰，胡汉辉．发达国家关键技术选择中政府作用及其对我国的启示．现代管理科学，2004（11）：20－21.

弹一星”等都是国家抓重大技术的具体举措。20 世纪 80 年代以来，国家相继实施各类科技重大计划，也取得了很大成就。20 世纪 90 年代初，国家计委、国家科委、国家经贸委等部门联合组织了 600 余名专家进行了 2 年多的研究，提出了包括信息技术、先进制造技术、新材料、生物工程四大技术领域的 24 项国家重大技术，并在此基础上，于 1993 年联合发布了《90 年代我国经济发展的关键技术》。之后，国家计委、国家科委、国家经贸委等部门又在总结、分析我国重大技术计划实施效果基础上，根据我国 1995 ~ 2010 年期间国民经济和社会发展总目标以及世界科技发展的总趋势，研究提出了《未来十年中国经济发展关键技术》。我国 2006 年颁布的《国家中长期科学和技术发展规划纲要（2006—2020 年）》中也包括了重大技术选择的研究工作。我国科技中长期规划确定了 16 个科技重大专项，其选取的基本原则是：一是紧密结合经济社会发展的重大需求，培育能形成具有核心自主知识产权、对企业自主创新能力的提高具有重大推动作用的战略性产业；二是突出对产业竞争力整体提升具有全局性影响、带动性强的关键共性技术；三是解决制约经济社会发展的重大瓶颈问题；四是体现军民结合、寓军于民，对保障国家安全和增强综合国力具有重大战略意义；五是切合我国国情，国力能够承受。中科院于 2003 年将《中国未来 20 年技术预见研究》列为知识创新工程的重要方向项目，并于 2006 年和 2008 年出版了《中国未来 20 年技术预见》和《中国未来 20 年技术预见》（续），分析了“信息、通信与电子技术”、“能源技术”、“材料科学与技术”、“生物技术与药物技术”、“先进制造技术”、“资源与环境技术”、“化学与化工技术”、“空间科学与技术”8 个领域的技术预见成果，对我国产业政策的制定、关键技术的选择以及重大科技决策的制定，具有重要的意义。北京市、上海市等一些地方政府也相继开展了重大技术选择的技术预见活动。

（三）国内外重大技术选择方法比较及对我国重大技术选择的启示

1. 我国重大技术选择面临的背景与发达国家不尽相同

我国作为一个发展中国家，在世界新技术迅猛发展的背景下，经济结构正在进行战略性调整，加快产业和技术升级势在必行。与此同时，发达国家开展重大技术选择往往是开展前瞻性技术研究，以期把握未来科技发展趋势，并通过创设议题，抢占国际竞争制高点。在技术选择上的侧重点也有所不同，比如发达国家选择的重大技术往往是对全球发展有重大影响的前瞻性技术，或者能够很快产业化、抢占国际竞争制高点的重大技术，而我国选择的重大技术往往是追赶型技术，是发达国家比较成熟但我国仍有待于攻克的重大技术。

2. 我国重大技术选择在组织实施上与发达国家仍有一定差距

为保证关键技术选择的权威性和影响力，主要发达国家关键技术一般都建立高层专家组成的关键技术选择委员会，负责重大技术选择的组织实施。例如，美国国家关键技术委员会由13人组成，其中9名由白宫科学和技术政策办公室主任指定，包括3名政府官员、3名私人企业的技术专家和3名大学和研究所的专家，另外4人是国防部、能源部、商务部和国家航空航天局首脑指定的代表。日本则在科学技术的决策、预测和选择中采用产学官结合的方式。德国则完全仿照日本的方式，建立了由国家机关、高等学校和企业界组成的“技术预测委员会”进行广泛的技术预测，然后通过软科学研究机构与管理部门合作选择国家关键技术。我国尚没有建立国家层面的重大技术选择机构，重大技术选择只是一些部门、研究机构和地方政府零散的行为，缺乏可持续性，也尚没有形成广泛的共识和比较长期的目标。

3. 我国重大技术选择的方法亟待完善

各国政府对国家重大技术的研究都十分重视，在重大技术选择方法上一般重视选择方法的科学性，采用多种方法科学选择重大技术。一般来说，以德尔菲调查为主，综合专家咨询法和需求调查法、情景分析法、相关树法等多种方法共同选择重大技术，以避免单一技术预见方法的局限性，提高技术预见的准确率。近年来在方法上的创新日渐增多，例如日本第八次技术预见就抛弃了单纯的德尔菲方法，增加了引文分析、社会经济需求调查分析、情景分析等方法的应用。德国的“Future 计划”，也改变传统技术预见方法，在德尔菲调查的基础上，综合运用了情景分析、重点课题群研究和延伸课题研究等方法。

与发达国家日渐完善的重大技术选择方法体系、专家网络和成熟的组织实施程序相比，我国重大技术选择方法仍比较单一。一般由政府机构邀请部分行业专家（一般不超过100位）通过专家咨询法研究得出，较少采用大规模技术预见调查，尚没有形成开展大规模技术预见调查的方法体系。中科院开展的《未来20年技术预见》调查，采用了大规模德尔菲法，但其有效问卷数也不超过1 000份，[①] 并且其回函专家中84%以上来自高校和研究机构，和发达国家约一半左右来自政府和企业的专家构成差异较大。

4. 我国重大技术选择目标较为多元化

近年来，国外重大技术选择的目标越来越清晰，即更加突出国家战略需求导向，从国家战略发展重点的角度选择重大技术，避免以往单纯从技术预见或技术演进的角度预测重大技术，重大技术选择的重点也更为突出。比如美国的关键技术选择首要目标是确保美国的繁荣和国家安全，因此其技术选择重点是能够确保美国在全球继续领先地位的军工、国防、信息、清洁能源等领域。日本最近实施的第九次技术预测主要围绕解决日本面临的科技、可持续发展、健康、人们生活等四大问题和挑战为基础展开研究的，其技术选择侧重绿色、低碳、生命、健康等领域。而我国重大技术选择往往被寄予厚望，

---

① 以“先进制造技术”、“资源与环境技术”、“化学与化工技术”、“空间科学与技术”4个领域为例，两轮德尔菲调查有效回收问卷数分别为807和683，平均每个领域仅200个左右。

一项技术需要满足多重目标，如国产 CPU 重大专项，既要突破关键技术，保障国家安全，又要打败 Intel 和微软，实现产业化，最后导致发展思路不清晰，技术突破的难度加大。

因此，我国重大技术选择应借鉴发达国家经验，在重大技术选择组织实施上高度重视重大技术选择，建议成立高层专家组成的关键技术选择委员会；在重大技术选择目标上要重视以需求为导向，目标明确、重点突出；在重大技术选取原则上要重视技术与经济的结合，促进重大技术选择与决策紧密结合；在重大技术选择方法上要重视选择方法的科学性，采用多种方法科学选择重大技术；在重大技术选择过程上要强调多部门协作，发挥多方合力共同完成。

三、我国重大技术选择原则与方法

（一）选取原则

尽管目前关于重大技术选择的认识已经较为一致，但究竟发展哪些技术仍争议较大，不同的部门、地区和专家都从自己的角度提出各自的看法。因此，需要站在国家战略发展的角度提出国家层面的重大技术选择方法和原则。综合分析，我国重大技术选择应遵循以下四条原则：

1. 符合世界重大技术发展的方向和趋势

当前，全球新一轮科技革命和产业变革风起云涌，一些领域酝酿革命性突破，正在并将继续对经济社会发展产生广泛深刻影响。比如：信息技术进入新一波创新浪潮，并向经济社会各领域广泛渗透。云计算、物联网、移动互联网、大数据、3D 打印等新一代信息技术不断涌现，推动信息产业发展升级换代。移动互联网技术迅速普及，新能源技术取得重大突破，生物技术也进入产业化阶段。我国选取的重大技术应首先满足符合新一轮科技革命和产业变革方向的要求，找准突破口，力争抢占制高点。与此同时，世界主要国家纷纷制定战略和行动计划，如美国相继出台了《美国创新战略——保证我们的经济增长和繁荣》（2011 年 2 月）、《国家先进制造战略计划》（2012 年 2 月）、《国家生物经济蓝图》（2012 年 4 月）等一系列重大战略和规划促进新技术发展，我国选择的重大技术也应是主要国家的战略重点，能够在未来国际技术经济竞争中拥有一席之地。

2. 对解决我国经济社会发展的重大瓶颈问题有重要作用

国家安全、能源、环境、健康和可持续发展是我国经济社会发展的紧迫需求和重要战略目标。近年来，随着国际安全局势的深刻调整和经济全球化的不断推进，包括经济安全、军事安全、科技安全、信息安全等在内的国家安全日益受到各界的密切关注。我国劳动力、土地等资源要素成本不断提升，要素供给条件正在发生明显变化，传统的要素价格优势逐渐消失，要素成本的上升要求我国必须发展新能源、智能机器人等先进技术，推进制造业向价值链中高端转移，缓解资源、能源供应瓶颈约束。与此同时，近年来我国雾霾问题频现，水土污染严重，环境质量状况不容乐观，迫切需要通过相关技术研发，解决人民群众“喝干净的水、呼吸新鲜空气”的重大关切。

3. 有巨大的经济价值或市场空间

主要指重大技术突破能够带来巨大的产业规模和市场空间，一般以产值或销售额作为评价指标。比如，目前我国生物产业产值接近 3 万亿元，随着生物技术的快速突破，2020 年产值规模有望达到 8 万亿元以上。集成电路作为信息技术产业的“粮食”和“心脏”，近年来在市场拉动和政策支持下，取得快速发展，2013 年全行业销售收入 2 508 亿元，同比增长 16.2%，预计随着市场格局的加快调整，长期主导产业发展的“WINTEL 体系”正在被打破，全球个人计算机业务日渐式微，移动智能终端爆发式增长，成为拉动集成电路产业发展的新动力，我国有望抓住新一轮机遇，到 2020 年使集成电路产业销售规模超过 8 700 亿元。①

表 3　　有关机构对部分重大技术市场规模的预测

重大技术	预测机构	预测规模（中国）	数据来源
国产 CPU	工业和信息化部	到 2020 年超过 8 700 亿元	《国家集成电路产业发展推进纲要》（2014）
移动互联网	艾瑞咨询	到 2017 年接近 6 000 亿元	《2014 年中国移动互联网行业年度研究报告》
物联网	中国 RFID（Radio Frequency Identification）产业联盟	2013 年 4 896 亿元，按照 20% 的增长率，预计 2020 年 1.5 万亿元至 2 万亿元	《中国物联网 RFID2013 年度报告》
云计算	工信部电信研究院	2013 年我国公共云服务市场为 47.6 亿元，预计到 2020 年 500 亿元	《云计算白皮书（2014 年）》
	前瞻产业研究院	到 2020 年我国云计算产业链规模可达 7 500 亿元至 1 万亿元	《2013－2017 年中国云计算产业发展前景与投资战略规划分析报告》

① 作者根据国务院《国家集成电路产业发展推进纲要》（2014）目标增速测算，《纲要》提出 2015 年目标为 3 500亿元，2015～2020 年均增速超过 20%。

续表

重大技术	预测机构	预测规模（中国）	数据来源
智能电网	透明度市场研究公司	到2020年智慧型电表基础建设、配电自动化、软件和硬件等市场规模达1 000亿~2 000亿元	《2013－2019智能电网市场——全球产业分析、规模、份额、增长、走向和预测》
海工装备	工信部	到2020年目标4 000亿元以上	《海洋工程装备中长期发展规划（2011－2020）》
大飞机	中研普华	700亿元	按C919已有订单推算（2013年年底已有400架）
高效太阳能电池	工信部电子科学技术情报研究所	2013年38.4瓦，2020年100吉瓦，产值10 000亿元	《LED行业研究报告（2014）》
储能技术	中科院工程热物理所	到2020年国内储能产业的市场规模至少可达6 000亿元	中科院工程热物理研究所预测
页岩气	国家能源局	到2015年，国内页岩气产量将达65亿立方米，2020年力争实现600亿~1000亿立方米，预计市场规模达千亿元	《页岩气发展规划（2011－2015）》

资料来源：作者根据有关资料整理。

4. 具备实现技术发展的可能性和可行性

我国重大技术选择还应考察我国实现该项技术的研发、产业基础和经济承受能力，分析备选技术的研发基础、技术的通用性、技术成熟度，技术突破所需的资金规模测算，技术突破相对传统技术带来的成本节约，技术投入的成本收益分析等，把战略需求与现实能力结合起来，选择技术和经济可行性较高的重大技术。

（二）选择方法与程序

根据上述选取原则和标准，我国重大技术选择方法可以称之为“重要性——可行性”两步法，第一步是由经济学家、政府和企业管理者根据世界科技发展趋势、国家战略目标、我国该技术与世界先进水平的差距提出重大技术发展需求，第二步由科技专家判断该技术的技术与经济可行性。具体操作程序如下：一是开展国内外技术发展趋势研究，主要全面分析国内外技术发展趋势、我国与先进国家差距，以及我国的机遇、发展重点等主要问题。二是围绕我国未来经济社会发展的趋势和存在的问题，开展我国重大技术发展需求调研，重点围绕国家安全、经济发展、缓解经济社会发展的瓶颈约束等几个方面进行分析，同时，结合国内外技术发展趋势和我国现有重大技术发展专项、纲要、规划等，① 提出我国有可能发展的重大技术备选清单（见本章末尾附表 1）。三是研究比选提出重大技术名单。通过专家访谈、座谈会，问卷调查等多种方式结合（见本章末尾附表 2），根据选取原则和标准，定性与定量分析相结合，在充分讨论和专家打分的基础上，从 50 项备选技术中遴选出 12 项对我国经济转型发展有重大带动作用的重大技术。

四、事关我国未来发展的重大技术选择

综合分析，事关我国未来发展的 12 项重大技术是分别是移动互联网、物联网、云计算和大数据、智能电网、转基因育种、新一代核电技术、下一代基因组、先进储能技术、CPU 与操作系统、新能源汽车、3D 打印与先进机器人，主要技术发展情况与入选理由如下。

1. 移动互联网

移动互联网是将移动通信与互联网这两个发展最快、创新最活跃的领域连接起来的互联网应用及服务，涉及移动芯片、移动智能终端操作系统、智能终端、移动互联网应用等环节。目前，以 PC（Personal Computer）电脑、传统电脑软件为代表的传统信息技术产业已经进入成熟期，与此同时，便携式数据存储技术、轻量级能源、多点触控、移动互联网等新兴技术成为信息技术发展的新热点，已经成为整个 ICT（Information Communication Technology）产业发展最重要的驱动力量。据 Gartner 数据，2013 年全球智能手机销售量达到 9. 68 亿台，同比增长 42. 3%，首次超过传统功能性手机。同时，随着 3G 网络、4G 网络等移动互联网技术的成熟，使大众通过互联网获取信息的成本大幅降低，带来了移动互联网门户网站、移动理财、移动医疗、移动教育、移动社交网络等一系列移动互联网产业发展。据著名信息咨询机构 Informa 统计，2013 年全球移动互联网用户已经超过 26 亿，首次超过 PC 互联网用户，正处于爆发式增长期。我国移动互联网技术和产业发展也极为迅速，部分终端设备制造商和移动软件开发技术水平已达到国际先进水平，到 2020 年有望成为数万亿元的产业。

---

① 我国高度重视科学技术发展和重大技术在国民经济中的作用，至今已制定 8 个科技发展规划，最近一次是《国家中长期科学和技术发展规划纲要（2006—2020 年）》，提出了我国应重点发展的 11 个技术领域 62 项优先主题和 24 项前沿技术。国务院《“十二五”国家自主创新能力规划》（国发［2013］4 号）也提出了新一代无线移动通信、先进计算、油气及矿产资源勘探与采收、节能与新能源汽车、高档数控机床与基础制造、大型清洁火电与核电等重大技术创新工程，等等。这些工作为课题研究提供了较好的基础，为此我们根据现有国家重大科技发展规划、相关领域产业发展规划和权威研究报告，从重要性、技术可行性和经济可行性（到 2020 年可实现产业化）等方面初步遴选出 50 项重大技术备选清单。

2. 物联网

物联网产业包括感知识别、传输互联、数据处理和应用等环节，是对新一代信息技术高度集成和综合运用的产物。从本质上看，物联网是为人服务的网络，人们可以通过物联网了解、搜集物体信息并实时地实施互动，对于提高工作效率、改善生产生活方式都具有重要作用。物联网涉及产业门类众多，涵盖内容广，具有巨大的发展前景，推动物联网在智能工业、智能农业、智能交通、智能物流、智能家居、智慧医疗、市政公共服务、智能环保、智能安防等领域的应用，将能创造超过万亿元级的产业规模。根据《中国物联网 RFID2013 年度报告》数据，2013 年我国物联网产业规模为 4 896 亿元，按照 20% 的增长率，预计到 2020 年将能创造 1.5 万亿元至 2 万亿元的产业规模。

3. 云计算与大数据

云计算是指通过网络获得硬件、平台、软件及服务等所需的资源的一种信息技术资源的交付和使用模式，是移动互联网、大数据等信息产业的支撑技术。金融危机之后，云计算技术突破和产业发展受到全球高度关注，被视为信息技术产业的未来发展方向和革命性变革之一，将会影响到数亿人的生活，是下一个万亿级产业。在我国，企业对于包括混合云以及 IT（Information Technology）服务代理等在内的各种云计算服务解决方案的需求也日渐强烈，个人用户也正在逐渐接纳各种各样的个人云服务，例如流媒体中的土豆，社交网络中的微信，云存储以及跨设备平台数据同步中的 QQ 空间等，到 2020 年我国云计算与大数据市场将呈现爆发式增长态势，将有望创造数千亿元级的市场规模。①

4. 智能电网

智能电网是以物理电网为基础，将现代先进传感测量技术、通信技术、信息技术和控制技术与物理电网高度集成而形成的新型电网。发展智能电网是促进电力需求和资源优化配置、确保电力供应安全性、可靠性和经济性、实现能源供应安全和可持续发展、分布式能源应用的必然选择，对于支撑我国战略性新兴产业健康发展、优化能源结构、确保能源战略安全、改善生态环境、创新城乡用能方式、培育新的增长点、促进经济持续健康发展等具有重要的现实意义。② 根据透明度市场研究公司预测，到 2020 年我国智慧型电表基础建设、配电自动化、软件和硬件等智能电网产业市场规模可达 1 000 亿～2 000亿元。

5. 转基因育种

转基因技术（Genetically Modified，简称 GM）是指将基因片段转入特定生物中，并

① 发改委高技术司编 . Gartner：2014 年中国十大战略技术趋势 . 高技术服务业动态 . 2014（6）.

② 吴新雄 .《破解难题 注重实效 积极推进分布式光伏发电健康发展——在分布式光伏发电现场（浙江嘉兴）交流会上的讲话》，2014 年 8 月 4 日 .

最终获取具有特定遗传性状个体的技术。在目前全球农产品需求量大幅增长，耕地面积受到诸多限制的大背景下，转基因与生物育种已经成为缓解粮食安全、减轻贫困和饥饿、改善生态环境和促进可持续发展的战略性、基础性核心技术。我国已开展转基因相关研究，目前已建立了 2 个国家植物基因研究中心，并在河南和吉林等地建立若干国家转基因棉花、玉米、大豆中试与产业化基地，培育出一大批动植物新品种，转基因抗虫棉花居全球领先地位。但是，目前转基因和生物育种技术正处于战略发展期，少数跨国种业集团凭借其在科技创新、资源积累、资本投入等方面的优势，逐步形成了全球种业的垄断局面，需要积极予以关注，攻克和储备一批核心技术，保障种业产业安全。

6. 新一代核电技术

新一代核电具有清洁、安全、高效等特点，是发展低碳经济、应对气候变化的一个理性选择。此外，新一代核电投资规模巨大，是带动经济增长的有效途径。主要发达国家都高度重视核电发展，美国在停滞近 30 年后重启核电大门，目前已有约 20 家公司申请建设核电站，总数达 26 台，并计划在美洲、亚洲、欧洲、大洋洲、南美洲等近 40 个国家和地区的开发核电市场。法国计划在 2015 年到 2020 年间，建造 40 台新一代（EPR, Evolutionary Power Reactors）核电机组，以代替目前的核电厂。俄罗斯计划到 2020 年建成 28 座大型核电机组，让核电占总发电量的比例由目前的 16% 提高到 23%。我国在充分汲取法国、日本、美国等发达国家技术的基础上，经历十余年完成自主品牌百万千瓦级三代压水堆核电技术研发，目前已形成 CAP1400 和基于 ACP1000、ACPR1000 + 技术融合基础上的“华龙一号”技术方案，部分指标在国际居于领先水平，通过进一步加快核电技术和装备研发制造，争取早日开工一批核电项目，加快培育自主品牌，创造条件推动核电技术装备走出国门，预计能带来超过 2 000 亿元的市场规模。

7. 下一代基因组

下一代基因组与基因测序技术的突破使科学家可以系统地测试遗传变异如何能够带来特定性状和疾病，精确地定义生物体各种 DNA 的功能，能显著改善治疗，对人类健康具有深远影响。此外，下一代基因组技术的突破将加速新药发现、生物能源制造等，对医药、农业生产等产生巨大的经济价值并改变医疗健康产业格局。根据麦肯锡公司预测，到 2025 年将可能产生每年 7 000 亿美元至 1.6 万亿美元的经济影响。我国在下一代基因组技术前沿技术领域与发达国家处于同等水平，并成功研发新一代基因测序仪，其成本低于进口设备 1/3 以上，应用成本低于进口设备 1/5 以上，将有望在医疗、检验检疫、疾病防控、高校和科研院所率先应用。

8. 先进储能技术

储能技术包括电池和存储能量以供日后使用的系统。自电力被发现以来，人类就一直在研究储存电能的方式，目前锂离子电池和燃料电池已经在纯电动汽车和混合动力汽车，以及数十亿便携式消费电子设备中使用，未来十年，先进的储能技术可以使电动汽车成本大幅下降，从而催生巨大的经济价值。根据中科院工程热物理所估计，到2020年国内储能产业的市场规模至少可达6 000亿元。对于电网而言，先进电池储能系统可以帮助太阳能、风能和常规发电的整合，可以实现电力削峰填谷，节能减排，推迟或减少电力基础设施扩张，从而大幅降低成本。先进储能技术发展还能大幅提高偏远地区、无人海岛等地区人类活动的能力，对于我国战略发展具有重要意义。

9. CPU与操作系统

CPU（Central Processing Unit）即中央处理器，是一台计算机的运算核心和控制核心，是信息时代至关重要的关键技术，也是当今世界各国竞争的核心。它不仅直接影响和制约着世界各国信息产业能否快速发展壮大，而且直接影响到国家、企业、个人的信息安全和经济利益，特别是对国家的政治、军事、国防和经济安全有着重要影响。从市场容量看，2013年我国集成电路行业销售收入2 508亿元，同比增长16.2%，随着市场格局的加快调整和国内集成电路技术与产业的发展，我国集成电路产业到2020年销售规模有望超过8 700亿元。目前，Intel、AMD和中国台湾威盛（VIA）等公司拥有CPU的核心技术，我国在超级计算机方面居世界领先地位，核心CPU的单核能力与国外差距较大，国产CPU（龙芯）综合性能仅为国外CPU的1/5～1/10，虽然在核心技术上与国外有一定差距，但已具备加快发展的产业基础和市场容量优势。

10. 新能源汽车

新能源汽车是指采用新型动力系统，完全或主要依靠新型能源驱动的汽车，主要包括纯电动汽车（BEV，Battery Electrical Vehicle）、插电式混合动力汽车（PHEV，Plug-in Hybrid Electric Vehicle）、燃料电池汽车（FCEV，Fuel Cell Electric Vehicle）、氢发动机汽车及其他新能源汽车。当前，为应对日益突出的燃油供求矛盾和环境污染问题，世界主要汽车生产国纷纷将发展新能源汽车作为国家战略，加快推进相关技术研发和产业化，全球新能源汽车发展迎来重要历史机遇期。我国在新能源汽车领域与国外的技术差距相对较小，加快发展新能源汽车成为我国抢占新一轮汽车产业发展先机、应对日益严峻的能源和环境问题的必然选择。此外，我国新能源汽车市场空间广阔，根据国际能源署预测，我国新能源汽车市场规模有望突破100万辆，市场规模有望超过6 000亿元。

11. 3D打印

3D打印技术是制造业领域正在迅速发展的一项新兴技术，被称为“具有工业革命意义的制造技术”。3D打印是“增材制造”的主要实现形式，主要通过特定的成型设备（俗称“3D打印机”）将数字模型生成为实物，包括生物打印、消费者打印以及企业级打印三个类型。从全球看，目前3D打印等数字化制造的核心技术仍处在发展的初级阶段，产业还不成熟，但在产品设计、复杂和特殊产品生产、个性化服务等方面已显示其独特优势。3D 打印产业链涵盖 3D 打印材料、3D 打印机、3D 打印产品设计与制造、生物打印、专业 3D 打印服务等，从未来人类个性化、定制化、小批量的消费需求趋势看，市场空间广阔。2011 年全球 3D 打印产业产值约为 17.14 亿美元，未来将快速突破至 300 亿美元，将有可能引发生产方式和组织方式的深刻变革。我国在 3D 打印领域已有清华大学、西安交通大学、华中科技大学、北京航空航天大学和北京殷华、陕西恒通等一些技术研发和产业化实体，具备进一步加快发展的基础和条件。

12. 先进机器人

近年来，随着人工智能、机器对机器通信、传感器等技术快速发展，先进机器人替代人类劳动的领域日益广泛，已经成为世界各国高端制造业竞争的主要方向。除了替代人从事一些程序性较强的制造业领域工作，如汽车、电子信息等领域加工装配工作外，先进机器人在医疗照护、家庭服务等领域的应用也越来越广泛。我国工业机器人尚处于起步阶段，近年来发展速度较快，2013 年销售量达到 2.3 万台，每万名员工使用机器人 16 台，但与欧美发达国家每万名员工 100～200 台的水平相比差距较大，按照到 2020 年我国机器人市场每万名员工使用机器人台数达到 100 台以上的目标测算，产值规模有望超过 1 万亿元。

除此之外，高效太阳能电池、对地观测卫星定量化应用技术、大气污染治理技术、水体污染控制与治理、大飞机、穿戴式计算机等重大战略性高技术和前沿技术也有很大发展潜力，需要予以积极关注。

五、结论与若干技术经济政策建议

（一）信息技术和能源技术是当前我国重大技术发展的重点

从重大技术选择结果看，在影响我国经济转型发展的 12 大重大技术中，信息和能源技术一共 7 个，占绝大多数份额，是当前我国重大技术发展的重点。其中，信息技术是支撑性技术，也是创新最为活跃、应用最为广泛的领域，代表了产业升级、消费升级的重要方向，近年来呈爆发式增长态势，有可能通过重大技术的突破，带动产业的快速发展，并抢占国际竞争的制高点。新能源技术发展是满足我国能源消费需求，保障能源安全，减少环境污染和确保经济持续稳定增长的重要支撑，在经济增长和节能减排的双重约束下其发展的紧迫性更为突出。

（二）生物技术对我国经济社会发展的支撑作用日益显现，智能制造、3D打印等发达国家“再工业化”的关键技术离产业化还有较大距离

当前，我国经济社会发展面临日趋严峻的环境、健康等重大问题，发展转基因、生物育种、下一代基因组等技术对于促进医药、健康产业发展，缓解粮食安全、健康、环境等我国经济社会发展紧迫问题至关重要。但是，生物领域的技术有可能是颠覆性的，比如转基因等技术正逐渐成为生物育种业的主流技术，随着基因组测序和功能基因研究的不断深入，生物育种将进入“全基因组选择育种”阶段，在其安全性尚未充分论证的前提下，有可能引发公众对于食品安全的担忧。此外，智能制造、3D 打印等技术虽然社会关注度较高，但由于涉及转换成本非常高和 3D 打印材料技术的限制，应用领域还比较有限，替代大规模生产的难度还比较大。

（三）对于重大技术发展宜根据不同技术属性和国家战略要求分类推进

由于重大技术本身具有很强的异质性，很难用一套框架简单遴选或一套方案简单推进，对于重大技术发展宜根据不同技术属性和国家战略要求分类推进。比如对于国产 CPU 和操作系统、航空航天、高分辨对地观测系统、军工国防等事关国家安全，但无紧迫市场需求或市场需求较小，但又必须要攻克的重大技术，要充分发挥社会主义制度集中力量办大事的优势，积极探索实践市场经济条件下的新型举国体制，集合中央和地方、军队和地方、企业和科研机构等各方力量，组织跨地区、跨部门、跨学科的“大兵团”联合攻关，争取重大技术突破，填补国家战略空白。对于核心电子器件、移动互联网、高端装备制造、新材料等通过技术进步融入全球产业链，并逐步增强我国产业在全球产业链中地位的重大技术。需要努力突破一批产业发展的核心技术，培育一批具有自主知识产权的高技术产业群。对于 3D 打印、无人驾驶汽车、先进机器人、穿戴式计算机等尚未进入产业化阶段，但能引发社会投资热情，并有可能引导未来产业发展方向的重大技术，需要加强基础研究和前沿跟踪，积极参与国际合作，不断完善有利于新兴领域技术爆发的财税和风险投资、创业投资、天使投资等金融支撑体系，激励企业增加研发投入，同时，发挥我国国内潜在市场应用需求庞大的优势，加大政府采购力度，促进商业模式创新，不断催生新的增长点。

（四）要以新的模式推进重大技术发展

一是组织实施一批重大技术发展工程。推进重大技术发展，不能纯技术导向，要围绕国民经济社会发展的需求，组织实施一批重大工程。通过大工程、大项目、战略性产品的实施带动重大技术的发展和突破。比如，围绕当前及今后一段时期我国经济社会发

展的重大需求，建议从国家层面组织实施通信和网络安全、种业安全、太阳能低成本利用、智能电网、百万辆电动汽车、非常规油气开发、核心动力装备、先进机器人、移动互联网产业培育工程等一批重大工程。二是建立动态评估和调整机制。建议建立由第三方独立评估机制对重大技术发展进行评估的机制，将争议双方放到一个统一的平台以各方都能接受的评估框架来进行全面客观评估，最终得出一个较为统一的结论。同时，根据全球技术发展和产业发展的新趋势与新动向，结合经济社会环境与需求的变化，定期对重大技术发展开展动态评估并发布报告，及时调整重大技术发展的重点。

（执笔人：盛朝迅）

主要参考文献

［1］国际技术经济研究所课题组.《国家关键技术战略》. 科学决策，2002（3）：48－56.

［2］国家计划委员会科技司编.《未来十年中国经济发展关键技术》. 石油工业出版社，1997.

［3］中国科学院编.《科技发展新态势与面向2020年的战略选择》. 科学出版社，2013.

［4］黄茂兴，李军军.《技术选择、产业结构升级与经济增长》. 经济研究，2009（7）：143－151.

［5］《技术预测与国家关键技术选择》研究组.《从预见到选择——技术预测的理论与实践》. 北京出版社，2001.

［6］吕静.《面向21世纪的21项国家关键技术》. 中国科技论坛，2004（9）：8－12.

［7］周永春，李思一（主编）.《国家关键技术选择——新一轮技术优势争夺战》. 科学技术文献出版社，1995.

［8］兰德公司.《2020年全球技术革命》. 2006.

［9］麦肯锡公司.《2025年将改变人们生活、生产方式和全球经济的颠覆性技术》. 2013年5月.

附表 1　　我国重点发展的重大技术备选清单

编号	名称	所属领域	编号	名称	所属领域
1	CPU	信息	26	智能材料	新材料
2	超大规模集成电路	信息	27	纳米材料	新材料
3	操作系统	信息	28	超导材料技术	新材料
4	云计算	信息	29	高端钢铁材料	新材料
5	移动互联网	信息	30	复合材料	新材料
6	物联网	信息	31	陶瓷材料	新材料
7	有机电激光显示技术	信息	32	生物材料技术	新材料
8	大数据技术	信息	33	先进机器人	装备与先进制造
9	智能感知技术	信息	34	穿戴式计算机	装备与先进制造
10	下一代基因组	生物	35	3D 打印	装备与先进制造
11	生物育种	生物	36	高速列车	装备与先进制造
12	干细胞技术	生物	37	高端数控机床	装备与先进制造
13	脑科学技术	生物	38	绿色智能制造技术	装备与先进制造
14	微生物制造	生物	39	无人驾驶汽车	装备与先进制造
15	智能电网	能源	40	纯电动汽车	装备与先进制造
16	先进储能技术	能源	41	汽车发动机与变速箱	装备与先进制造
17	高效太阳能电池	能源	42	高效内燃机技术	装备与先进制造
18	新一代核电技术	能源	43	深海运载和探测技术	装备与先进制造
19	先进油气勘探技术	能源	44	航空发动机	航空航天
20	海上风电场建设技术	能源	45	导航与位置信息网络平台技术	航空航天
21	页岩气技术	能源	46	对地观测卫星定量化应用技术	航空航天
22	下一代生物质能源	能源	47	可重复使用运载器	航空航天
23	氢能技术	能源	48	稀有金属矿产勘探与采收	资源
24	碳纤维技术（T700 以上）	新材料	49	水体污染控制与治理	资源环境
25	石墨烯技术	新材料	50	大气污染治理技术	资源环境

注：备选技术来源为：(1)《“十二五”国家自主创新能力规划》(国发［2013］4 号)；
(2)《国家中长期科学和技术发展规划纲要（2006—2020 年）》；
(3) 国家高技术研究发展计划（863 计划）；

（4）国家重点基础研究发展计划（973 计划）；

（5）《国家战略性新兴产业“十二五”发展规划》；

（6）《当前优先发展的高技术产业化重点领域指南（2011 年度）》；

（7）相关领域国家发展规划、指导意见或重点领域指南；

（8）中国科学院《科技发展新态势与面向 2020 年的战略选择》；

（9）兰德公司《2020 年全球技术革命》；

（10）麦肯锡《2025 年将改变人们生活、生产方式和全球经济的颠覆性技术》。

附表 2　　部分访谈与座谈专家名单

序号	姓名	供职单位与职务	日期	访谈主题	地点
1	贾瑞	中国新材料协会太阳能光伏分会秘书长	2014 年 2 月 20 日	高效太阳能电池技术	国家发改委产业所
2	任东明	发改委能源所研究员、国家可再生能源研究中心主任			
3	宋登元	英利集团			
4	孙会峰	赛迪顾问副总裁、中国云计算专业委员会常务副秘书长	2014 年 2 月 21 日	国产 CPU 与云计算技术	国家发改委产业所
5	龚海臻	华为公司战略与政策研究室主任			
6	莫华	中国国际工程咨询公司处长			
7	许倞	科学技术部重大专项办公室主任	2014 年 3 月 6 日	重大专项进展情况	科学技术部重大专项办公室
8	李国杰	中国科学院院士	2014 年 3 月 12 日	国产 CPU 与云计算技术	中科院计算所
9	孙凝晖	中国科学院计算技术研究所所长			
10	叶奇蓁	中国工程院院士	2014 年 3 月 17 日	核电技术	国家发改委产业所
11	周大地	发改委能源所原所长			
12	赵华	中广核集团总工程师			
13	赵成昆	中国核能行业协会副理事长			
14	邢继	中国核电工程有限公司副总			

续表

序号	姓名	供职单位与职务	日期	访谈主题	地点
15	董晓鲁	工信部科技司	2014 年 4 月 17 日	创新驱动与重大技术项目遴选建议	国家发改委第六会议室
16	沈竹林	发改委高技术司综合处			
17	阮高峰	发改委高技术司创新能力处			
18	林智	公安部科技信息化局			
19	赵财胜	国土资源部科技司			
20	禹军	环保部科技司			
21	林强	交通运输部科技司			
22	付长亮	农业部科技教育司			
23	刘清	中科院发展规划局			
24	王京京	工程院三局			
25	翁端	清华大学材料系	2014 年 5 月 6 日	新材料技术	电话访谈
26	李婷	工信部电信研究院		移动互联网	
27	朱之鑫	国家发改委副主任	2014 年 6 月 6 日	听取重大技术课题汇报并提出建议	国家发改委南楼 306 会议室
28	李朴民	国家发改委秘书长			
29	施子海	国家发改委政研室主任			
30	程晓波	国家发改委政研室副巡视员			
31	白和金	宏观经济研究院原院长	2014 年 7 月 10 日	专家咨询	国家发改委产业所
32	韩文科	国家发改委能源所所长			

注：按访谈调研时间排序，部分专家咨询多次。

专题二

促进国产 CPU 发展的技术经济政策建议

内容提要： CPU 发展事关一国信息安全和核心竞争力。我国全面部署实施“中国芯”战略已逾十年，在部分领域核心技术攻关、关键产品产业化、产业链条布局方面取得了积极进展，但是也存在起步晚、积累弱、技术落后、人才缺乏、生态体系不健全等诸多问题和制约。必须抓住“后摩尔时代”全球集成电路产业技术更新换代、分工格局重新调整的有利时机，化市场优势为产业优势，逐步提升我国信息产业在国际分工格局中的地位，赢得 CPU 等重大技术话语权。为此，要组织研究制订 CPU 技术发展路线图，分清不同阶段不同领域的发展目标、重点和主要任务，明确政府、企业和科研院所的不同功能和定位。要充分借鉴美国半导体产业发展的经验，集中资源加大对重点技术领域的投融资政策扶持力度，强化以企业为主体推动重大技术攻关和产业化，加快人才培养和引进，全力营造高效健康可持续发展的 CPU 产业生态系统。

CPU（Central Processing Unit，中央处理器）是数字类电子产品的运算中心和控制中心，是超大规模集成电路产业的最关键技术和核心产品。当今社会，一个国家只有拥有具有自主知识产权的 CPU 产品，才能拥有自主、可控、安全的信息基础设施，才有实力掌控事关国家安全的重大技术话语权。我国全面部署实施“中国芯”战略至今已十余年，适时总结国产 CPU 的研制与产业化进展、分析困扰其发展的问题与制约，提出重大技术经济政策建议，对迎接大数据时代下全球新科技产业分工格局调整带来的机遇、提升我国信息产业技术实力、夯实国家信息安全具有重要的战略意义。

一、国产 CPU 发展的历史沿革与现状

（一）历史沿革

国产 CPU 的发展历史大致可分为三个阶段：一是 20 世纪 60 年代到 70 年代中后期的

“从无到有”阶段。标志性产品包括 1965 年 6 月研制出的第一台晶体管 109 机，1968 年 8 月第一台小规模集成电路 156 机，1977 年第一台大规模集成电路专用 77 型微机等。总体来看，这一时期全球计算机及半导体产业也处于方兴未艾的起步阶段，国内外技术差距并不显著。二是 20 世纪 70 年代末到 90 年代末期的“停滞不前”阶段。转折性事件即是国家“七五”科技攻关立项期间，受种种原因所限，最终没有安排自主设计研制第四代计算机系统等任务，仅仅安排由清华大学负责“消化、吸收、解剖、分析”英特尔的 CPU（8086 和 8088）；并于此后的国家“八五”、“九五”科技计划中均未能立项支持有关研究。与此形成鲜明对比的是，美、日等国集成电路产业在此期间飞速发展，英特尔、IBM 等一批龙头企业不断涌现，各类应用深入拓展，最终奠定了其在信息经济时代的绝对领先地位。这段时期中，我国从事 CPU 领域研究的技术实力、人才积累、上下游配套等远远落后于美、日等国，成了名副其实的计算机消费大国和研制弱国。三是始于 2000 年的“重新起步”阶段。标志性事件是 2000 年 6 月国务院颁布的《鼓励软件产业和集成电路产业发展的若干政策》（国发［2000］18 号），其中，明确提出了“国产集成电路产品能够满足国内市场大部分需求，并有一定数量的出口，同时进一步缩小与发达国家在开发和生产技术上的差距”等政策目标，并在投融资、税收政策等方面向集成电路尤其是集成电路设计企业倾斜。此后，又密集出台了《鼓励软件产业和集成电路产业发展有关税收政策问题》（财税［2000］25 号）、《集成电路布图设计保护条例》（中华人民共和国国务院令第 300 号，2001 年 4 月）、《集成电路设计企业及产品认定管理办法》（信部联产［2002］86 号）等重要文件。同期，“863”计划超大规模集成电路设计专项、“核高基”重大专项、中科院知识创新工程“龙芯”专项等任务也纷纷部署并抓紧实施。

（二）发展现状

经过 10 余年发展，国产 CPU 发展取得一定进展，具体表现为以下三个方面。

首先，部分领域拥有核心技术，能够自主开发 CPU 产品。例如，部分企业能够独立开发基于全新自主指令系统的 CPU 产品，包括北大众志开发的 UniCore 指令集，上海高性能集成电路设计中心开发的申威等；还有部分科研院所和企业在兼容国际主流架构的基础上开发了部分自主指令系统，包括中科院计算机所研制的“龙芯”系列产品，国防科技大学研制的 FT 产品，北京君正研发的 Xburst 产品等。

第二，各主要 CPU 产品领域均积累了一批具有一定技术实力和产业化经验的骨干企业和科研院所。例如，在高性能通用 CPU 领域（“大 CPU”，主要应用于高性能计算及服务器等），主要研发单位有中国科学院计算所、北大众志、国防科技大学、上海高性能集成电路设计中心等；在安全使用计算机用 CPU 领域（“中 CPU”，主要应用于桌面及笔记本电脑等），主要研发单位包括中国科学院计算所、北大众志等；在嵌入式 CPU 领域（“小 CPU”，主要应用于移动通信终端、消费类电子、数字电视、工业控制和汽车电子等领域），主要研发单位包括浙江大学、清华大学、苏州国芯、杭州中天、北京君正等。

第三，产业化取得初步进展。其中，国产高性能通用 CPU 产品主要应用于军用信息处理、党政部门超级计算中心、高端嵌入式应用以及低成本国产服务器等领域。例如，中科院计算机所基于龙芯 3A 已经研制出中科大 KD－60 万亿次高性能机、曙光刀片服务器等产品，主要就是面向低成本国产服务器、高端嵌入式应用和军用信息处理等市场应用。[①] 上海高性能集成电路设计中心先后研制推出的申威 1、申威 1600 和申威 1610 等产品已经在国内应用 85 000 片以上。[②] 在计算机用 CPU 领域，以北大众志自主开发的 UniCore 系列 CPU 和 PKUnity 系列 SoC 芯片产品为代表，广泛应用于农村教育信息化进程中普及的低成本计算机产品。例如，北大众志的 CPU 产品及其系统通过在教育、政务、企业、酒店、医疗等领域逐步推广，终端用户累计已达到 100 万台以上。[③]

专栏 1

国产 CPU 技术来源

一、完全自主（全新自主指令系统）CPU

1. 北大众志——Unicore

UniCore 是由北大众志自主开发的一套全新指令集，与其他主流指令集不兼容，它已作为一种独立的体系结构，在 GNU 社区系统软件开发规范中注册，编号为"110"。UniCore 指令系统在指令密度、通用寄存器设置等方面都有特别的设计，还包含了 DSP 扩展指令，以满足更广泛的应用需求。北大众志在拥有全新自主指令系统 Unicore 的同时还获得了 X86 指令架构授权，目前正在开发兼容 X86 架构的系统芯片。之所以选择这种"两手抓"的发展模式是因为推动一个全新的指令集架构是一个耗资百亿元，费时数年而结果难测的冒险，短期内与国际主流 CPU 正面对抗难度较大，但因为完全自主可控，是抢占未来先机的希望所在，因此必须紧抓。而获得 X86 授权，就可开发 X86 兼容 CPU，可以利用已有的丰富软件资源，不必自己建立生态系统，有利于国产 CPU 产业化进程。

2. 苏州国芯、杭州中天、浙江大学——C－Core

C－Core 是以 Motorola 赠送给中国政府的 M—CORE 为技术起点，由浙江大学、苏州国芯、杭州中天三家共同设计及产业化的具有完全自主知识产权的国产嵌入式 CPU。在 2010 年 9 月，出于争夺汽车电子、网络通信、物联网等热点市场的考虑，苏

① 工业和信息化部软件与集成电路促进中心．《国产 CPU 研究单位与现状》．2012 年 6 月 28 日．

② 工业和信息化部软件与集成电路促进中心．《"中国芯"整机与芯片联动专题》．芯闻参考，2012（2）．

③ 韩齐．《面向低成本计算机系统的 CPU 芯片及其产业化路径》．经济日报，2011 年 1 月 19 日第 13 版．

州国芯取得了 IBM 转移的 PowerPC 指令架构授权，并与国内芯片企业深入交流，针对战略新兴市场，开发完全兼容 PowerPC 架构的 CPU IP。C—Core 研发团队在努力追赶国际领先嵌入式 CPU 技术的同时，也选择了兼容合作的发展道路，力图在自己并不擅长的热点应用领域有所突破。另外，两种完全不同的体系架构或许可以取长补短、相互融合，走出一条全新的国产 CPU 发展模式。

3. 上海高性能集成电路设计中心——申威

上海高性能集成电路设计中心坚持独立自主研发国产处理器，形成了符合高端处理器研发规律的技术体系，独立完成处理器研发的所有环节：包括结构设计、前端逻辑设计、正确性验证、后端物理设计、工艺分析等。其处理器的定位在高性能、低功耗，在满足性能要求的前提下追求低功耗。主要应用于高性能计算 CPU、高效能服务器 CPU 和高性能低功耗嵌入式 CPU。

二、“兼容国际主流、自主指令系统”CPU（简称“兼容 CPU”）

1. 中国科学院计算所——龙芯系列

MIPS 兼容，2009 年 6 月获得 MIPS32 与 MIPS64 架构的授权。龙芯 1 号 CPU 及其 IP 面向嵌入式应用，龙芯 2 号 CPU 及其 IP 面向高端嵌入式和桌面应用，龙芯 3 号多核 CPU 面向服务器和高性能机应用。

2. 国防科技大学——FT

SPARC 兼容，SPARC 架构是开放的，任何机构或个人均可研究或开发基于 SPARC 架构的产品。主要面向国家战略和重大军事应用中的高性能计算应用需求。

3. 北京君正——Xburst

MIPS 兼容，2011 年 1 月获得 MIPS32 架构授权。主要面向消费电子、教育电子、移动互联网终端等移动便携设备和其他嵌入式应用。

资料来源：工业和信息化部软件与集成电路促进中心：《国产 CPU 研究单位与现状》，2012 年 6 月 28 日。

二、国产 CPU 发展的有利条件和制约因素

（一）有利条件

从全球集成电路产业发展趋势看，一方面，世界半导体产业正在进入“后摩尔”时代——即当主流器件工艺达到 22/20 纳米时，制造工艺已经逼近物理极限，工艺复杂度大幅提升，导致生产线投资将达到上百亿美元规模，研发和设计成本也将翻番增长。这意味着，全球只有英特尔、三星、IBM 等少数巨头才有资金和技术实力能够建设 22/20

纳米以下工艺的芯片制造厂，现有的若干垂直整合制造企业将转向代工模式，仅从事CPU设计、研发、应用和销售的无晶圆企业与CPU制造企业以及从事CPU产品辅助设计、制造、测试等的EDA厂商构成的产业链上下游之间的关系将更加密切，通用器件、平台化器件和大宗专用器件等产品将成为CPU制造企业的主流产品。这些都为国内CPU的设计制造企业后来居上、实现跨越发展提供了重要契机。

另一方面，移动互联网时代带来了包括CPU在内的整个信息产业生态系统的变革和调整，传统以"芯片+操作系统"为竞争核心的产业生态系统正面临瓦解，从原来的Wintel联盟日益演变为当前以苹果的IOS、谷歌的Android和微软的Windows Phone为代表的三大产业生态系统（见表1）。产业竞争的核心呈现由之前聚焦于集聚用户、掌控资源、许可授权、控制产业链等优势平台的竞争向电子商务、社交网络、大数据等各类应用平台进一步拓展的态势。而我国拥有全球规模最大的集成电路市场且市场需求将继续保持快速增长的态势，国内企业有条件更加全面充分的掌握汇总分析各类市场需求，通过以应用带需求促发展，有可能在新的分工格局中占有越来越重要的地位。

表1　　　　移动互联网三大产业生态系统比较

生态系统	优势	不足
苹果IOS	生态系统稳定性较强，无分裂风险；关键软硬件单一且都为苹果自有，便于长期持续的软硬件协同优化；应用开发收益较高，集聚了大批应用开发者，超过78万个应用程序；聚焦高端领域，付费用户数庞大；整合能力较强	全封闭式的生态系统，不利于集成创新；持续创新能力受质疑；IOS后台处理能力和多任务处理能力不足；产品型号单一，受众面较窄
谷歌Android	开元免费模式聚集了大量终端、芯片、软件提供商；产品线丰富，同时面向高中低端；拥有强大的后台处理能力；拥有超过75万个应用程序；提供强大的GMS服务	OHA（Open Handset Alliance）不稳定，面临分裂的风险；系统碎片化严重，软硬件协同研发和优化欠缺；应用软件开发商盈利困难；面临严重的知识产权风险，需要向微软和苹果缴纳巨额的专利授权费用
微软Windows	多芯片平台支持；实现三屏合一，提升用户体验；Windows PC平台的应用软件众多，Windows 8之后可以容易的移植到移动设备上；MS Office套件应用广泛；有诺基亚等稳固的盟友	Wintel联盟在移动互联网领域出现破裂；WP7.5/7.8不能够升级到WP8，导致用户体验和信心下降；Windows系统同时支持多个芯片平台，不利于整机性能优化

资料来源：李国杰，魏少军，洪学海.《集成电路产业》.《2013年中国战略性新兴产业发展报告》，科学出版社，2013.

（二）面临的挑战和主要制约

国产 CPU 发展面临的挑战也十分严峻。从外部环境看，美国在全球 CPU 领域尤其是民用 CPU 方面占据绝对主导地位的局面仍将维持较长一段时期。其一方面利用先发优势通过知识产权手段使得发源于美国的 RISC 指令集成为世界公认的 CPU 标准指令，后来者必须与现有流行产品兼容，才能进入到主流产品领域，被市场用户所接受；另一方面则积极向全球推动集成电路产品"零关税"制度，确保美国 CPU 产品能够随时以绝对的"物美价廉"优势占据别国市场。此外，当 20 世纪 80 年代以来美国半导体产业受到日本的竞争威胁时，还综合并用政治、经济、贸易手段抑制日本半导体产业的发展，确保其绝对领先地位。在这种背景下，起步晚、积累弱的国产 CPU 产品短期内在工商金融企业等民用领域完全不具备和国际主流产品竞争的条件。

从内部条件看，国产 CPU 的技术实力和产业环境也远远落后于美日等半导体强国。一是产品整体性能与发达国家同期同类产品相比落后两代左右。以龙芯 3 号处理器系列产品（4 核、8 核等）为例，其整体性能和技术指标仅是国际主流产品水平的 1/5 到 1/10 左右（见表 2）。二是国内 CPU 研制企业普遍存在规模偏小、技术积累弱、缺乏高端和领军人才等问题。据中国半导体行业协会统计，2013 年我国集成电路设计业销售额达到 808.8 亿元，仅相当于同期英特尔一家企业（2013 年销售额 527 亿美元）的约 1/5。集成电路设计企业平均毛利率为 27.61%，比国际公认的行业平均毛利（40%）低 12.39 个百分点。[①] 行业人才缺乏导致企业不得不聘用外籍员工从而带来人力成本负担重等现象常有发生。三是产业生态系统完善仍需较长时间。以"龙芯"产业联盟为例，目前已有中标麒麟操作系统，金山 WPS 等百余家国产软件企业为其配套，但这些企业多数起步晚、规模小、技术实力弱、客户渠道单一，以上述企业为支撑共同构筑的产业生态系统远不能与现有的产业生态系统相提并论。四是技术经济政策扶持手段单一，制度环境亟待完善。传统有关国产 CPU 的政策扶持手段主要通过资金支持，扶持对象以科研院所为主，对企业的重视不够，同时，还存在政出多门、互相牵制、难以统一协调的现象。此外，我国现有的行业准入管理模式、知识产权和投融资制度环境都还不能适应 CPU 产业发展的紧迫形势。龙芯 CPU 简要参数与同期 IBM 产品对比见表 2。

表 2　龙芯 CPU 简要参数与同期 IBM 产品对比：龙芯 3B 与 IBM Power7

型号	核心数 & 制程工艺	主频	晶体管数	独享缓存	共享缓存
龙芯 3B	8 核 65nm	1GHz	5.826 亿	128KB	4M
IBM Power7	8 核 45nm	4.14GHz	12 亿	32 + 256KB	8M

资料来源：根据http://servers.pconline.com.cn/2011/1205/zt2608249.html 相关资料整理而成。

① 李国杰、魏少军、洪学海，"集成电路产业"，《2013 年中国战略性新兴产业发展报告》，科学出版社 2013 年 1 月版，第 131 页。

三、国产 CPU 发展的技术经济政策建议

（一）组织研究制订技术发展路线图

以路线图方法规划重大技术的发展和演进是当前国际上比较通行的重大技术规划模式。近年来，国际半导体技术路线图（International Technology Roadmap of Semiconductor，ITRS）组织、国际能源署、经济合作和发展组织等权威机构陆续组织研究并颁布实施了半导体、光伏、风电、新能源汽车等多个重要新兴领域的技术发展路线图，被业内外广泛认同为研判重大技术未来发展的最佳预测和规划方案。以 ITRS 为例，由国际路线图委员会负责组织实施，赞助方来自欧盟、日本、韩国、中国台湾和美国等，通过全球芯片制造商、设备供应商、研究团体和财团的共同合作来确定全球半导体技术的关键技术需求和潜在解决方案等。自 1999 年实施以来，通过每偶数年份更新、每奇数年份修订，20 多年来在评估和改善半导体产业前景方面发挥了重要作用。

近期，我国出台的《国家集成电路产业发展推进纲要》中按照集成电路设计、制造、封装测试业、关键装备和材料等产业链环节对集成电路产业未来 10 ~ 15 年的发展目标、主要任务、保障措施等进行了初步规划。但对于 CPU 有关关键技术发展的性能指标、先进水平、经济性、市场规模等指标和实现路径仍然缺乏更为全面详细的实现方案设计，没有明显改善以往围绕 CPU 重大技术攻关任务中目标不清晰、目标分散等问题。为此，应组织产学研以及产业链各环节有关企业家、专家、技术人员、政策研究制订人员等，共同研究制订 CPU 技术发展路线图。面向未来 10 ~ 15 年国际集成电路技术和产业发展趋势，结合我国 CPU 技术、产业基础和市场潜力等，按照 2020 年、2030 年几个关键时间点，分党政军工、民用领域两个角度分类分析，明确不同应用领域的技术发展目标，包括产品技术、性能指标、技术先进程度、技术经济性、市场占有率等目标并进一步理清企业、政府、科研院所等在不同发展阶段、不同发展方向上的不同职能分工。

初步考虑，在面向党政军部门以及重要信息系统应用的 CPU 产品和技术领域，要进一步发挥“政府补位”的作用，强化构建自主安全可控的信息基础设施目标，确保现有优惠政策落实和持续稳定的资金支持，多元化政府采购等模式，建立完善确保投入持续增长的机制。在金融、工商等民用 CPU 产品和技术领域，坚持以企业为主体，明确在全球现有产业生态系统中逐步增加话语权等有限目标，以移动智能终端和数字电视核心芯片、云计算、物联网、大数据核心芯片、重点信息化领域核心芯片等为切入点和突破口，基于现有的“芯片 + 操作系统”核心技术平台，逐步向软件和各类终端应用拓展，积极培育市场，创新商业模式，完善政策保障环境。

（二）强化以企业为主体推动技术攻关和产业化

企业是创新的发动机。有研究表明，尽管美国半导体工业的崛起很大程度上归功于国防军工等政府部门的技术攻关支持和军需市场拉动，但其发展演进的主体历来是德州仪器公司、仙童公司、西屋公司、摩托罗拉等这些持之以恒创新的企业。从其发展经验看，美国联邦政府主要是通过以下两方面的手段推动企业进行技术攻关和产业化：一是通过资金扶持直接补贴有条件的企业进行重大技术攻关和设备更新。例如，1959 年 2 月，在德州仪器公司率先获得集成电路专利后不久，美国空军就与其签订了 115 万美元的新技术开发合同，后又签订了 210 万美元的合同帮助其加速产业化。二是积极为企业新产品培育市场。如早期的摩托罗拉公司、仙童公司等都是美国空军实施的“民兵导弹计划”（1958 年）的重要供货商，其中，摩托罗拉接受了 170 万美元生产锗材料晶体管的供货合同，仙童接受了 150 万美元的硅材料晶体管供货合同。这些支持极大程度缓解了从事新产品研发的企业初期开发平面型晶体管面临的资金紧缺困境。

与美国从供需双方着手大力扶持半导体企业的模式相比，我国以往对 CPU 的技术攻关和产业化支持往往着重依靠科研院所、科学家牵头负责，对企业的支持仅仅体现为适当放松准入管理、税收优惠、适度加强知识产权保护和行业监管等方面，既不适应 CPU 技术资本密集、前期投入风险高、技术更新换代快等产业特征，也不能满足“后摩尔时代”下我国应对全球 CPU 技术和产业生态环境加速变革调整的新发展态势的需求。为此，要坚持以企业为主体，发挥科研院所、大学等从事重大技术基础研究的作用，调动产学研各方力量，着力营造有利于企业公开公平竞争、最大程度激发企业创新活力的制度环境。

一是要彻底改变传统 CPU 领域重大技术攻关以科研院所、科学家为核心的组织模式和以“选运动员”、“前期补贴”为主的资金扶持模式，组织以企业为主体和核心的重大技术攻关模式，联合上下游企业共同成立国家集成电路研发集团，资金扶持方式向需求端倾斜，建立以“需求订单拉动”、“后补助”等形式为主的资金补助方式。二是建立以企业为主体、高效高质、制度完善的产业技术联盟，充分调动 CPU、集成电路制造、封装、材料、装备等上下游企业，软硬件、运营商、互联网等企业以及相关领域科研院所、国家实验室、企业技术中心等各方积极性，借鉴美日韩产业技术联盟运行模式，进一步完善联盟的知识产权和利益分享机制。三是要全力营造公开公平的竞争环境，加强反托拉斯、价格监管、知识产权保护等制度建设，持续激发行业领军企业的创新活力，引导鼓励各级政府、下游需求方企业等终端客户积极开辟“第二货源”，确保形成有利于中小创新型企业和后进入者能够不断进入的公平竞争环境。

（三）加大投融资政策扶持力度

从美国半导体产业早期发展的经验看，第二次世界大战后能够快速崛起主要源于美国联邦政府20世纪五六十年代的系列重大技术研究开发计划和大量军事采购计划。包括耗资300亿美元的“阿波罗登月计划”，前后共动用人力达40多万人、涉及企业2万余家、大学和实验室120多所。[①] 再如，第二次世界大战结束到20世纪60年代初期间，美国为发展尖端武器系统，对军用及宇航设备所使用的电子元件提出了微型化、轻型化和高性能的要求，为此，美国军方、前国家航空和宇航局、国家标准局和国家科学基金会投入大量资金于半导体技术研究开发。根据美国学者克莱曼的统计，1959年到1964年间，美国政府用于集成电路技术研发的投资总额为3 200万美元，其中70%来自于美国空军。此外，自1980年始美国国防部开始实施为期八年、预算6.8亿美元的“超高速集成电路”计划，与包括IBM、贝尔实验室、摩托罗拉等约25家半导体厂商签订了合同，等等。这些都为美国半导体工业起步提供了大量的技术和人才储备。

与美国上述做法相对比，我国在CPU起步阶段中对于技术和生产线的投入规模却远远落后于技术进步、产业发展的实际需求，若仍沿袭以往投资分散、规模偏小的政策扶持手段，“后摩尔时代”下国产CPU的发展前景将更加不容乐观。以CPU生产线投产需求为例，据业内人士估算，目前，单独建设一条月产4万片的14纳米生产线需要100亿美元，要发挥规模效应，则需要同时建设4条生产线以达到月产15万片的国际先进产能水平，意味着至少要投入250亿美元的建厂费和150亿美元左右的新工艺投入费，也即全周期投资共需400亿美元。这种规模巨大的资金进入壁垒对于国内任何一家企业而言都难以单独承受，迫切需要国家加大扶持和引导，多元化资金来源渠道。

为此，应针对CPU资本密集、技术密集、前期投入风险高等特征，设立渠道多元、形式灵活的产业发展基金，积极拓展银行信贷、民间资本、风险投资等投融资渠道，建立灵活动态新型的资金申请、领取、还款和抵押方式。面向CPU及下游集成电路制造、封装、材料、装备等不同环节的企业对资金供给的不同需求，分别设立不同类型的产业发展基金。在设计环节，积极引入国际技术、人才，发挥风险投资的资本杠杆作用，引导资金向创新型中小企业倾斜；加快设立集成电路设计企业整合基金，引导设计企业与制造企业、封装企业、系统整机类企业纵向整合。在制造环节，发挥银行信贷、各级政府财政补贴等政策工具的作用，弥补前期投入大、不确定性强的风险。同时，要彻底扭转目前资金扶持“撒胡椒粉”的模式，改变现有同时支持五种以上指令系统的扶持方式，引导软件厂商与CPU企业建立协调合作机制，集中精力开发基于X86、ARM以外的统一指令系统上的软件应用。

---

① 哈罗德·埃文斯，盖尔·巴克兰，戴维·列菲著．《美国创新史——从蒸汽机到搜索引擎》．中信出版社，2011：387.

（四）加快人才培育和引进

人才是 CPU 发展的关键要素。有关研究显示，当前制约国产 CPU 发展的主要原因就是国内缺乏经验丰富的芯片工程师和设计师。如美国加州大学伯克利分校的研究员 Greg Linden（2012 年）指出的，“尽管国内每年毕业于工程专业的大学生有 50 万人，其中不乏很多极富天赋的学生，但他们很多人往往最终并没有选择在这一领域就业”。[①] 为解决人才供应匮乏的问题，国内很多 CPU 企业采取的办法是高薪从韩国、日本、中国台湾等国家或地区招聘具有在成熟信息通信公司任职并有多年从业经验的海外人才。这对国内尚处于起步阶段的 CPU 企业而言，不仅增加了招聘难度，还面临着高额的人力资源成本负担。

基于此，要从国产 CPU 发展所需的人才培育、引进和留住三个方面着手，加快构建充实一支专业知识扎实、从业经验丰富、有科学钻研精神、具备企业家素质、有使命感并熟悉国际信息技术发展趋势的多层次、多类型的技术和产业人力资源队伍。在人才培养方面，既需要我们从大学、科研院所的专业学科建设做起，加快基础人才储备供给，也需要通过高校和国内外 CPU 企业联合培养人才、加强继续教育等方式，加快专业人才培养。在人才引进方面，要引导各级资金加强对 CPU 人才引进的经费保障，研究出台并在北京、上海、广东等发达地区试点实施针对专门优秀企业家、高素质技术、管理团队的优先引进政策。在人才留用方面，要充分借鉴美日韩等跨国公司留用人才的灵活机制和方式，例如，美国部分大型企业在招聘人才时通常以薪金高、企业文化丰富而活泼、重视家庭生活、上班时间比较有弹性、居住的社区学校优秀、居住方便以及上下班通车时间短等优势吸引人才；而中小企业通常以优厚的分红入股机制、优秀人才再教育培训机会等吸引人才加盟。[②] 与各级政府吸引人才的优惠政策协同联动，进一步优化拓展 CPU 领域人才队伍的发展空间。

（五）全力营造高效健康的 CPU 产业生态系统

据业内人士描述，所谓“CPU 产业生态系统”，不仅包括 CPU 以及集成电路设计、制造、封装、材料、装备和以操作系统开发为核心的软件研究应用领域等，还包括基于“CPU + 集成电路 + 操作系统”这些平台技术之上能够吸引全球优秀程序员共同参与的各类应用软件开发的盈利模式、知识产权规则、利益分享机制等系列制度安排。如龙芯总设计师、龙芯中科总裁胡伟武所感慨的，“做 CPU 并不仅仅是完成一件产品，而是在构建一个软硬件生态体系。”国与国、公司之间的 CPU 产品性能价格的竞争，核心是其所

① 中国行业研究网.《解析中国半导体行业的现状和未来》，2012 年 9 月 20 日.
② 吴国蔚.《国际企业人才甄选方法的研究》，管理科学，2004（6）.

处产业生态系统综合实力的竞争。如移动互联网时代著名的 GooArm 联盟，就是以 ARM 为中心聚集的 100 多家集成电路企业、1 000 多家 OEM 企业、10 000 多家芯片设计企业、100 多万名工程师开发的 10 多万种设备以及数十亿多用户和以 Android 为核心聚集的 1 000多家 OEM/ODM 企业、1 000 多家品牌企业开发的 10 000 多种设备、200 多万名开发者为用户开发近百万个应用等共同组成的“强强联合”的产业生态系统（见专栏 2）。

专栏 2

GooArm 联盟

（1）以 Android 为核心，聚集 1 000 多家 OEM/ODM 企业、1 000 多家品牌企业开发 10 000 多种设备，200 多万名开发者为用户开发近百万个应用，已上市 10 亿多部智能手机、每日激活量超过 150 万部，在全球 800 多个运营商网络中运行。Android 在智能手机领域的新增市场份额接近 90%。（2）以 ARM 为中心，聚集 100 多家集成电路企业、1 000 多家 OEM 企业、10 000 多家芯片设计企业，100 多万名工程师开发 10 多万种设备，已有数十亿多用户。ARM 在移动芯片领域的市场份额高达 90% 以上（见图 1）。

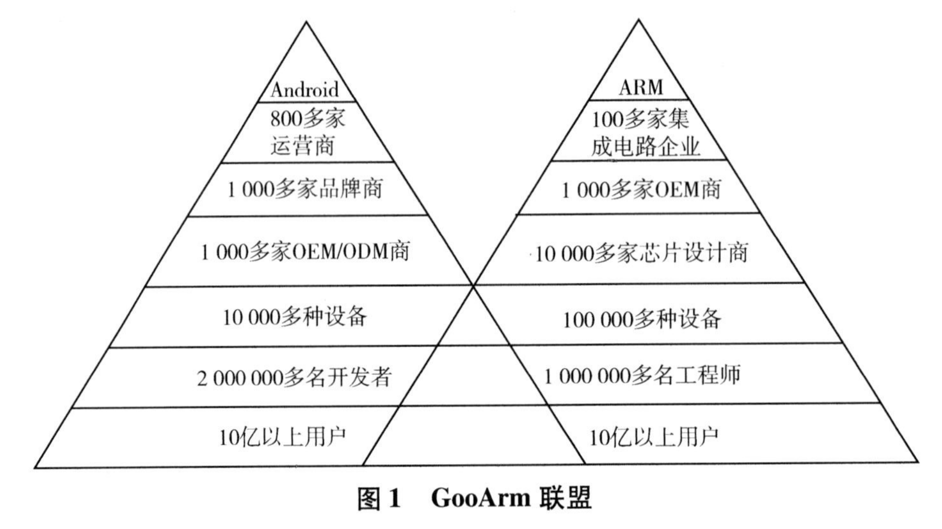

图 1 GooArm 联盟

当今时代，构筑软硬件密切配合、制度安排健全完善的产业生态环境是发展国产 CPU 的关键。我国现有 CPU 产业生态系统脆弱的原因除前述的上下游配套企业实力偏弱等客观因素外，还有来自发达国家利用先发优势造成的技术、市场、知识产权等方面的垄断障碍，更有国内诚信体系不健全、利益分享机制不明确、融资渠道缺乏、知识产权保护服务等配套实施机制不完善等源自体制机制方面的深层次制约。基于此，一方面，要有国家总体的顶层制度设计，引导 CPU、集成电路设计企业通过协商和竞争达成共识，形成一个重点发展的指令系统——既不能采用缺乏掌控权和发展权的 X86 和 ARM 指令系统，也不能沿袭目前国家同时支持五种以上指令系统的集成电路研发和应用模式，从供需双向大力扶持，力争跻身全球前四的具有强大生命力的集成电路产业生态系统之一。另一方面，充分借鉴美国半导体产业组织的发展变迁经验，从初期众多“创新型小企业”竞争搏杀、到 20 世纪 80 年代以来的上下游企业密切合作甚至若干大型企业“垂直整合”、最终发展为当前的“硬件、软件、平台、应用、人才、制度”全面融合的产业生态系统发展模式，坚持政府牵头、企业主体，调动 CPU、集成电路上下游企业，软件、通信设备制造、运营商、互联网等企业以及相关优势专业的科研院所、国家实验室、企业技术中心等各方力量共同参与标准制订、跟踪国际前沿、联合研发等，建立健全有利于集聚国内外研发创新人才的知识产权、投融资等制度环境。

（执笔人：姜　江）

主要参考文献

[1]［美］哈罗德·埃文斯、盖尔·巴克兰、戴维·列菲著，倪波、蒲定东、高华斌、玉书译．《美国创新史》．中信出版社，2011.

[2] 工业和信息化部软件与集成电路促进中心．《“中国芯”整机与芯片联动专题》．芯闻参考，2012（2）.

[3] 工业和信息化部软件与集成电路促进中心．《国产 CPU 研究单位与现状》．2012 年 6 月 28 日．

[4] 韩齐．《面向低成本计算机系统的 CPU 芯片及其产业化路径》．经济日报，2011 年 1 月 19 日第 13 版．

[5] 李国杰，魏少军，洪学海．《集成电路产业》．《2013 年中国战略性新兴产业发展报告》，科学出版社，2013.

[6] 吴国蔚．《国际企业人才甄选方法的研究》．管理科学，2004（6）.

[7] 中国行业研究网．《解析中国半导体行业的现状和未来》．2012 年 9 月 20 日．

专题三

促进我国云计算发展的技术经济政策研究

内容提要：云计算是未来一段时期事关国民经济可持续发展和国家安全的重大新兴技术。金融危机以来，发达国家高度重视云计算技术发展，采取了一揽子技术经济政策，积极推进云计算产业化，并取得了不错的成效。我国云计算发展态势较好，但还存在不少制约因素，与发达国家差距较大。为此，我们要掌握行业发展形势与动向，创新政策扶持方式，推进关键技术研发，支持企业商业模式创新，进一步建立和完善法律法规，加快制定行业标准，适度超前建设网络基础设施。

云计算技术是近年来快速兴起的新兴技术，已迅速应用于人们的生产生活中，将成为移动互联网、物联网、智能制造等一批重大技术发展的重要支撑，未来发展潜力巨大。当前，发达国家出台了一系列举措，积极推进云计算产业化，抢占产业发展先机。我国云计算产业化发展速度较快，但与发达国家相比差距较大，仍存在不少产业化的障碍。因此，迫切需要找准制约我国云计算产业化的关键问题和制约因素，加快推进我国云计算产业化发展。

一、云计算的概念及其影响

云计算是一种利用网络将原有分散的计算机软硬件资源进行集中管理和调度，按需、实时为用户提供计算服务的全新计算模式。就像“发电站”提供集中供电服务那样，为用户提供集中计算的服务。根据美国国家标准技术研究院（NIST，National Institute of Standard and Technology）的定义，云计算服务模式主要有软件即服务（SaaS，Software as a Service）、平台即服务（PaaS，Platform as a Service）和基础设施即服务（IaaS，Instructure as a Service）等三种；部署模式主要有公有云、私用云和混合云三种。

云计算能通过网络远程提供计算服务，从而减少本地计算机对计算能力和存储能力的需求。目前，云计算技术已经开始融入人们生产生活的方方面面，不断向人们提供简单、快速、强大和高效的服务。比如，搜索引擎、网络存储、社交网络、互联网视频点播等都运用了云计算的相关技术或服务模式。此外，从未来科技和产业发展的趋势看，无论是里夫金提出的“能源互联网”还是麦基里提出的“制造业数字化”，以及当前较为热门的移动互联网、物联网、大数据等领域，都将以云计算作为重要的技术支撑。因此，云计算将成为新能源、新一代信息技术等新兴产业发展的“平台技术”。越来越多的证据表明，云计算将持续改变人们使用和处理信息的方式，并带动商业模式的变革。根据麦肯锡公司的研究测算，到 2025 年，受全球云计算所影响的经济规模将达到 17 亿～62 亿美元。①

二、世界云计算技术发展现状与趋势

（一）云计算技术发展和集成了多种信息技术

云计算集成了分布式计算、并行计算、网格计算等诸多计算框架范式，借鉴了面向服务的体系结构（SOA）的理念，并以计算和存储技术的快速发展为支撑，融合了虚拟化、负载均衡等多种技术方法，形成了一套新的技术理念和实现机制，是一种新兴的商业计算模型。其关键技术主要包括大规模资源管理与调度技术、海量数据存储技术、数据中心管理和节能技术、云计算服务器定制技术等，涉及算法、软件、体系构架、硬件等多个领域。

具体从不同的服务模式看，SaaS 主要为用户提供基于互联网的软件应用服务，所涉及的关键技术主要包括 Web 技术、互联网编程开发技术等。通常包括 HTML5、Java、Ajax、Meshup 等技术。PaaS 需要具备存储与处理海量数据的能力，所涉及的关键技术主要包括海量数据存储技术、大规模数据处理技术、大规模资源调度和管理技术等。目前，比较前沿的技术有谷歌公司开发的 GFS（Google File System）和 Hadoop 开发团队的开源存储系统 HDFS（Hadoop Distributed File System）等数据存储技术、BigTable 和 HBase 等数据管理技术、MapReduce 和 Dryad 等并行处理模型以及一系列资源存储、调度和管理的算法。IaaS 要解决的技术问题是“如何建设低成本、高效能的数据中心”以及“如何拓展实现弹性、可靠的基础设施服务”，所涉及的关键技术主要包括数据中心设计、管理和节能技术、虚拟化技术、x86 服务器定制技术等。目前比较领先的虚拟化技术主要有 Xen、KVM、VMware 等虚拟化工具。

① 包含消费者剩余和生产者剩余两方面价值的加总，具体参见 Manyika J, Chui M, Bughin J, et al. Disruptive technologies: Advances that will transform life, business, and the global economy [R]. McKinsey Global Institute, May, 2013.

（二）美国的信息技术企业是云计算技术和商业模式的引领者

美国拥有世界上数量最多、技术创新能力最强、商业模式创新最活跃的云计算企业。其中不仅包括谷歌、IBM、亚马逊等影响力较大、发展速度较快的大型信息技术企业，也有以Saleforce. com为代表的中小企业，还有在不断转型的微软和英特尔等知名IT企业。

其中，谷歌（Google）是首先提出“云计算”概念的企业之一。在公司自身发展搜索引擎的过程中，谷歌率先组建了世界上最大规模的“搜索云”，并以此为依托，快速发展了一系列高品质、多方位、快速方便的云计算应用服务。如YouTube在线视频分享网站、可在线编辑和共享的谷歌文档（Google Docs）服务、首个超过1GB容量的Gmail邮箱服务、首个向云计算开发者和服务商提供开发和托管网络应用程序的平台（Google App Engine）、桌面终端产品谷歌浏览器（Google Chrome）、手机终端产品安卓操作系统（Android）等。

国际商业机器（IBM）把云计算纳入其“智慧地球”战略的一部分，并提出了“智慧的地球与物联网的实现＝传感设备＋传输网＋基于云计算的数据计算和处理平台”。因此，可以认为IBM在云计算领域中所倡导的是“智慧的云计算”（IBM Smart Cloud），其主要内容包括基础设施（硬件）、中间件、软件、咨询和服务等一揽子解决方案。

亚马逊（Amazon）以电子商务发展起家，为了充分利用其闲时的信息系统资源，公司通过商业模式创新为用户提供亚马逊网络服务（Amazon Web Services，AWS），并发布了弹性云计算（Elastic Compute Cloud，EC2）、简单存储服务（Simple Storage Service，S3）、虚拟私有云（Virtual Private Cloud，VPC）、云搜索（Cloud Search）、云监控（Cloud Watch）、云内容分发（Cloud Front）等产品。2011年，亚马逊成为首个营业额超过10亿美元并盈利的云服务提供商。

Salesforce. com公司是20世纪末成立的创新型小企业。公司以“软件终结”（no-Software）和“按需软件”（on-demand）为目标和战略，开创了SaaS的雏形。目前已形成了客户关系管理服务（CRM，Customer Relationship Management）、云开发平台Force. com、软件交易市场（App Exchange）等产品线，已成为云计算产业的领军者。

（三）云计算的技术创新仍处于起步阶段

云计算是信息产业革命的新一轮发展浪潮，其产业化进程刚刚起步，相关技术还须长时间的完善和成熟。

从信息产业的发展历程看，信息产业革命肇始于20世纪50年代，至今已有约60年的时间，期间形成的主要标志是集成电路、个人计算机、互联网的发明和应用。云计算的兴起将进一步强化信息技术对经济社会的支撑作用，给应用者带来便利的同时，却又感受不到技术的存在。可见，要实现这个目标还有很长的路要走。当前，根据 Gartner 公司所构建的模型，[①] 云计算技术仍处于高炒作、低应用的阶段，距离广泛和深入应用、渗透到生产生活的方方面面的阶段还有很长的距离。诸多云计算领域的技术问题亟待解决，多数支撑云计算的技术刚刚起步，特别是相关的数据安全、隐私保护以及服务质量（QoS）等技术仍比较薄弱，解决难度也相对较大。

三、我国云计算产业化发展面临的问题与制约因素

2013 年我国公共云计算服务市场规模达到 47.6 亿元，自 2010 年以来始终保持 40%以上的年均增幅。百度、阿里巴巴、腾迅、新浪等一些 IT 界龙头企业率先推动云计算产业化，UCloud、青云等一批初创云计算企业不断涌现，云主机、云开放平台、云存储、云安全等服务初步实现商用，联想、华东电脑等传统电子信息制造企业加速向云计算转型，“云计算制造—云计算服务—云计算相关支持”的产业生态逐步形成，环渤海、长三角、珠三角、成渝和晋蒙等五大云计算集聚区的发展格局已初步显现。

但也要清醒看到，我国云计算市场需求不大，企业供给能力不足，政策着力点还有偏差，发展方向偏重于产业低端环节和基础设施建设，总体尚处于发展的初期阶段，还存在诸多制约因素。

（一）对云计算的认识还存在一些误区

准确认识和把握云计算的技术经济和产业经济特征是推进云计算产业化的前提和基础。目前，国内对云计算认识还不全面，仍然存在“云里雾里”的认识误区。比如，有观点认为云计算只是现有信息技术的包装，仅仅是商业模式的创新，没有实质性的技术创新。也有观点认为云计算产业不仅涉及信息服务业，还涉及电子信息制造业，包括所有支撑或配套云计算发展的产品和服务，夸大了云计算产业的实质核心。此外，一些地方政府将发展云计算产业等同于数据中心建设，通过“喊口号、抓基建”的思路发展了一批云计算数据中心和产业园区，并没有实质性的云计算产业。相反，典型的示范试点项目却不多，社会各界普遍对云计算的效益性认知不足，尤其是企业对云计算能带来的效益仍存怀疑。

（二）关键共性技术差距较大

能否掌握和实现云计算的关键技术，是确保云计算自主可控、安全高效的关键，是

① 参见 Smith D M. Hype cycle for cloud computing, 2011 [R]. Gartner Inc., 2011.

推动云计算产业化发展的核心。当前，我国云计算核心技术的自主创新和转化能力不强，产业化发展中的关键核心技术还有待突破，面临着较多的技术瓶颈。尤其在大规模资源管理与调度、大规模数据管理与处理、运行监控与安全保障、海量（EB级）存储设备、高密度低能耗云服务器系统以及支持虚拟化的核心芯片等方面，还与国外存在较大的技术差距。能否在这些技术领域实现突破，对我国云计算产业化发展影响重大。

（三）商业模式创新不足

商业模式创新是培育云计算市场、做大云计算产业规模的关键因素。由于云计算的商业模式大多是由国外信息技术企业根据自身企业的优势和特点，结合国外的国情所提出，若照搬国外的商业模式在我国推广，难免会“水土不服”。我国的消费习惯和市场与国外有较大差异，国外的一些云计算商业模式并不一定完全适合我国的信息化现状和商业环境。从目前国内提供云计算服务企业的发展情况来看，由于市场环境尚不成熟，针对我国国情的商业模式创新仍然十分匮乏。

（四）技术经济性不强

技术经济性是衡量新技术是否能够加快推广应用的重要指标，与能否培育有效市场需求紧密相关。由于我国信息化建设正加紧推进，先期已投入了大量人力、物力和财力，构建了一批全新的信息系统和设备设施环境，目前运行情况良好。若盲目向云计算迁徙，不仅对现有信息系统和设施进行整合需要再次加大投入，而且把原有数据和系统迁徙到云计算系统也存在较高的成本，再加上需要重新对系统操作员工进行培训，成本更加无法估计。同时，由于我国目前信息化程度并不高，现有信息系统能基本完成对现有业务的支撑，并没有形成强大的动力推动信息系统向云计算转变。因此，云计算的技术经济性在我国当前阶段难以体现，无法在短期内激发云计算在国内的市场需求。

（五）对安全性的担忧比较突出

安全性是人们采纳和接受创新产品必须考虑的重要因素。目前国内社会各界普遍对云计算安全性的感到担忧。从国家需求角度看，一些政府部门担心云计算可能导致有关国家事务的敏感数据和机密信息遭到泄漏，从而威胁国家的经济和社会安全，因此政府部门对云计算的安全性疑虑最深。从组织和部门需求角度看，用户对云计算可能导致的服务质量不稳定、数据丢失和商业秘密、科研成果泄露等问题比较关注，担心云计算系统的安全和可靠性问题。而从个人需求角度看，我国传统观念中对隐私和数据的保护并没有十分重视，因此，个人用户的云计算对安全性的关注并不多。但随着知识经济的到来，数据的私密性将越来越受个人用户的关注。

（六）行业标准尚未形成

行业标准是推动新技术扩大产业规模、指导产业发展监督管理的关键因素。由于缺乏一套共同遵循的技术标准、运营标准以及行业准入标准，我国难以对云计算项目落地进行指导。虽然全国信息技术标准化委员会、IT 服务标准工作组、产业联盟及部分大企业正着手开展云计算标准的研究工作，但总体来看，我国云计算标准工作还处于起步阶段，远远落后于云计算产业化发展对标准出台的需求。具体表现在数据接口、数据迁移、数据交换、测试评价等技术方面的标准，以及云计算治理和审计、运维规范、计费标准等运营方面的标准，都缺少公认的执行规范，不利于云计算服务的规模化推广。

（七）法律法规有待完善

技术创新是一把“双刃剑”，在带来生产力提高、生活便利的同时，也暗藏着一定风险，将对原有的社会规制产生一定的冲击。我国与云计算相关的知识产权保护、数据及隐私保护、安全管理、网络犯罪治理和垄断等方面的法律法规还比较滞后，无法适应云计算产业化的发展环境。云计算产业化所带来的信息安全、个人隐私、跨境服务、执法取证和知识产权等风险已经得到人们的普遍关注，但目前我国能够应对这些安全风险的法律法规横跨刑事、民事、行政等多个领域，较为分散，尚未形成完整的法律体系，不利于增强用户的使用信心，制约了云计算的产业化发展。

（八）网络基础设施建设及配套服务比较滞后

网络基础设施的带宽、稳定性和覆盖面是支撑云计算产业化的重要保障。当前，国内目前的网络带宽制约比较突出，数据的长途传输延迟较长，网络覆盖面还不广，低于世界平均水平，远不能满足云计算产业化的需求。内蒙古、山西等地能源充足、荒地资源丰富，适宜集聚化、规模化、安全化发展数据中心（IDC，Internet Data Center）的地区，网络基础设施建设与配套服务能力更加薄弱，无法满足数据中心对网络带宽和服务质量（QoS，Quality of service）的需求。导致国内数据中心的难以兼顾建设营运成本和服务提供质量。

四、主要发达国家推动云计算产业化发展的经验

（一）美国

美国是信息革命的发起者，是云计算的诞生地，也是目前云计算发展最快、产业化程度最高的国家。美国社会信息化程度高，具有优良的云计算产业化条件和基础。包括良好的创新创业环境、一流的人才团队、畅通的融资渠道、一大批信息技术领域领军企业、完善的法律法规、优质高速的宽带网络等。同时，美国长期处于全球创新领头羊的位置，其技术创新的供给能力较强，需求比较旺盛，具有相对成熟的创新政策环境以及相对完善的网络基础设施。因此，美国走的是一条技术领先型云计算产业化发展道路。

技术领先型云计算产业化模式的基本路径是按照“理念设想—技术研发—产品试验示范—商业化营运”的基本顺序发展。其核心竞争优势是国家在云计算相关技术研发中的优势，通过不断发明创造出新的产品和商业模式，积极制定行业标准、申请专利和知识产权保护，从而控制技术的发展方向，占据产业发展的制高点。技术领先型产业化发展路径的核心是企业持续的技术和商业模式的创新，政府主要的作用在于通过政策杠杆鼓励企业技术创新，并帮助企业撬动和扩大市场需求。具体的举措主要包括以下五个方面。

1. 重视技术预见，提前部署前沿技术研发

美国是全球最早在政府层面启动云计算相关技术研发的国家。早在2003年，美国科学基金投资830万美元，用于支持由7所顶尖院所提出的“网络虚拟化和云计算VGrADS”项目。当时云计算是全新的计算模式，完全没有市场需求。然而，美国政府历来重视技术预见和前沿技术研发，善于发现潜在的市场需求，培育当前还没有市场需求的新兴技术。可见，美国“鼓励创新、宽容失败”的创新文化对美国引领全球云计算发展起到了极为关键的作用。也正是基于鼓励自主原始创新的文化环境，美国通过鼓励新兴领域的创新活动，不断创造新的技术、产品和商业模式，持续保持自身引领全球科技发展的领头羊地位。

2. 始终加强创新资源的整合和创新系统的构建，注重推进云计算产业化的顶层设计

美国政府十分重视顶层设计，依托自身在技术和市场方面的优势，利用全球资源开展云计算创新体系的构建。首先，联邦政府发布的《联邦云计算战略》白皮书提出成立云计算相关工作领导小组，由联邦政府首席信息官维维克·昆德拉担任领导小组组长，

小组成员由国防部、国土安全局、中央情报局、能源部、司法部、教育部、农业部、环境保护署、总务管理局、国家海洋和大气管理局、国家航空航天局等 11 个政府部门的首席信息官或相关领导组成。其次，美国政府搭建了包括云计算指导委员会、云计算咨询委员会、云计算安全工作组、云计算标准和技术工作组等在内的专业平台组织，并通过平台集聚来自高校、相关国家级科研院所、产业协会、业内知名企业等机构的专家，甚至邀请英国、日本等国家的专家共同参与，综合推进与云计算相关的技术、安全、标准化和应用等工作。第三，联邦政府注重对人才的引进和培养，责成联邦政府人事管理办公室牵头，由首席人力资源执行官委员会负责，共同引进、培养和管理云计算相关人才。联邦政府通过制定 IT 项目管理职业发展规划、发布云计算项目中“组建多学科项目团队指南”、建立人才储备平台推动人才在行业和政府内流动等措施强化了人才队伍的支撑作用。

3. 积极培育需求，鼓励政府率先应用云计算

美国政府制定了一系列能够促进市场接受云计算产品的相关制度安排。2009 年 9 月，美国政府宣布了一项长期的云计算政策并启动名为 Apps. gov 的“一站式云计算服务”网站，率先为联邦政府提供示范应用，并为国内优秀的云计算企业进行推介。此后，美国白宫在 2010 年预算申请文件中将云计算列为促进美国政府技术基础设施的重要技术。美国政府首席信息官维维克·昆德拉（Vivek Kundra）于 2010 年 12 月发布《联邦政府改革 IT 管理的 25 条行动计划》，计划明确提出“云优先”（Cloud First）行动计划。随后，美国联邦政府于 2011 年 2 月发布了《联邦政府云计算战略》，明确提出美国联邦政府开始着手率先向云端迁移，并将其作为向全社会推广的示范（见表 1）。在战略颁布后，联邦政府加大了对云计算的采购力度。不少政府部门、科研机构也开始纷纷实施云计算相关的计划。

表 1　　美国政府部门、科研机构实施云计算相关计划

部门名称	实施时间	具体计划
联邦政府	2009 年	联邦政府将借助“虚拟化”技术，压缩其庞大的信息系统支出费用，并降低政府信息系统冗余对环境的影响
美国总务管理局	2009 年	联邦政府开通了云计算门户网站 Apps. gov。网站将提供获得政府认可的云计算应用，为各联邦部门提供软件、应用程序的定制服务，使各个联邦机构可以方便、安全地购买以云为主的信息技术服务，推动政府机构加快接受云计算的理念和服务模式

续表

部门名称	实施时间	具体计划
美国联邦 CIO（Chief Information Officer）委员会	2010 年	（1）联邦 CIO 委员会正式开通了 Data. gov 网站。Data. gov 网站为政务信息和数据公开提供便利，也提高了公众查找、下载并使用联邦政府生成和管理数据的能力，增加了政府服务的效率和透明度；（2）正式开通 IT Dashboard 网站，主要向公众展示联邦政府在信息技术环节的投资细节，也是政府采购信息技术的门户网站，公示了政府 IT 项目的效能信息和投资预算，目前，国会利用 IT Dashboard 网站来制定政府信息预算政策
美国国家航空航天局	2009 年	美国国家航空航天局埃姆斯研究中心开发了一套基于云计算的星云计划（Nebula）项目，是美国云计算的示范试点主力，星云计划在一批开源项目的基础上，针对高性能计算、存储和网络连接进行深度开发，以降低系统成本、提高能源效率
美国国防信息系统局	2010 年	美国国防信息系统局为美国军方和国防部开发了包括 Forge. mil、GCDS、RACE 等在内的一系列的云计算授权解决方案，主要实现了软件协同开发、使用效率和兼容性问题
美国能源部	2010 年	美国能源部提出了“麦哲伦计划”，旨在通过对不同构架系统计算能力的对比，向科学界提供高效、低耗的云计算示范，鼓励各个学科领域采用云计算所提供的计算能力支撑
美国农业部	2010 年	美国农业部向微软购买了基于云计算的电子邮件等信息化服务，可使农业部的 12 万名员工使用基于云计算的电子邮件、会议、即时通信和文件共享等服务

资料来源：根据赛迪顾问相关报告整理。

4. 加快制定行业标准和准入门槛，加强行业（尤其是安全性方面）监管

为了支撑美国联邦政府实现云计算战略，美国国家技术与标准研究院（NIST）组织成立了 5 个专门工作组，主要包括确定云计算参考架构和分类的工作组、制定和加速云计算标准统一的工作组、云计算安全相关的工作组、研究制定云计算标准路线图的工作组以及树立和推广云计算商用典型案例的工作组。在广泛征求意见之后，NIST 发布了《云计算定义》《云计算参考构架》《公共云计算安全和隐私指南》《云计算标准路线图》《云计算技术路线图》等有利于统一云计算认识、培养云计算人才、加大云计算投入、保证云计算信息安全、确立云计算竞争优势、扩大云计算应用领域和市场等方面的标准建议。美国政府率先制定行业标准，将使技术追随者付出高昂的专利使用费。此外，政府加强了信息安全监管方面的工作，释放了美国的中小企业、科研院所、教育机构和政府部门对云计算的需求，形成了远远高于其他国家和地区的云计算市场规模。目前，云计算已经在联邦政府和其他各级政府机构中广泛推广应用。

5. 不断夯实基础设施建设，大力支持数据中心的新建和改建

尽管美国目前已成为全球宽带基础设施最完善、普及率最高的国家之一，但联邦政府依然没有停止在国家宽带基础设施上的投入。早在金融危机时期，美国参众两院就于2009年2月13日通过了最终版本的经济刺激计划，其中包括政府将投入72亿美元用于改善网络宽带。刺激计划迄今已全面执行，相关经费已分发到全国各州。2010年3月，美国联邦通信委员会（FCC，Federal Communications Commission）发布的《国家宽带计划》（Connecting America：The National Broadband Plan）中指出，要以提高网络带宽和网速为重点，扩大高速网络和覆盖范围，加快发展移动网络，力争在2020年实现全部家庭的实际下载速度达到4M/s。此外，为了降低能耗、削减营运成本、提高系统安全，联邦政府计划对政府部门的数据中心进行大规模整合，并将IT基础设施投资用于更高效的计算平台和技术，促进信息技术应用的绿色化、集约化发展。按照计划，到2015年，美国各级政府将至少关闭800个政府数据中心。

（二）欧洲

欧洲并非云计算的提出者和强烈追随者。但在国际金融危机和欧债危机后，欧洲将云计算视为未来的新增长动力。欧洲各国政府认为云计算不仅能为欧洲创建新的工作岗位，而且能减少公共服务开支，有利于促进低碳发展。因此在全球经济不景气的背景下，欧洲政府追随美国，大力推进云计算产业化，以期云计算能为欧洲带来巨大的潜在增长效益，成为欧洲的新增长动力。但从发展条件来看，相较于美国，欧洲缺乏提供云计算服务的企业和相关技术，缺乏本土的大型云计算服务提供商，只有BT（British Telecommunications，英国电信）、DT（Deutsche Telekom，德国电信）、Telefonica（西班牙电信）等电信公司以及参差不齐的集成商和服务托管商能提供一些基本的云计算服务。同时，由于欧洲国家使用的语言不通，管辖的政府机构不同，云计算无法形成同质化、规模化的市场需求。因此，欧洲主要走的是技术追随型云计算产业化路径。

由于技术追随者所面临的首要问题是如何拉动本土企业的技术创新动力，尽快缩小与技术领先者的差距。因此，技术追随型模式的基本路径是按照“跟踪并引进技术—本土化产品雏形—商业化营运—技术的二次创新”的顺序发展。其核心发展思路是通过观察技术领先者的云计算产业化技术发展路径，通过跟踪云计算产业化的关键技术和核心技术，实现本土的二次创新，形成自主创新能力和新的竞争优势，从而加快实现商业化。政府则通过以下四个方面的政策来引导和支持云计算产业化发展。

1. 通过特殊的制度安排，加快引进新的技术和企业、促进云计算示范应用

首先，欧洲各国加大云计算领域的研发投入，紧盯技术领先者的技术发展路线。欧盟通过充分调动企业和科研院所的积极性，加强云计算相关核心技术的跟踪研究，重点支持云计算应用领域和产品开发，提高云计算产业的消化吸收和再创新的能力。比如，欧盟在2011年的第七框架计划（Framework Project 7，FP7）中，开始大力支持云计算相关技术研发以及在相关领域的应用项目，并组织专家对未来云计算的研究方向制订计划和框架。其次，政府通过加大政府采购力度，推进政府部门信息系统采购向云计算倾斜，并制定公共部门云计算应用路线图，扩大云计算产业和企业的市场。比如，欧盟在2012年宣布启动“云计算公私伙伴关系行动计划”，计划共投资1 000万欧元，分阶段在政府、医疗、教育等公共部门推进云计算采购和规范应用。第三，政府通过建立公共云基础设施，为企业提供云计算服务，增强初创企业、中小企业的竞争力。比如，德国宣布启动《云计算行动计划》，政府将为中小企业提供专门的技术和资金支持，挖掘云计算的巨大经济潜力。并提出利用云计算提升德国的制造业，使其制造业持续保持全球领先的竞争优势。欧盟政府机构有关云计算的行动计划见表2。

表2　欧盟政府机构有关云计算的行动计划

机构名称	实施时间	具体计划
欧盟委员会	2010年	启动“云计算公私伙伴关系行动计划”，旨在通过发挥政府作用，利用政府采购的方式，加强公共部门与私营部门的合作，减轻公众对使用云计算的担忧，为云计算商业化应用提供试点示范，促进云计算在欧盟各国的推广应用，使欧盟尽快成为具有统一标准和具有全球竞争力的云计算市场。计划共拟投资1 000万欧元，支持研究制订云计算采购的基本标准和机制、云计算采购和云计算推广应用的实施方案等
德国联邦经济和技术部	2010年	提出《云计算行动计划》，计划旨在通过营造有利于云计算发展的政策环境、鼓励参与国际标准制定和国际化发展、重点建设云计算示范试点项目等方面的内容，支持云计算在德国中小企业（尤其是制造业）的应用，逐步消除云计算应用中遇到的技术、实施和法律相关问题，加快云计算在更大范围的推广应用
欧盟委员会	2011年	在第七框架计划（FP7）中，开始大力支持云计算相关技术研发和在诸多领域的应用项目，并组织专家对未来云计算的研究方向制订计划和框架

续表

机构名称	实施时间	具体计划
英国政府	2011 年	开始启动 G-Cloud（Government Cloud Strategy，政府云服务）计划，目前已实施到第三期。该计划旨在将政府信息系统采购方案向云计算倾斜，以推动云计算在政府部门的示范应用，总体上减少政府在信息通信技术方面的公共支出
欧盟委员会	2012 年	发布《在欧洲释放云计算潜能》的战略报告，提出了云计算在欧洲应用所面临的关键制约和政策障碍，并提出了一系列具有较强针对性的政策措施，力争到 2020 年，云计算在欧洲创造 250 万个新就业岗位，每年创造 1 600 亿欧元的增加值，占整个欧盟 GDP 的 1%

资料来源：根据相关报告整理。

2. 通过实施重大专项，发展独立自主的云计算技术

政府通过重大专项的实施，加速了自身云计算技术的研发和产业化。比如，德国政府围绕其支柱产业——制造业，全力打造“云端服务：德国制造”项目，通过向当地企业提供云计算服务，增强德国制造业的整体竞争力。法国政府投入 1.5 亿欧元资助当地的云服务提供商，使法国能够独立自主处理数据。

3. 通过制定标准和加强准入管理，保护本地云计算市场，尤其是在云计算产业化发展初期避免受到外资和跨国企业的强烈冲击

由于云计算对数据安全要求的特殊性和敏感性，欧洲各国对数据的安全性和隐私性要求比较严格，对云计算的应用持审慎的态度。同时，在近期美国“棱镜门”的影响下，欧洲对数据安全的控制更加严格，并以此为理由将以美国为主的外资云计算服务提供商挡在准入门槛之外。比如，欧盟所属的网络与信息安全局（ENISA）颁布了《云计算合同安全服务水平监测指南》。以德国为主的多数国家认为，自己国家公民的数据应该存储在当地，并通过数据保护法对其进行了约束。这意味着跨国公司要在欧洲重新部署新的网络基础设施，这也在一定程度上阻碍了跨国企业在欧洲进行云计算的部署。

4. 加大网络基础设施建设，扩大互联网受益面

欧盟于 2010 年 6 月在“欧洲 2020 战略”框架内通过了欧洲数字战略计划，明确指出了将在欧盟 27 个成员国部署超高速宽带，并将促进电信领域增长定为首要任务。其中，芬兰自 2010 年 7 月起，将为用户随时随地提供 1M 宽带的网络服务，并把宽带接入权确认为公民基本权利之一，成为世界首个确认“宽带权”的国家。德国计划到 2014 年，有 75% 的家庭实现下载速度达到 50M/s；英国计划到 2015 年，在国家所有部门实现超级速度宽带，并向每个居民提供至少 2M 宽带，90% 的人口使用超级宽带；法国已于 2012 年实现居民 100% 宽带接入，并计划到 2025 年，100% 的家庭实现超高速宽带的接入。

（三）日本和韩国

目前，日本和韩国已在亚洲引领云计算产业发展。日韩推进云计算产业化的主要目的是通过加快部署和利用云计算来促进生产效率的提升和新生产部门的产生，从而带动经济增长，同时也对促进节能减排、改善环境、提高能源使用效率等方面带来积极作用。但从云计算产业化的发展基础来看，日本和韩国在云计算产业化方面起步较晚。得益于和美国的亲密盟友关系，日本和韩国并非一味追求技术的自主可控性。因此，日本和韩国走的是典型的市场应用为先型云计算产业化路径。

市场应用领先型云计算产业化的特点是产业化供给能力不强，需求也不迫切。因此采取的产业化路径是“技术引进—市场化”。政府通过打造政策洼地，打开云计算产业市场，鼓励企业在整个创新链中寻找新的利基市场，从而产生各方面的经济社会效益。一般来说，通过政府主导的市场培育成效较快，但缺乏核心技术创新能力，发展可能缺乏后劲。政府采取的措施主要包括以下三个方面。

1. 出台云计算国家战略，引领云计算通过改造传统产业和新兴产业业态发展

总体来看，日韩并没有花大力气在核心企业的培养以及技术创新的研发上，重点在云计算服务的推广应用上。日本出台“有效利用 IT、创造云计算新产业”的产业化发展战略，通过培育和发展云计算相关产业，促进新兴业态的产生；韩国颁布了《云计算综合振兴计划》以创造规模约 2.5 万亿韩元的云计算新兴市场。

2. 综合考虑各方面影响因素，通过制度的改善营造有利于云计算产业化的制度环境，确保云计算项目安全、有效落地

相对而言，日本对数据的管控较松。在确保信息安全的前提下，日本政府允许数据信息匿名传播和数据异地存储，促进了跨国企业和外资在日本投资云计算项目。日本制定了数字化教材等电子出版物的可重复使用制度，完善知识产权领域法律法规的实施细则。此外，日本政府鼓励企业开拓国内和国外两个市场，开发基于云计算的服务形式，构建各种新的业务服务平台。

韩国是全球法律规章与技术发展结合最紧密的国家之一。韩国时常紧跟技术发展的步伐，出台或修正相关法律，以确保法律法规的完整性和适用性。在 2011 年，韩国通过现代综合立法，取代了原先比较繁琐的隐私保护法，在制度层面促进了云计算的隐私保护，并取得了重大突破，遥遥领先于世界其他国家，在提振用户使用云计算的信心上起到了很大作用。此外，韩国是《与贸易有关的知识产权协议》（TRIPS，Agreement on

Trade-related Aspects of Intellectual Property Right）的成员国和“世界知识产权组织版权条约”缔约国，对于未授权使用网络上的产品均有民事和刑事制裁，并有明确的法律保护云计算服务不被非法使用。在此基础上，韩国通过建设一个大型的云服务检测平台，并提供给广大中小企业使用，使企业能够在这个平台上检测自己开发的云服务的可用性、稳定性和安全性，降低企业进入云计算市场的门槛，以提高他们的云技术服务创新能力。

3. 通过鼓励云计算基础设施本地化建设，保障云计算产业安全，进一步带动相关产业集聚发展

目前，日本和韩国互联网带宽均达到每个用户 1M 以上，位居全球网络速度前列。在此基础上，政府为了促进云计算发展，持续加大基础设施建设，鼓励云计算基础设施的本地化。比如，日本提出数字日本创新计划（霞关云计划），旨在建立能满足服务日本全国的云计算基础设施（称为霞关云）。目前主要为政府部门服务，为构建创新型、服务型、效率型政府提供信息技术支撑。此外，日本拟投资约 500 亿日元，在北海道或日本东北地区设立云计算特区，建成日本最大规模的数据库，加快吸引优质云计算项目落地和云计算产业集聚。

（四）经验与启示

通过对发达国家云计算产业化培育模式和发展路径的分析，对我国推进云计算产业化提供了诸多可借鉴的经验与启示，主要表现为以下六个方面。

1. 充分认识云计算产业化的现状与趋势

以美国为首的发达国家历来重视新兴技术的培育和发展，并时刻关注其对国家经济和社会发展的影响。政府善于宣传和推广本国技术创新的优势领域，使后发国家成为技术的追随者，不仅奠定自己在该领域的技术领先优势，而且还培养了全球的市场。从发达国家的培育举措来看，政府对云计算所带来的变革已有了充分的理解。政府部门积极顺应技术创新的潮流和变革，主动调整自身定位，加快培育本土市场，并通过宣传和推广，鼓励企业积极开拓国外市场。而作为技术追随型或市场应用型的第二梯队国家，也积极应对云计算产业化的潮流和趋势，通过各种措施推动本国的云计算产业化发展。

2. 将推进云计算产业化纳入国家整体发展战略

云计算的产业化是一项系统工程，需要国家层面来提出发展战略，协调推动云计算产业化发展。在国际金融危机后，云计算、物联网带动了信息产业创新和发展，推动经济逐步走出低谷。主要发达国家为抢占未来信息化的制高点，均提出了国家层面的战略举措。目前，包括美国、日本、韩国等在内的国家已将推进云计算纳入国家整体发展战略，制订计划、战略、路线图，明确云计算产业发展定位，统筹本国云计算的产业化发展。此外，发达国家还十分重视组织领导，成立了领导小组和部门，专门为推动云计算在电子政务、商业领域的应用保驾护航，为国家战略的顺利实施提供保障。

3. 加大政府采购力度和政府示范应用

云计算产业化的关键是培养用户使用云计算的信心和黏度。从各国的政策来看，通过政府采购来促进政府部门的示范应用是各国培育云计算市场的重要措施之一。政府通过政府采购创造先期的市场需求，以扶持在产业化初期尚未打开市场的云计算提供商，以推动本土云计算企业和云计算产业发展。无论是哪种类型的云计算产业化路径，美国、欧盟、日本等发达国家和地区都已明确提出由政府投入大量资金，推动云计算在联邦政府和部门中的应用和试点示范，支持信息技术应用向云计算解决方案迁移，从而达到创新政府管理理念、降低信息系统开支、提升政府服务效能的目的。其中，美国的政府采购力度最大。包括美国总务管理局在内的多个联邦部门和各州政府和地方政府，都拟将整个办公信息系统迁移至云计算。据不完全统计，美国各级政府机构已经通过政府采购的形式，与包括谷歌、IBM、微软等在内的知名云计算提供商签订多个云计算采购合同。

4. 加快法律法规的制定和实施

完善的法律法规不仅有益于增强用户使用信心，也有利于国家加强对云计算安全性的监管。在数据隐私保护方面，发达国家均设立了独立的隐私保护委员会，并且都拥有比较完善、覆盖范围全面的数据保护法。这些法律规章均基于经济合作与发展组织指导方针、欧盟指导方针和亚太经合组织的隐私原则，形成了健全的、符合国情的过滤和审查法律法规。甚至在日本、美国和英国等国家，互联网服务供应商和内容服务提供商可以不受到强制过滤或审查，并且对特定技术产品的认定有相应的安全法律法规。

5. 加快行业标准和准入门槛制定和落实

行业标准的制定成为政府抢占国际产业发展制高点的重要手段，加强对云计算行业的准入监管也成为政府管控产业发展的重要政策工具。尽管美国国家标准与技术局于2011 年 1 月发布了特别出版物 SP 800 - 144 “公共云计算的安全性与保密性准则” 和 SP 800 - 145 “NIST 关于云计算的定义（草案）”，但从目前情况看，落实情况并不理想。欧洲各国则对数据安全的控制更加严格，欧盟所属的网络与信息安全局（ENISA）颁布了《云计算合同安全服务水平监测指南》，德国等多数国家通过数据保护法对数据中心的本地化建设进行了约束，并以此建立准入标准，以保证国内数据存储在国内的数据中心。可见，标准制定和落实同等重要，必须引起足够的重视。

6. 注重基础设施建设

在云计算基础设施领域，宽带建设和产业集聚区建设是各国政府的政策重点。由于宽带等网络条件很可能在未来制约各个国家云计算的发展，美国、欧洲和韩国等发达国家纷纷提出宽带发展计划，提升和改造现有宽带网络，并将对宽带基础设施的所需的资金投入列入国家公共支出的预算中。在产业集聚区建设方面，日本专门设立发展云计算特区，在辖区内广泛引进国内外企业，共同建设大规模数据库，在特区内可以执行特殊的建筑标准法和消防法等法规措施，降低企业的投入成本。由于美国的云计算基础设施主要由大型信息技术企业投资建设，因此云平台基础设施主要分布在企业集中度较高的硅谷、北卡三角园和芝加哥等知名信息产业园区。

五、有关技术经济政策建议

"十二五"以来，我国各级政府出台了一系列政策和规划推动云计算产业化发展。《国家"十二五"规划纲要》、《国务院关于加快培育和发展战略性新兴产业的决定》和《"十二五"国家战略性新兴产业发展规划》等国家层面的规划部署，都将云计算列为未来一段时期我国重点培育发展的领域之一。各相关部委和地方政府也出台了一系列支持云计算产业发展的相关政策（见表3）。然而，从整体看，与发达国家和地区相比，我国推进云计算产业化发展的政策还不系统，政策着力点有偏差，实施和落实进展缓慢。特别是一些地方政府仍以"追求规模"的工业发展思路推进云计算发展，通过补贴厂商的方式扶持产业发展，有的甚至将发展云计算产业等同于数据中心建设，却没有通过刺激需求、培育市场的角度来发展云计算产业，典型的试点示范项目更少。

表3　　我国各级政府推进云计算产业化的相关政策和规划

部门名称	实施时间	具体计划
上海市人民政府	2010年8月	发布《上海推进云计算产业发展行动方案（2010—2012年）》（即云海计划）
北京市人民政府	2010年9月	发布《北京"祥云工程"行动计划（2010—2015年）》
国务院	2010年10月	云计算成为《国务院关于加快培育和发展战略性新兴产业的决定》中重点发展的七个领域24个重点方向之一
发改委、工信部	2010年10月	发布《关于做好云计算服务创新发展试点示范工作的通知》，北京、上海、杭州、深圳和无锡等5个城市被列为先行开展云计算服务创新发展的示范试点
发改委、财政部、工信部	2011年10月	组织实施"云计算示范工程"，滚动支持5个试点示范城市的15个示范工程项目
内蒙古自治区人民政府	2012年1月	发布《内蒙古自治区云计算产业发展规划（2011－2020年）》，是国内首个省级地方政府主导的云计算产业规划

续表

部门名称	实施时间	具体计划
工信部	2012 年 5 月	相继发布《通信业“十二五”发展规划》、《互联网行业“十二五”发展规划》、《软件和信息技术服务业“十二五”发展规划》，具体确定了各领域中云计算的定位与发展方向
国务院	2012 年 7 月	发布《“十二五”国家战略性新兴产业发展规划》，云计算被列为新一代信息技术产业中的重要发展方向，物联网和云计算工程成为二十项重点工程之一
科技部	2012 年 9 月	发布《中国云科技发展“十二五”专项规划》，对云计算的相关技术制定了详细规划，是我国首个部委层面出台的云计算专项规划

资料来源：根据我国各级政府公开资料整理。

为此，针对现阶段我国云计算产业化的关键问题和制约因素，结合发达国家推进云计算发展的经验，我国政府应着力通过以下八个方面的技术经济政策促进云计算产业化发展。

（一）强化顶层设计和规划引领

加强云计算产业化发展的顶层设计是促进社会各界统一对云计算认识的重要途径，也是推进云计算产业化健康有序发展的基础保障。一是要尽快出台国家云计算产业发展规划或指导意见，统一对云计算的认识，制定云计算产业发展路线图，对云计算产业的技术重点、行业准入、产业组织、发展模式、空间布局等进行统筹规划和战略引导，尤其要明确和细化产业支持政策。二是要加快确立云计算产业宏观管理部门和统筹协调机制，应参照国家战略性新兴产业领导小组办公室的模式，成立由发改委主导，工信部、科技部、财政部等有关部门参加的国家云计算产业发展领导小组及办公室，建立部际联席会议制度，统筹协调中央、地方和其他各方面社会资源，负责制定云计算产业发展规划，制定产业发展政策和措施，推进重大技术攻关、重大项目建设、重大应用示范和重点企业发展。建立云计算产业专家委员会和国家级行业协会，充分发挥专家和行业组织的政策咨询作用。三是要明确重点，统筹规划，避免出现重复建设和产能过剩。中央政府应大力推进公有云建设，合理布局和建设集约高效的云计算数据中心，提高行业、企业的信息资源利用率，降低信息设备能耗。地方政府要按照“有所为有所不为”的思路，基于当地比较优势、产业竞争力、区域市场及市场参与主体，把握本地经济发展和社会管理对信息化的共性需求，因地制宜选择一至两个云计算产业链中的重点环节，制定具有针对性的产业政策和发展措施，构建标志性的示范性应用，推动特色鲜明的产业环节集聚发展。

（二）鼓励通过协同创新推进关键技术研发

推进研发安全可靠、自主可控的云计算技术和产品是我国云计算产业化的重点。要明确国家层面的云计算产业化技术发展路线图，确保按阶段完成技术研发任务。要设立云计算专项支持资金，支持大规模计算和调度、大规模存储和管理、云计算安全、云计算专用高端设备与组件等云计算基础技术和共性技术的研发。要依托国家重点实验室、云计算产业试点示范基地等产业技术创新平台，鼓励企业联合高校、科研院所形成产学研联盟，承担云计算关键技术的研发任务。要及时跟踪国际云计算技术的发展动态，积极与国外科研机构、企业开展技术交流与国际合作。要鼓励和支持有条件的云计算企业广泛利用开源等产业技术条件，对云计算技术和服务理念进行引进、消化和二次创新，增强技术创新能力和产业核心竞争力，避免陷入发达国家的技术路径依赖。

（三）做大做强云计算核心企业

企业是云计算产业化发展的主体，也是云计算技术创新和商业模式创新的关键。要充分利用我国互联网企业在国际上的优势地位，支持企业在云计算领域进行商业模式创新，培育一批具有国际竞争力的龙头企业。鼓励和支持有条件的云计算企业走出去，积极抢占国际市场，深度参与国际交流与合作。鼓励企业间建立“软硬互动”的协调发展模式，通过建立产业联盟，延伸和拓展产业链的长度和广度，推动云计算产业规模快速壮大，竞争力逐步增强。

（四）促进云计算示范应用

市场培育的关键是促进云计算的广泛和深入应用。要进一步扩大云计算服务创新发展试点示范，鼓励通过政府采购支持云计算本土企业。积极推进云计算在政府各部门的示范应用，增强用户对云计算的信心，以点带面推动面向各类用户的云计算服务。加大宣传力度，使用户了解并熟悉国内外云计算成功的实践案例。鼓励云计算的商业模式创新，加大对云计算商业模式创新的支持力度。逐步降低用户向云计算的迁徙成本，对率先转型云计算的企业进行补贴。强化信息技术数据中心能耗指标的约束，推动数据中心的技术升级改造。

（五）抓紧行业标准制定

标准体系的建立是争夺产业国际话语权，提升产业竞争力的关键。要积极组织国内高校、研究院所、企业与不同的云计算国际标准组织深入交流，与云计算国际权威组织机构联合举办云计算论坛和研讨会，积极开展云计算标准的研讨交流。要鼓励国内龙头企业、行业协会积极加入云计算国际组织，参与云计算国际标准的制定工作。要加快推进云计算国家标准的制定工作，逐步建立云计算国家标准体系。鼓励行业各方面主体共同参与，确保标准制定程序和过程透明公开。针对不同级别的安全性需求，加快推进云计算企业和产品的资质分级认证。

（六）加快行业政策法规制定

健全适合云计算产业发展特点的法律法规是增强用户信心、有效监管产业发展的关键。要结合云计算应用的特点，借鉴欧美发达国家经验，进一步制订和完善相关法律法规，从制度层面保障信息安全。从国家层面加强网络数据安全、个人隐私保护、知识产权保护、数据跨境流动等方面的法律法规环境建设，切实保障用户数据及隐私安全，增强用户对云计算的信任。根据云计算产业发展特征，修改完善版权法、国家信息安全管理办法等法律法规，建立云计算经营资质管理制度、云计算服务的示范合同条款和使用守则等，构建合理有序的行业管理体系。加强对云计算服务提供商的质量监管，强化对基于云计算的网络安全的监管和对网络犯罪的打击，推进信用体系建设，规范行业发展秩序。

（七）进一步推进网络基础设施建设

网络基础设施的服务能力是云计算产业化发展的重要基础和支撑。要按照网络建设适度超前于产业发展的原则，尽快解决云计算产业化发展面临的宽带网络瓶颈。要按照规模化、集约化、安全化的标准，统筹规划建设云计算产业集聚区和大规模数据中心。加大基础设施建设项目的准入审核，尤其要对数据中心建设严重过剩的地区进行撤建和整合，对网络基础设施资源不足的地区进行投资新建和扩建，降低网络基础设施的盲目投资和重复建设。

（八）加强财税金融支持

政府财政和资本市场的大力支持有助于加快推进云计算产业化。要加强财政投入力度，设立专项资金重点支持具有核心关键技术企业的研发活动、商业模式创新以及公共服务平台建设。要设立云计算领域专业企业孵化器，培育和扶持云计算初创企业。灵活运用财税政策，对技术创新能力强、用户群体大、经济社会效益好的云计算企业和项目进行重点支持。通过加大政府购买公共服务力度，充分利用政府采购，支持政府部门采用经过认证的云计算公共服务平台。积极拓展融资渠道，鼓励风险投资发展，推动建立云计算产业投资引导资金和风险补充基金，引导社会资本有序参与云计算产业发展。

（执笔人：韩 祺）

主要参考文献

[1] Armbrust M, Fox A, Griffith R, et al. A view of cloud computing [J]. Communications of the ACM, 2010, 53 (4): 50 – 58.

[2] Bayrak E, Conley J P, Wilkie S. The economics of cloud computing [J]. The Korean Economic Review, 2011, 27 (2): 203 – 230.

[3] Böhm M, Leimeister S, Riedl C, et al. Cloud Computing-Outsourcing 2. 0 or a new Business Model for IT Provisioning? [M] //Application management. Gabler, 2011: 31 – 56.

[4] Business Software Alliance, Global Cloud Computing Scorecard [R/OL]. http://cloudscorecard. bsa. org/2013/assets/PDFs/BSA_GlobalCloudScorecard2013. pdf.

[5] Carr N G. The big switch: Rewiring the world, from Edison to Google [M]. WW Norton & Company Incorporated, 2008.

[6] Carr N. G. IT doesnt matter [J]. Harvard Business Review, 2003, 81 (5), 41 – 49.

[7] Etro F. The economic impact of cloud computing on business creation, employment and output in Europe [J]. 2009.

[8] Etro F. The economics of cloud computing [J]. The IUP Journal of Managerial Economics, 2011, 9 (2): 7 – 22.

[9] Kundra V. Federal cloud computing strategy [M]. White House, Chief Information Officers Council, 2011.

[10] Liu F, Tong J, Mao J, et al. NIST Cloud Computing Reference Architecture [J]. NIST Special Publication, 2011, 500: 292.

[11] Mell P, Grance T. The NIST definition of cloud computing (draft) [J]. NIST special publication, 2011, 800: 145.

[12] Smith D M. Hype cycle for cloud computing, 2011 [R]. Gartner Inc., 2011.

[13] Xu X. From cloud computing to cloud manufacturing [J]. Robotics and computer-Integrated manufacturing, 2012, 28 (1): 75 – 86.

[14] Zhang Q, Cheng L, Boutaba R. Cloud computing: state-of-the-art and research challenges [J]. Journal of Internet Services and Applications, 2010, 1 (1): 7 – 18.

[15] 安晖.《我国云计算产业实际状况与或然性趋势》. 重庆社会科学, 2012 (5): 10 – 15.

[16] 曾宇, 潘陈辰.《基于云平台的战略新兴产业发展研讨会综述》. 经济学动态, 2011 (12): 143 – 144.

[17] 曾宇, 杨东日, 郭旭阳.《云视角下的中国产业结构优化路径选择》. 首都师范大学学报(社会科学版), 2013 (01): 64 – 69.

[18] 房秉毅, 张云勇, 程莹等.《云计算国内外发展现状分析》. 电信科学, 2010, 26 (8): 1 – 6.

[19] 李伯虎.《云制造——制造领域中的云计算》. 中国制造业信息化, 2011, 41 (10): 24 – 26.

[20] 李德毅.《云计算技术发展报告(第三版)》. 科学出版社, 2013.

[21] 李德毅.《云计算支撑信息服务社会化，集约化和专业化》. 重庆邮电大学学报（自然科学版），2010（6）.

[22] 邱刚，李军.《主要国家云计算战略及启示》. 物联网技术，2012，2（2）：1-3.

[23] 田杰棠.《中国云计算应用的经济效应与战略对策》. 中国发展出版社，2013.

[24] 王建平.《云计算产业发展的思考》. 2012 年 12 月 1 日.

专题四

促进高效太阳能电池发展的技术经济政策建议

内容提要： 本章对高效太阳能电池相关技术的特点、发展概况和趋势进行了分析研究，并从高效太阳能电池领域是否是重大技术、高效太阳能电池领域“是否投、如何投”以及根据技术前沿高度和技术更新速度确定高效太阳能电池领域的培育模式等角度对高效太阳能电池技术进行了基本评估。同时，又结合光伏产业发展对高效太阳能电池研发和产业化过程中存在的主要问题进行了总结，并在此基础上，从需求管理、关键设备、科技供给三方面提出了促进我国高效太阳能电池技术发展的具体对策建议。

目前，我国正面临着从快速增长到科学发展转型的挑战，面临着在“全球价值链”分工角色的突破而对国际价值链原有分工秩序的挑战，正处于创新驱动发展的关键时期。为此，我们必须根据我国所面临的基本国情、国际环境、发展阶段，围绕国家战略发展目标，选择和培育对我国经济社会具有“支撑”和“引领”作用的重大技术，力争取得新突破，以更好地实现自身发展、提升我国的发展主动权和国际地位。

一、研究目的

近年来，我国科学技术水平已取得长足进展，并在一些领域取得巨大成就。但与发达国家相比，总体水平还相对落后，尤其是在关系到未来我国经济发展前景的一些重要领域，如信息技术、生物技术等，我国与发达国家的差距更大。“我们只有掌握产业发展中的核心技术，才能在国际经济竞争中居于主导地位，控制产业链中的分工和利润分配，有更大的自主权决定产品推出和淘汰的时间表，获得高于行业平均水平的超额利润”。

尽管政府的目标不是在支持哪个潜在“成功者”的问题上用政府的判断来取代产业的判断；但是，完全的“不干预”也并非建立起有效技术能力的“良药”。实际上，政府的导向性政策在世界上每个国家都对技术革新成长的速度和方向起着决定性的重要作用。政府如何参与科学技术可以决定他们国家是成为技术领先者还是落后者。“挑战在于找到更好的政府干预形式，这些干预形式有更好的经济效果、更少的政治风险和制度风险”。同时，我们认为，对于技术政策不应该局限于技术层面，而必须直接服务于国家经济、产业政策和发展需求；而且，对于不同类型的技术，其经济政策的着力点也会有所不同。因此，必须根据不同的技术特点，在尊重技术能力培育一般规律的基础上，选择适合的政策以加速推进技术能力的提升。如果选择不当或者政策缺失，不但不利于国家技术能力的提升，甚至有可能使国家承担不必要的损失。

基于上述背景，为更具体了解重大技术经济政策的着力点，为国家制定重大技术政策提供依据，我们选择了可以缓解能源资源瓶颈制约的高效太阳能电池技术领域，进行案例分析。我们于 2014 年 2 月 20 日在北京召开了专题座谈会，邀请了再生能源中心、中国材料学会光伏分会和英利集团的相关专家；并于 2014 年 2 月 24 ~26 日到上海市进行调研，与上海市光电子行业协会、重点企业负责人进行了座谈，实地调研了多家高效太阳能电池领域的重点企业，深入了解我国高效太阳能电池技术发展现状、发展过程中遇到的困难和问题。表 1 是调研对象及其基本情况。

表 1　　调研对象基本情况

单位名称	主要概况
国家可再生能源中心	主要开展国家可再生能源发展战略、规划和政策研究，协助国家可再生能源产业体系建设、开展国家示范项目管理和可再生能源国际合作项目管理等任务
中国科学院微电子研究所太阳能电池研究中心	主要开展未来产业主流晶体硅高效太阳能电池的产业化技术研究，目前在背接触电池、径向异质结电池、超小绒面电池等方面处于国内领先的地位
英利集团	以新能源投资与经营管理为主业的国际化企业集团；作为光伏行业的领军企业，拥有“光伏材料与技术国家重点实验室”和“国家能源光伏技术重点实验室”两大研发平台，掌握了从高纯硅材料制备、高质量晶体硅生长、超薄硅片切割、高效太阳能电池、长寿命光伏组件到光伏应用系统的各个环节的核心技术
上海浦东新区光电子行业协会	是上海市光电子行业企事业单位自愿组成的跨部门，跨所有制的非营利的行业性社会团体法人，现有会员成员 80 余家
纽升太阳能科技（上海）有限公司	是一家专业从事 CIGS（铜铟镓硒）柔性太阳能薄膜发电技术的高科技公司，是全球在该领域保持绝对领先并拥有着完整 CIGS 技术解决方案的高科技公司
英莱新能（上海）有限公司	致力于高转化率、低成本的第三代薄膜太阳能电池的自主生产设备和太阳能电池组件规模化生产
上海新产业光电技术有限公司	主要从事包括各种光学镜片、光学零部件等产品的开发、生产和销售，并提供相关的技术开发、技术转让、技术咨询等技术服务

续表

单位名称	主要概况
理想能源设备（上海）有限公司	致力于为新能源、新材料、节能减排领域提供高端装备，是一家集研究、开发、设计、生产和销售于一身的太阳能电池生产设备企业
南大光电工程研究院有限公司	主要从事硅基纳米结构生长制备及高性能薄膜电子器件、新型高效硅基太阳能光伏器件的开发、生产和销售

资料来源：根据调研资料整理。

二、高效太阳能电池技术发展现状

鉴于太阳能资源丰富、廉价、安全、无污染、可自由利用等特性，太阳能利用日益受到各国政府和普通民众的关注。作为太阳能利用重要形式的太阳能发电，是一种可持续的能源替代方式，近年来实现了快速发展。按照技术类型，太阳能发电主要分为光伏发电和光热发电两类；其中，光伏发电是以太阳能电池技术为核心，将太阳能直接转换为电能。目前，受制于成本居高不下，尚未能普及；但随着太阳能电池技术水平的不断提升、价格不断下降，光伏发电广泛应用且规模日益扩大。

（一）高效太阳能电池相关技术特点

太阳能电池（solar cell，SC）是光伏发电系统的核心，其开发和制造是光伏产业链中最关键、最重要的一环，将直接影响到太阳能发电的普及和发展。因此，有效提高太阳能电池的光电转换效率，降低制造、应用成本并实现发电稳定性，是高效太阳能电池开发、制造中必须要解决的关键问题。目前，普通太阳能电池产业化水平的光电转换效率大致为，单晶18%～19%、多晶17.3%～17.8%，非晶硅薄膜8%～9%。根据国务院发布《国务院关于促进光伏产业健康发展的若干意见》（国发〔2013〕24号），明确提出新上光伏制造项目应满足单晶硅光伏电池转换效率不低于20%、多晶硅光伏电池转换效率不低于18%、薄膜光伏电池转换效率不低于12%。因此，根据专家们的意见和国家的硬性要求，所谓的高效太阳能电池，应主要是指电池产业化水平的光电转换效率要相对现有普通电池更高，即：单晶>20%、多晶>18%、非晶硅薄膜>12%。当然，高效太阳能电池也是一个随时间变化而变化的概念。

太阳能电池产品主要分为以晶硅电池为代表的太阳能电池，和以硅基薄膜、碲化镉（CdTe）电池、硒铟铜（CuInSe）电池、硫化镉（CdS）电池、铜铟镓硒（CIGS）电池、砷化镓（GaAs）叠层电池等薄膜电池为代表的太阳能电池，以及以染料敏化电池—光电化学电池（Grätzel电池）、有机电池、多结（带隙递变）电池、热载流子电池等新型电池及新概念电池为代表的太阳能电池。截止到2013年底，太阳能电池产品中，晶体硅太阳能电池（主要是P型单晶硅电池和多晶硅电池）占据市场主导地位，市场占有率超过90%；薄膜电池的市场占有率不到10%；新型电池及新概念电池大多处于实验室阶段或中试阶段，尚未大规模产业化。下面，我们将对三大类高效太阳能电池进行简要说明（见表2）：

表2　　不同类别高效太阳能电池的主要特点比较

	晶硅电池	薄膜电池（非晶硅薄膜为主）	新型电池（异质结电池为主）
光电转换效率	高	低	极高
稳定性	稳定	不稳定（能量转换效率随辐照时间延长而变化，需数百小时后稳定）	稳定
相同输出电量所需太阳能电池面积	小	大（但结构轻便，适用于多样化特殊应用要求，如BIPV和半透明构建等）	小
大规模制造技术	高度成熟	比较成熟	不成熟
生产成本	能够较低（随规模化效应和新技术出现，有进一步下降趋势和空间）	较低（但与晶硅电池的价格优势逐渐减小）	能够较低（前提是技术进一步成熟，高品质硅片衬底价格下降）
环境治理成本	高（主要来源于晶硅冶炼工艺排污）	节能低耗	较高（利用低温薄膜技术避免高能耗高温扩散等工艺）

1. 晶硅高效太阳能电池

晶硅太阳能电池主要包括单晶硅（mono-Si）电池和多晶硅（poly-Si）电池，其制造流程比较复杂，其产业链包括从硅质原料（石英岩、石英砂岩等）—多晶硅—硅锭（棒）—硅片—光伏电池—光伏系统的产业链（见图1）。其中，晶体硅电池的理论光电转换效率达31%，但存在着晶硅冶炼和提纯过程复杂、能耗大的缺点；且多晶硅电池与单晶硅电池的转换效率差距正逐渐缩小，多晶硅具有制造成本较低与单位产出量较大等优势，因此多晶硅（以及类单晶/多晶硅，mono-like poly-Si）电池市场份额逐渐超过单晶硅电池而成为市场主流产品，未来可能还将继续扮演主流角色。同时，由于电池成本在系统成本比重的逐渐下降，高效率电池组件在终端系统上仍然比较有优势。

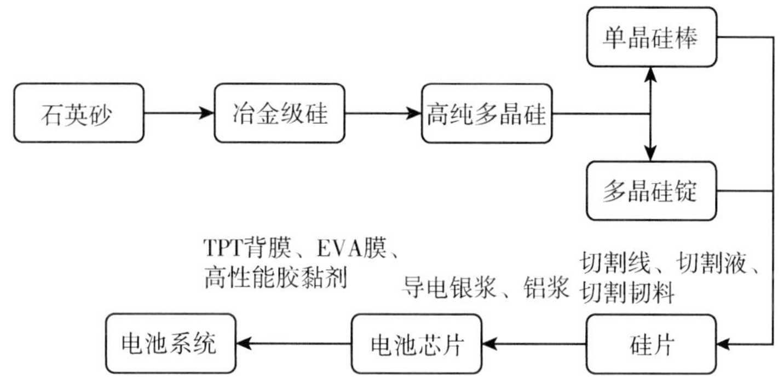

图 1　晶硅太阳能电池产业链及所需关键辅材

资料来源：中原证券

自 1954 年 Bell 实验室的 Chapin 等人首次制备出 Si 基 pn 结太阳能电池至今，晶体硅太阳能电池已经经过了半个多世纪的发展。目前，已经商业化的常规晶硅电池大都是制备在硼（B）掺杂的 P 型晶体硅衬底上，包括中国大部分太阳能电池制造商、Solar-World、REC Solar 和大部分韩国企业以及全部的印度光伏企业等都采用的晶体硅标准流程（P 型单晶硅和 P 型多晶硅）；但传统的 P 型晶体硅电池的转化效率很难推进到 20%以上。相对于 P 型晶硅电池而言，包括 N 型电池，以及选择性发射极方向（诸如铝背发射极 N 型太阳电池）、金属贯穿式背电极电池、背表面钝化电池（“PERC”电池）等为代表的四种晶体硅电池技术正日益受到各国关注。其中，N 型硅（n-Si）由于对金属杂质和许多非金属缺陷不敏感，故其少数载流子具有较长而且稳定的扩散长度。国际上已达到规模化生产的 N 型单晶硅太阳电池主要包括是日本松下的 N-Si HIT N 型硅太阳电池、美国 Sunpower IBC 结构 N 型硅太阳电池以及英利的熊猫 N 型硅电池三种。日本松下、美国 Sunpower 两家企业的 N 型 Si 衬底高效太阳能电池的平均效率已达 22%，英利熊猫电池的实验室效率 20.7%，平均效率 19.7%。在市场份额上，国际光伏技术路线图（ITRPV）预期 N 型单晶硅太阳电池将从 2014 年的 18%左右提高到 2020 年的 50%左右。在各种经过验证的晶硅电池技术中，究竟是 P 型电池技术还是 N 型电池技术能在未来发展中占据主流地位，尚未可知，更多可能还要经过市场的验证。晶硅 P 型和 N 型电池的产业化技术发展路径见图 2。

总体而言，晶硅高效太阳能电池的技术发展方向是低成本、高效率、高稳定性，主要包括效率的提高、成本的下降及组件寿命的提升等方面。其中，效率的提高依赖工艺的改进、材料的改进及电池结构的改进；成本的下降依赖于现有材料成本的下降、工艺的简化及新材料的开发；组件寿命的提升依赖于组件封装材料及封装工艺的改善。因此，晶硅高效太阳能电池的研发和产业化，除了依赖产业规模的扩大外，电池效率的提升可能不仅要依靠工艺水平的改进，更有赖于产业技术（包括设备和原材料）的改进，特别

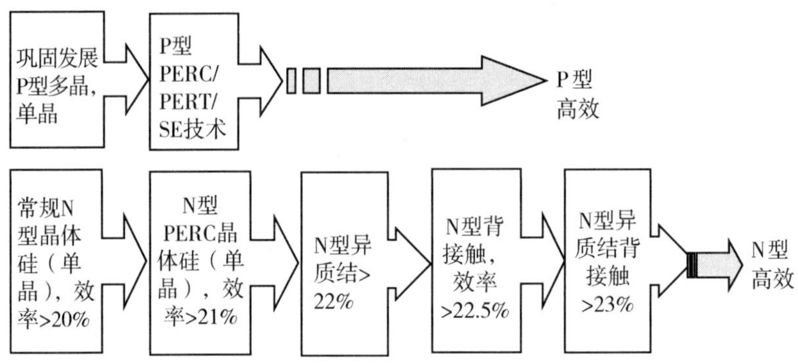

图2　晶硅P型和N型电池的产业化技术发展路径

资料来源：中国科学院微电子研究所提供。

是新结构、新工艺的建立。

2. 薄膜高效太阳能电池

薄膜太阳能电池是在玻璃、塑料、不锈钢等基板上沉积形成很薄的感光材料以实现光电转换，主要包括非/微晶硅薄膜电池、碲化镉（CdTe）薄膜电池、砷化镓（GaAs）薄膜电池和铜铟硒/铜铟镓硒（CIS/CIGS）薄膜电池四种。其中，非/微晶硅薄膜电池的光电转换效率最低，一般为6%～9%，原材料为硅烷，最易获取；CdTe薄膜电池的光电转换效率次之，约为8%～11%，原材料中含稀有元素碲，储量小且不易获取，镉则有剧毒，会对环境造成严重污染；CIS/GIGS薄膜电池的光电转换效率相对较高，约为10%～12%，原材料中含稀有元素化合物铟、镓、硒，储量小且不易获取。另外，如何确保多元素的严格均匀配比，依然是大面积电池制备应用中的一大挑战；GaAs薄膜电池的光电转换效率最高，约为20%～30%，原材料中含稀有元素化合物镓，储量小且不易获取，砷有毒，会对环境造成污染。相较而言，CIS/GIGS薄膜电池成本低、性能稳定、抗辐射能力强，有可能成为未来最有前途的光伏电池之一。下面，我们将对四类高效太阳能薄膜电池进行简要说明：

第一，非/微晶硅薄膜电池。非晶硅薄膜电池是指，用沉积在导电玻璃或不锈钢衬底上的非晶硅薄膜制成的太阳能电池。非晶硅薄膜电池的主要特点在于：一是较高的光吸收系数。实际使用中对低光、弱光的响应好，特别是在0.3～0.75μm的可见光波段，非晶硅材料的吸收系数比单晶硅高40倍左右，因此电池所需膜厚小（一般在250nm～300nm）。二是生产成本较低、制造工艺简单、耗能少。非晶硅薄膜可在200℃左右的温度下制造，薄膜材料可通过高频辉光放电使硅烷（SiH_4）分解沉积而成，同时，衬底材料可以采用玻璃、不锈钢板、陶瓷板、柔性塑料片等，因而成本较低。制备非晶硅的工艺和设备简单，因此适于连续、自动化、大批量生产。三是能量返回期短、高温性能好。制备非晶硅薄膜电池能耗少，能耗回收年数短，且非晶硅薄膜电池的最佳输出功率受温度影响小。

第二，CdTe 薄膜电池。CdTe 薄膜电池的主要特点在于：一是禁带宽度理想且光吸收率高。CdTe 的禁带宽度与地面太阳能光谱禁带宽度最匹配，吸收系数高于硅材料 100 倍。二是转换效率高且发电能力强。CdTe 薄膜电池的理论光电转换效率约为 28%，组件最高效率已超过 13%；因 CdTe 温度系数低和弱光性能好，发电能力比硅组件高出 10%。三是电池性能稳定且制备工艺、电池结构简单。CdTe 薄膜电池的设计使用时间为 20 年；同时，鉴于 CdTe 易沉积且沉积速率高，因此制造成本低且易实现规模化生产。

第三，GaAs 薄膜电池。GaAs 薄膜电池的主要特点在于：一是具有 30% 以上的高光电转换效率，多结砷化镓电池的理论效率超过 50%；二是在 250℃ 的条件下仍可正常工作；三是工艺技术复杂度高，且成品良率较低；四是 GaAs 材料具有良好的抗辐射性能、可调节的带隙和光谱吸收性等特点，多用于太空、军用等特殊电源用途。

第四，CIS/GIGS 薄膜电池。CIS/GIGS 薄膜电池主要特点在于：一是转换效率高。CIS 具有很高的高吸光效率，所需光电材料厚度不需超过 1μm，即可吸收 99% 以上的可见光；增加少量镓还能增加其光吸收的能带。二是制造、使用成本低。CIGS 电池可以采用玻璃基板做衬底，形成缺陷很少的、晶粒巨大的、高品质结晶，电池厚度可以很薄以降低材料消耗；采用溅射技术为制备的主要技术，可以损耗很少的 Cu、In、Ga、Al、Zn。同时，CIS/GIGS 薄膜电池因其弱光效应好，工作时间远高于晶硅电池的工作时间，某种程度上弥补了其发光效率相对较低的不足。三是电池性能稳定。CIS/GIGS 薄膜电池不存在光致衰退效应，只可能因封装技术不佳而引致的不到 10% 衰退。四是工艺和制备条件极为苛刻。因 CIS/GIGS 薄膜电池具有复杂的多层结构和敏感的元素配比，由于元素成分多且结构复杂，工艺中的某项参数略有变化，则材料的电学、光学性能会发生很大变化，因此，制备过程不易控制。四类高效太阳能薄膜电池的各自缺陷及解决方案见表 3。

表 3　　四类高效太阳能薄膜电池的各自缺陷及解决方案

类型	存在的主要问题	解决方案
非/微晶硅电池	转换效率低； 衰减较严重	叠层技术可提高转换效率并大幅降低衰减
碲化镉（CdTe）电池	镉化合物可能引起环境污染； 碲丰度较低	加强产品封装环节与回收服务； 提高技术水平降低碲用量
GaAs 电池	制备难度较高，成本较高； 砷有毒	改善工艺提高良率； 提高技术水平降低砷用量
CIS/GIGS 薄膜电池	缓冲层硫化镉具有潜在毒性； 技术复杂，良率较低； 铟稀缺	加强产品封装与回收服务； 改善工艺提高良率； 提高技术水平降低铟用量

目前，国内薄膜电池绝大多数以非晶硅薄膜电池为主，少数企业生产 CIS/GIGS 薄膜电池、CdTe 薄膜电池和 GaAs 薄膜电池，如汉能集团收购了美国的 MiaSolé、Solibro 和 Global Solar 公司，这几家公司在国际上制造技术最为先进，目前正在进行国产化工作。通过技术并购和自主研发，汉能在共蒸法与溅射法这两种工艺上达到全球领先水平。2013 年 12 月，汉能集团基于 MiaSolé 技术的商业化生产 GG－04 玻璃太阳能组件已取得 Intertek 及 UL1703 认证，确认其转换效率高达 15.5%，在国际薄膜太阳能技术中达到先进水平。此外，继 Solibro 的 CIGS 薄膜太阳能电池实验室转换效率达 18.7% 后，其 0.5 平方厘米的 CIGS 薄膜太阳能电池实验室转换效率也已提升至 19.6%。总体而言，薄膜高效太阳能电池的技术发展方向也是低成本、高效率、高稳定性，未来发展前景巨大，其中，生产工艺的不断成熟改进以实现成本的降低可能将是未来发展的关键。因此，薄膜高效太阳能电池的研发和产业化，更依赖于各类技术之间的竞争和技术积累，以实现不断缩小与国际先进水平的差距。

3. 新型太阳能电池

鉴于传统晶体硅太阳能电池生产中所需的高温（>900℃）扩散制结工艺限制了生产效率的提高和能耗的进一步降低，因此，既利用了薄膜制造工艺优势同时又发挥了晶体硅和非晶硅的材料性能特点，具有高效低成本的异质结太阳能电池、高性能硅基柔性薄膜电池等特别受到各国研究人员的普遍重视并迅猛发展。异质结电池成本分析见表 4。

表 4　　2013～2016 年间异质结电池成本分析　　单位：美元/瓦

成本分析	2013 年	2014 年	2015 年	2016 年	2013 年铜	2016 年铜
年产能（兆瓦）	30	30	31.4	32.8	30	32.8
硅片尺寸（毫米）	156	156	156	156	156	156
电池转换效率（%）	21	21	22	23	21	23
组件转换效率（%）	19	19	20	21	19	21
设备折旧	0.062	0.062	0.060	0.057	0.067	0.060
硅片清洗设备	0.007	0.007	0.007	0.006	0.008	0.006
非晶硅薄膜沉积设备（万里晖）	0.025	0.025	0.024	0.023	0.025	0.023
ITO 沉积设备	0.021	0.021	0.020	0.019	0.021	0.019
金属沉积设备	0.004	0.004	0.003	0.003		
Cu 布线设备					0.007	0.006
其他（自动化，测试等）	0.005	0.005	0.005	0.005	0.005	0.005
N 型单晶硅片（156mm）	0.305	0.269	0.226	0.190	0.305	0.190

续表

成本分析	2013 年	2014 年	2015 年	2016 年	2013 年铜	2016 年铜
非硅成本	0.108	0.108	0.103	0.098	0.045	0.040
化学药品	0.009	0.009	0.008	0.007	0.009	0.007
气体	0.005	0.005	0.005	0.005	0.005	0.005
ITO 靶材	0.014	0.014	0.013	0.013	0.014	0.013
银浆/铜	0.080	0.080	0.076	0.073	0.017	0.016
其他成本	0.058	0.058	0.058	0.058	0.058	0.058
人力成本	0.019	0.019	0.019	0.019	0.019	0.019
厂务成本	0.019	0.019	0.019	0.019	0.019	0.019
维护成本	0.020	0.020	0.020	0.020	0.020	0.020
电池片成本	0.534	0.497	0.446	0.403	0.475	0.348
组件成本	0.784	0.747	0.680	0.632	0.725	0.577

注：计算依据：（1）2013 年 6 英寸 N 型单晶硅片 1.55 美元/片；（2）硅片价格每年下降 12%。
资料来源：上海理想万里晖薄膜设备有限公司提供。

第一，HIT 太阳能电池。意为本征薄膜（膜厚 5 ~ 10nm）异质结，用宽带隙 a – Si 作为窗口层或发射极，单晶硅、多晶硅片作衬底；通过在掺杂的非晶硅层和单晶硅衬底之间插入一层极薄的低缺陷密度本征非晶硅层作为“缓冲层”，降低掺杂非晶硅层的高缺陷态密度对异质结界面的影响，有效钝化非晶硅/单晶硅异质结界面，降低透明导电氧化层和 a-Si 层的光学吸收损耗，实现太阳能电池效率的提高。

HIT 太阳能电池的主要特点在于：第一，低温制备。由于 HIT 太阳能电池使用 a-Si 构成 pn 结，因此可在 200℃左右的低温完成全部工序，与传统晶体硅电池高温（>900℃）扩散制结工艺相比，大幅降低了制造工艺的温度。低温制造工艺不但降低了太阳能电池制作过程中的能耗，而且能降低高温热应力对硅片形变的影响，使得 HIT 太阳能电池可以采用更薄的硅片来制作，极大降低电池的材料成本。第二，高转换效率。HIT 太阳能电池利用异质结的结构可以获得较高的开路电压和短路电流，具备业界最高的转换效率（单面 24%，双面 26.26%）。第三，高温下发电性能优异。经美国国家实验室认证的 HIT 电池温度系数 –0.22%/℃，较传统晶体硅电池 –0.45%/℃ ~ –0.5%/℃的温度系数低，表明在高温下的转换效率降低幅度相对较小。日本三洋在美国加州一年的实际测量数据表明：同样的装机容量条件下，HIT 电池比传统晶体硅电池年发电量高出 15% ~30%。第四，节约电站建设成本。相较于传统单晶硅电池，在相同装机容量下，因 HIT 电池效率高，占地面积少约 25%，电池组件数、支架及相应人工等少用 25%；在相同占地面积下，HIT 电池装机容量高约 35%。

从 HIT 太阳能电池国外研究状况看，三洋电机株式会社于 1990 年开始进行 p 型 a-

Si：H/本征 a-Si：H/n 型 c-Si 结构 HIT 太阳电池的研究。之后通过不断的技术开发，实现了大面积（平方米级）的 a-Si 太阳电池的高性能化。目前，三洋公司在实验室制备出最高效率 26.26% 的 HIT 太阳电池，工业化生产获得的电池转换效率 >22%。尽管 HIT 太阳能电池还存在周边专利的限制，但是基本专利在 2010 年就已到期，可以避免专利的高额授权费。

尽管 HIT 电池集中了非晶硅薄膜电池和晶体硅高迁移率的优势，而且制备工艺相对简单，双面结构在任何角度都可以增加光吸收，但是仍然存在生产过程中的每一步工艺要求都很严格、发电成本仍远高于传统方法的发电成本等问题。其未来的发展方向主要是，在保证电池转换效率前提下降低晶体硅的厚度，以及用廉价金属铜材料代替价格昂贵的金属银浆来制作金属电极，或通过技术开发进一步提高晶体硅的发电效率。

第二，高效柔性硅基薄膜电池。由于柔性衬底电池具有重量轻、可折叠、便于携带和易集成等优点，具有广泛市场应用前景，因此，越来越多的研究所和公司进行柔性衬底电池相关研究。目前，柔性衬底材料主要有不锈钢、聚酰亚胺、塑料、铝箔和聚合物等。从高效柔性薄膜电池的应用领域看，市场广阔、需求旺盛，主要包括以航空、航天、军用为主的高端市场，高档汽车车顶、游艇艇面等民用新兴高端市场，地面和屋顶电站以及应急救援等方面。目前，高效柔性薄膜电池的技术关键主要包括：突破并掌握柔性晶硅薄膜电池规模化生产的制造技术，完成生产线设备的自主设计和制造。

从高效硅基柔性薄膜电池的国外研究状况看，德国斯图加特大学研究的晶硅薄膜电池的光电转换效率已达 16% 以上，日本 sharp 公司开发的晶体硅薄膜电池效率也达 15% 以上，韩国 LG 电子研究的非晶硅薄膜电池效率为 13.4%，美国 Solexel 开发的薄膜晶硅电池效率更是高达 20.1%。目前，仅美国 Uni-Solar、Xunlight、日本富士电机、德国 PV-flex 实现了柔性薄膜太阳能电池的量产，但产能规模有限；其他公司还处于试生产阶段。从国内研究情况看，近期随着光伏产业的市场变化，国内众多企业和研究机构逐渐认识到硅薄膜特别是晶硅薄膜太阳电池的市场发展潜力，开始进行晶硅薄膜电池技术的研究，同时结合柔性衬底技术开发柔性晶硅薄膜电池产业化技术。国内柔性衬底电池研究在国家科技部 863 项目支持下，南开大学聚酰亚胺衬底柔性硅薄膜电池效率目前达到 7% 左右；此外，中国科学院、北京航空航天大学、上海交通大学等也开展了柔性衬底电池的初步研究，还无有关光电转换效率的具体报道。南京大学光电工程研究院有限公司利用外延晶硅生长和转移的专利技术，近期也启动了高性能柔性薄膜晶硅异质结太阳能电池的技术本土孵化和产业化项目（目前所披露的性能指标为转换效率 >15%，组件密度 <450 克/平方米）。

4. 小结（见表5）

表5　　高效太阳能电池性能指标的详细比较

技术类型	晶体硅电池		薄膜电池				HIT 电池
	单晶硅	多晶硅	非晶硅	碲化镉	铜铟镓硒	砷化镓	
光电转换效率（实验室）（%）	24.7±0.5	20.3±0.5	10.1±0.3	20.4±0.5	20.5±0.5	25.1±0.8	26.2±0.1
光伏组件效率（%）	15~18	13~16	6~11	8~14	12~19	—	19~21
受光面积（㎡/KWp）	7	8	1.4	11	10	4	—
制造能耗	高	较高	低	低	低	高	低
制造成本	高	较高	低	中	中	很高	中
资源丰富度	中	中	丰富	较贫乏	较贫乏	贫乏	丰富
运行可靠程度	高	中	中	较高	较高	高	中
污染程度	中	小	小	中	中	高	小
技术来源	澳大利亚新南威尔士大学	德国弗良朗霍夫研究所	LG Electronics	美国国家可再生能源实验室	美国国家可再生能源实验室	日本、德国	日本三洋

资料来源：EPIA，上海理想万里晖薄膜设备有限公司，由作者整理而成。

无论是晶硅电池还是薄膜电池抑或是新型电池，高效太阳能电池技术的研究方向和产业发展关键，就是高转换效率、低成本和高稳定性。也就是要解决上游原材料加工成本和能耗、提高光电转换效率、实际应用中的寿命和维护成本等问题，即必须达到效率高、寿命长、可靠度高、成本低和污染低等要求。因此，对高效太阳能电池技术的发展而言，量产效率、生产成本、能量返回期①、生产便利性、发电稳定性②等指标，成为生存的根基和我们的关注重点。与会人士普遍认为，我国在高效太阳能电池领域，与发达国家的差距相对较大，平均而言有5~10年的技术差距。

① 即太阳能电池产生电能超过生产电池所耗费电能的所需时间。
② 即太阳能电池长期保持既定发电效率的工作特性。

（二）对高效太阳能电池技术的基本评估

所谓重大技术，应该是指其技术地位在众多技术中处于核心、关键的地位。具体衡量主要包括三个层面，一是是否具有基础性，二是是否具有公共性，三是是否具有战略性。我们认为，重大技术既不是三项指标的机械相加，也不是相乘，而是基础性、公共性和战略性的融合，即：I（Importance，重要性）= B（Basic，基础性）×P（Public，公共性）+S（Strategic，战略性）。依据上述指标和公式，专题座谈会和调研访谈中，所有专家都一致认为，第三次工业革命的核心是新能源革命，高效太阳能电池技术作为提高太阳能利用率的关键，代表了先进的技术发展方向，对我国光伏产业的结构调整和可持续发展具有重要影响，属于当前应该发展的重大技术之一，是需要从国家战略层面做出规划与部署，集中资源、持续投入的战略方向。因此，对于高效太阳能电池技术而言，我们就“不是要不要发展的问题，而是怎么使其更好发展的问题”。

首先，重大技术“是否投、如何投”的关键在于，必须遵从“两力原则”，即“有能力、有潜力”。借鉴波士顿矩阵分析法、温伯格准则（Weinberg Criteria）和资源基础理论，根据资源能力保障和发展潜力分解为四种“原型”，并根据这些原型的特征确定我国重大技术的重点（见图3）。其中，资源能力保障是指我国是否具备培育该技术领域所需的必要能力；发展潜力是指是否符合我国长远发展的利益诉求。

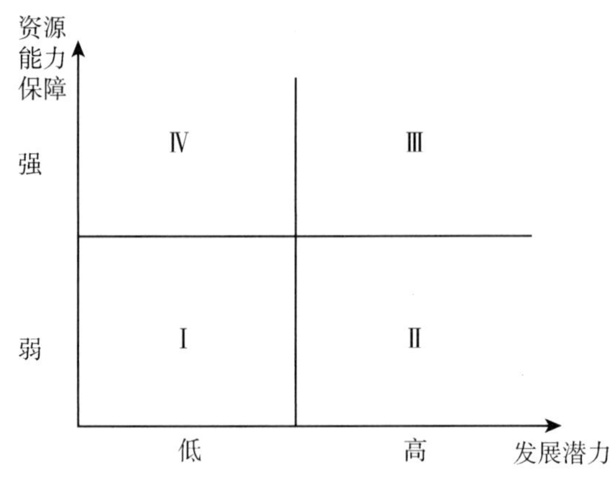

图3　资源配置框架图

根据专题座谈会和调研访谈，所有专家都一致认为，在资源能力保障方面，我国在高效太阳能电池领域是有能力的，即具备（或可获得）相对应的技术、人才、资金，并有望建立起竞争优势。有专家笑言，“国外相关研发机构中的中国研究者众多，而且从国际上对我国光伏产业的围追堵截，就可以说明我们有能力”。在创新发展潜力方面，高效太阳能电池领域是具备发展潜力的，即在技术可行性（technical feasibility）、价值创造（value creation）和价值可获得性（value of availability）等方面都获得了较高评价。据此，高效太阳能电池领域落入Ⅲ区（重点投入区），我们认为，隐含的政策含义就是，我们应选择重点突破的策略，即持续性地全力投入。

其次，某种程度而言，重大技术之间的差异性很大，不同领域的重大技术具有不同的特点，其培育模式也必定会有所不同。借鉴波士顿矩阵分析法，根据技术前沿高度和技术更新速度分解为四种“原型”，并根据这些原型的特征确定我国技术能力的培育模式（见图4）。其中，技术能力高度是指在该技术领域，一国是否处在技术发展前沿；技术更新速度是指该技术的更新速度的快慢。

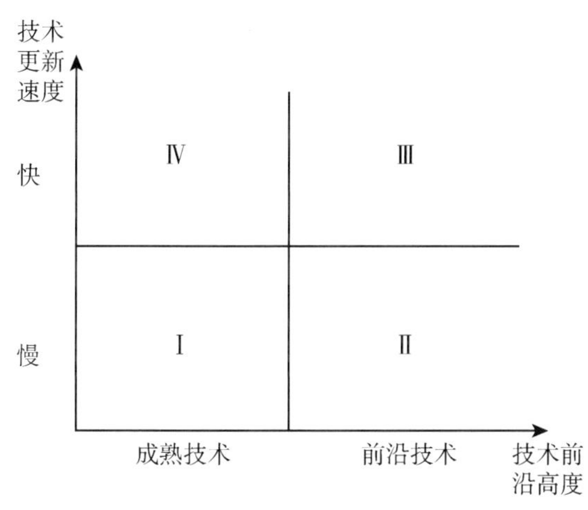

图4　技术能力培育模式的选择框架图

根据专题座谈会和调研访谈，所有专家都一致认为，在技术更新速度方面，高效太阳能电池领域的技术更新速度相对较快，也具有类似集成电路领域的摩尔定律，即平均每年光电转换效率可以提升0.5%。在技术前沿高度方面，高效太阳能电池领域中传统的晶硅技术属于相对成熟技术，而薄膜技术和新型电池技术均属于前沿技术。据此，对于晶硅电池技术而言落入Ⅳ区（技术成熟的快速更新区），而薄膜电池和新型电池相关技术落入Ⅲ区（技术前沿的快速更新区）。政策含义就是，对于晶硅电池而言，政府在技术能力培育模式上应选择市场拉动的重点投入模式，即利用需求拉动以推动产业发展使用技术，政府更多是鼓励市场开发。而对于薄膜电池和新型电池相关技术，政府在技术能力培育模式上应选择市场拉动的广泛跟踪（类似风险投资）的模式，即我们应尊重技术创新的一般规律，由市场自由选择、自主推动，而政府则需要在投入量和灵活度之间选择最佳结合，通过设置将来可斟酌决定的机会，试探性地对多方向进行少量投资以保留期权，一旦前景风险降到可容忍水平且资源能力有效提升后，才会选择大规模投入；否则选择终止或者延迟投入。

三、高效太阳能电池研发和产业化发展过程中存在的主要问题

本项目是关于重大技术经济政策的研究，所以必须跳出技术路径看技术发展，必须融合产业发展来考虑技术发展。为此，国家究竟需要的是什么样的产业发展目标？是产业体量的做大还是产业发展质量的提升？如果是后者的话，则必须从产业链的全局通盘考虑。

近年来，光伏产业大起大落的发展态势，表明当前的光伏市场需求并非来自于市场的真实需求，而是取决于政策力度。政策的轻微调整会引起市场供给面与需求面的剧烈变动，可以说，市场需求对政策的敏感性极高。当然，这也符合产业发展周期理论（见图5），因为光伏产业目前还处于产业发展的导入期阶段；此时，技术路线的发展和行业未来的发展将更多呈现交叉影响、交互作用的基本特征。因此，高效太阳能电池技术的发展就必须要紧密联系光伏产业的发展来考虑。从光伏产业的大规模发展来看，当前面临的最大问题就是成本高，所以既能满足低成本，又能满足高效率的电池技术就成为各国长期追逐的目标。从和上海市浦东新区光电子行业协会、高效太阳能电池相关企业以及该领域相关专家的座谈中，大家在对未来充满强烈信心的同时，也坦承当前的技术发展和产业发展可能正面临着如下一些困难和问题。

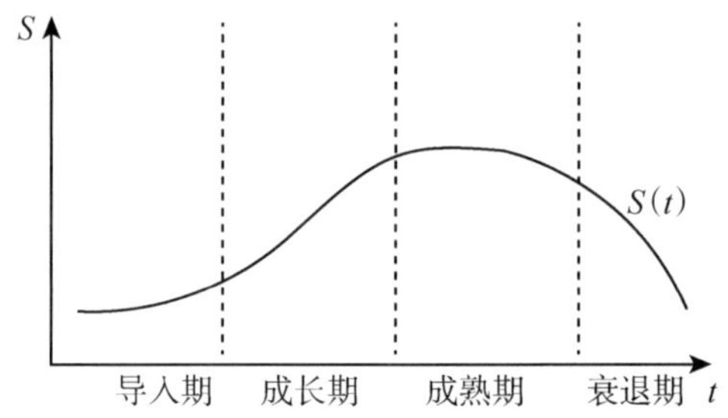

图5　产业生命周期

（一）市场有效需求难以培育

要有效发挥市场配置资源的决定性作用，必须要立足长远利益而积极培育市场，变潜在需求为现实需求，进而促进光伏产业的良性发展。目前，市场有效需求难以拓展成为阻碍技术进步的重要原因之一。

一方面，产业发展的关键设备受制于发达国家领先企业的市场垄断难以国产化，主要原因在于转换成本高，也使得相关下游企业不愿轻易使用即便是技术水平已经达到国际水平的新设备。例如，有设备制造企业反映，国产 PECVD 设备相比于进口设备而言，

价格低、产品效率高、综合性价比高出至少50%，但国内厂商不愿在大生产线上应用，创新成果面临推广难的境遇。当然，除了高转换成本外，我们还面对国外领先企业市场策略的阻隔，即，在国内缺乏同类型产品时，国外领先企业采取高价策略；当国内同类型产品试制成功后，国外领先企业迅速降价以阻碍国内产品的应用。但长期进口高端成套关键设备，不仅使得制造成本难以降低，而且也阻碍了包括人才成长、经验积累、信息获取等在内的产业技术厚度和持续创新能力的提升步伐，使产业技术方向被锁定而陷入路径依赖。

另一方面，在培育壮大光伏应用市场、以市场需求拉动产业技术能力的提升方面，相关扶持政策通常重顶层设计而轻微观机制建立，这也造成政策扶持效果不佳。例如，有的地方虽然已经将光伏电站与节能减排相挂钩，但仍然没有给出更进一步的解决现有难题的措施，包括初始建设资金来源、合同能源管理等。而且，电站投资者还要面对融资难、不能买卖项目权（“路条”）以及补贴资金能否及时到位等众多现实挑战。

再比如，鉴于光伏发电所具有的间歇性、波动性、可调度性低和成本高等特点，大力开拓分布式光伏发电项目的开发被寄予厚望。其中，国家能源局发布的《关于分布式光伏发电项目管理暂行办法的通知》（国能新能［2013］433号），财政部发布的《关于对分布式光伏发电自发自用电量免征政府性基金有关问题的通知》（财综［2013］103号），以及自2014年起实行的光伏发电年度指导规模管理，都将分布式光伏作为重点支持的领域。总体来看，上述政策都具有正确的理念和方向，但却遭遇到了“理想很丰满、现实很骨感”的尴尬。

究其原因，与会专家普遍认为，一是分布式光伏发电项目融资难（电站无法抵押融资，对企业融资能力要求很高）、商业模式单一等问题，特别是，以先行垫付建设费用、再通过电费收缴、逐步回收成本的能源合同管理为主的模式可能会面临缺乏契约精神而使投资方面临很高的不确定性。二是受到可以用做分布式光伏发电的屋顶产权复杂，不同屋顶建筑结构特点不同所造成的建设、调整、维修成本不一等问题的制约。项目开发商还要担忧屋顶拥有者是否能存续25年的问题，有专家直言，“万一遇到屋顶改造或土地拆迁等，分布式光伏发电的投资者如何保障自身利益”，这都是造成分布式光伏发电市场难以迅速拓展的原因。而且，对拥有屋顶资源的客户而言，一般而言，分布式光伏发电只能满足其家庭用电量的20%～30%；再考虑到日照条件、组件发电效率和衰减、上网电价、安装成本、配套补贴等具体因素后，分布式光伏发电的投资内部报酬率吸引力也不足以使其投资。此外，相关操作层面上的一些具体细节也亟待进一步细化，例如，必须细化分布式光伏接入的具体步骤、费用如何承担、发电住户与电网对费用发生争议的处理办法、补贴获取的流程和渠道等。

（二）关键设备的支撑能力欠缺

面对光伏组件价格的不断下行，行业内的企业目前还主要是依靠原材料采购成本的降低和精益生产以实现成本控制和转换效率的提升。尽管诸如管理、组织等方面的创新同样对提高企业技术水平、增强企业竞争力具有重要作用；但是，如果辅之以关键设备的支撑，实现低成本和高转换效率的技术进步将更加容易和顺利。目前，关键设备供应商多为发达国家的龙头企业，如 Applied Materials、Centrotherm、GT Solar 等，如果缺乏国内材料、设备供应商等相关企业支撑的话，不利于行业实现质的飞跃。

而我国在高效节能多晶硅料制备技术，电池用导电银浆、EVA 树脂和背板等关键原材料，太阳能电池及组件的测试设备、CVD（化学气相沉积）还原炉、氢化炉、大型氢气压缩机、线切割机等关键设备制造方面，技术能力与国际先进水平还有一定差距。此外，薄膜电池的主要设备以及超白玻璃、EVA、靶材等上游主要材料都依赖进口。例如，关键设备的使用者光伏企业也反映，国产设备的性能、可靠性缺乏验证，自动化程度不高且产能不高（国产单台设备的年产能一般较国外要小），设备间的衔接不好且与工艺研究脱节；而国外设备生产企业与工艺研发机构有相当紧密地合作，生产工艺被固化在关键设备中，购买设备即获得完整产品制造技术，同时，国外企业可以提供高达 50 ~ 100 人的 7 天 ×24 小时不间断配套服务，国内企业往往很难做到。

（三）技术储备有待加强

目前，绝大部分国内企业都在使用同一种已经应用了长达 15 年的主流晶硅电池技术，仅仅是采用了渐进式的技术改进而无变革；而在薄膜电池技术和新型高效电池的研究领域，我国还缺少“革命性的技术”。一旦主流的晶硅技术被替代，届时我们经过十几年发展在硅片、晶硅电池和组件方面形成的国际竞争力和光伏产业发展所取得的成绩可能会瞬间坍塌。其实这种变化也正在进行过程中，例如，所谓的“非主流工艺晶体硅电池技术”制造的产品产量已从 2010 年的 1.3 千兆瓦增加到 2013 年的 3.8 千兆瓦，市场份额也从 5% 变为 9%，几乎翻了一番。在德国，目前置身于多晶硅、单晶硅太阳能电池研发、生产的总人数超不过 200 人，更多人力物力投向了包括非晶硅、碲化镉、铜铟镓硒、硅基薄膜等在内的太阳能电池制备技术。同时，技术创新回报的分布是“有偏”的，也就是说“大部分创新只产生一般水平的收益，但是收益分布曲线有一条细长的尾巴，落在尾巴内的少数创新具有特别高的收益”。因此，在可以通过工艺创新控制成本并暂时还有利可图的背景下，除个别领先企业外，大部分企业对包括选择发射极、钝化发射极背面电池、金属穿孔卷绕电池和非晶硅薄膜电池、碲化镉薄膜电池、铜铟镓硒薄膜电池、硅基薄膜电池、异质结电池在内的新型高效电池技术的研发、产业化需求缺乏动力。

（四）科技体制弊端导致前沿研究效果不佳

世界各国研究机构和大型光伏企业都在积极地开展高效太阳能电池技术的前沿研发

工作，以促进光伏技术的不断进步。这就要求必须有适合研究人员和企业发挥的条件、动力和资源。在我国，一方面，不合理的评价机制，使得研究人员从事前沿研究的动力严重缺乏。鉴于前沿技术的研发是一个循序渐进、不断投入的过程，也是一场持久战，而我国现有体制机制不完善，使得“放长线钓大鱼”的前沿技术缺乏成长土壤。例如，有专家提出，荷兰能源研究中心开发的金属穿孔卷绕硅太阳能电池技术，从研发到产业化历时9年，在此期间，研究中心只进行了专利申请工作，并未发表任何相关文章；而这在国内是不可想象的，因为大学、科研机构往往要根据发表文章的数量来决定对研究人员的学术评价和职称考核。与此同时，与会专家普遍认为，当前光伏企业面临较大的短期利润压力，也越来越少从事前沿技术研究。

另一方面，科研项目申报、管理的不合理，使得前沿研究的绩效既缺乏效果也缺乏效率。目前，国内支持重大技术前沿研究的主要是863计划和973计划，有专家提出，863项目的资助经费相对较小，平均而言，单个项目2 000万左右，这与高效太阳能电池研究所需的高额研发资金相比只能说是杯水车薪，企业资金压力较大。973计划中每年资助一项高效太阳能电池领域的研究，存在着专家操控、任人唯亲的现象，而且目前来看，研究资金所支持的科研活动内容相对较“偏”，并未支持最合适的技术方向上，例如，有机电池、染料敏化电池等。而且，在项目的经费政策和具体执行过程中，又存在着企业配套资金过高、经费中人员费用比重过低、项目周期过短等问题，这都不利于技术的研发，而且还造成了骗取、滥用扶持资金等问题。例如，国内某光伏龙头企业的国家863计划重大课题，政府部门的专项扶持资金1 000余万元，要求企业配套资金达5 000~6 000万元；且项目存续期只有两年，而企业在项目立项过程、合规性审查方面的时间占比较高，这给企业带来了较大的资金压力和研发紧迫感，并不利于前沿技术的研究。同时，科研经费中人员费用比重过低的要求，要么是属于“既要马儿跑、又要马儿不吃草”的妄想，要么是拒绝承认科研劳动者高级劳动的合理报酬，都不能更好地体现“以人为本”的理念；而且也只能逼迫参与科研的企业普遍违规。

四、发达国家促进高效太阳能电池发展的主要技术经济政策

对于发达国家而言，政府的目标不是在支持哪个潜在“成功者”的问题上用政府的判断来取代市场的判断；因此，发达国家促进高效太阳能电池发展的主要模式是在强调实现国家目标、体现国家战略意图要求、强调与产业发展紧密结合且需产业界积极参与的背景下，通过政策驱动光伏市场需求以带动相关高效太阳能电池技术的发展。具体而言：

（一）通过立法确定包括太阳能光伏产业在内的可再生能源的法律地位

发达国家都先后通过立法，确立了发展包括太阳能光伏产业在内的可再生能源的法律地位，从而为包括太阳能光伏产业在内的可再生能源发展确定了重要地位。例如，美国自1978年通过"公用事业管制政策法（Public Utilities Regulatory Policy Act）"后，之后又分别于1992年出台了"能源政策法1992（Energy Policy Act）"，2005年出台了"能源政策法"的修正案，2007年签署了"能源独立与安全法（Energy Independence and Security Act）"，2009年签署了"美国恢复和再投资法案"、"美国清洁能源和安全法案2009"等一系列支持包括太阳能光伏产业在内的可再生能源的发展，并在法案中都明确了未来指定时间可再生能源电力需达到的量化发展目标以及相应的激励政策，在一系列较为完备的法律体系的约束和保护下促进包括太阳能光伏市场在内的可再生能源市场发展。德国则在1991年制定了"可再生能源购电法"，强制要求公用电力公司购买可再生能源电力，明确了"强制入网"、"全部收购"、"规定电价"三个原则。2000年，德国政府又颁布实施了"可再生能源法"，新法要求公用电力公司必须按照固定电价（以各种可再生能源的发电成本为基础确定）优先购买可再生能源电力，开发可再生能源的公司将获得政府补助，同时有义务以一定价格向用户提供可再生能源电力，并明确指出，在2010年，德国10%的电力由可再生能源供应。2004年"德国可再生能源法"生效，明确提出到2020年新能源发电量占总发电量达20%的目标，政府进一步采取市场刺激措施。

（二）通过实施光伏发电示范项目实现"以政策启动市场、以市场带动技术，以技术引领产业"的发展目标

通过政策扶持启动市场并随着市场应用的不断增加，可以迅速降低光伏产品成本，并提高光伏技术水平以实现产业的可持续发展。据有关预测，到2020年左右，光伏发电可能能够直接参与市场竞争；2030年之后，可能成为主流能源利用形式之一。国际能源署（IEA）也预测，2020年世界光伏发电将占总发电量的2%，2040年将达20%～28%。德国、美国等国政府纷纷通过实施光伏发电的示范项目以启动市场并提高光伏技术水平，最终达到引导太阳能光伏产业可持续发展的终极目的。例如，德国于1990年就率先实施"1 000套太阳能光伏屋顶计划"的光伏发电示范项目，根据该计划，德国政府为1 000个家庭安装了光伏屋顶系统，每个屋顶3KW～5KW。1991～1994年间，德国总计安装了5. 25MW的光伏屋顶系统，并对2 000多套光伏屋顶系统进行了并网测试。之后在1998年，德国政府又宣布从1999年月起实施"10万套太阳能光伏屋顶计划"的光伏发电示范项目，该计划的目标是，到2003年年底安装10万套光伏屋顶系统，总容量在300MW～500MW，每个屋顶约3KW～5KW。在政府光伏发电示范项目的带动下，德国太阳能光伏市

场高速发展，同时也催生了埃尔索尔太阳能公司、肖特太阳能公司、Q-CELLS、Sovello、森韦斯公司等一大批太阳能光伏领域具备高效太阳能电池相关核心技术的领军企业成长。再如，美国在1997年6月宣布了“百万光伏屋顶计划（Million Solar Roofs Initiative）”，目标包括保持美国在世界光伏工业的竞争力和创造更多高技术就业职位等，到2010年，要求在全美的住宅、学校、商业建筑和政府机关办公楼屋顶上安装100万套太阳能装置，光伏系统总安装容量达3 025MW。通过大规模应用将促使光伏组件成本下降，并使发电成本降到7.7美分/千瓦时，解决7 150万个就业岗位。2006年，美国总统布什提出了“总统太阳能美国计划（President's Solar America Initiative）”，主要任务是降低光伏发电成本，计划到2015年安装5GW～10GW光伏电力，使光伏发电技术同传统发电技术相比也具有竞争力，即到2015年左右使其发电成本降到5～10美分/千瓦时；到2030年安装70GW～100GW光伏电力。同年，美国的加州通过了“百万太阳能屋顶法案（California Solar Initiative）”，计划目标是未来10年，投资21.67亿美元，利用丰富的太阳能资源，完成在100万栋建筑物屋顶上安装太阳能设备的任务，预计该计划一旦完成，加州将新增1 940兆瓦的太阳能光伏发电量，安装的太阳能总发电量将达3 000MW。2010年，美国参议员Bernie Sanders与9名议员又共同提出，仿效加州的“百万太阳能屋顶计划”实施“千万太阳能屋顶计划”，目前，美国参议院能源委员会已投票通过了美国“千万太阳能屋顶计划”，根据该法案，太阳能发电系统须在1MW以内，可获得高达50%的太阳能系统安装补助，要达到未来10年安装1 000万太阳能系统的目标；从2012年开始，将投资2.5亿美元用于该项计划，2013～2021年每年将投资5亿美元用于太阳能屋顶计划。该计划不仅促进美国光伏市场的急速增长，而且还加速了美国高效太阳能电池技术的发展。

五、政策措施建议

政府要发挥出实效，必须要坚持如下原则：一是在职能定位上，政府既要管得少，又要管得好，即要把政府引导支持和企业主体作用有效结合。二是在治理方式上，政府对重大技术发展方向的引导宜粗不宜细，即政府应支持所有类别高效太阳能电池技术的研发和产业化，而不是代替企业去选择、确定具体的技术方向。三是在策略方法上，政府支持应“聚焦”企业并长期持续投资，即政府应将支持重点放在企业，突出企业主导作用并给予持续、长期支持。遵循上述原则的同时，我们认为，可行的政策必须要立足于充分考虑各个利益群体的现实利益，以防改革阻力过大而难以执行落实。因此，我们本着尊重现实、量力而行、稳步推进的基调，建议做好以下三方面的工作。

（一）需求管理方面，应重视“种子用户”的培育和发展

所谓“种子用户”，是那些最初使用并高度认可且能引导大众用户积极使用高效太阳能电池产品的用户。因此，在高效太阳能电池领域，必须要瞄准那些对普通大众有示范性、影响力和权威性的高势能人群，利用对高势能人群的洞察以提升客户体验；选择适当的领域和合适的地区，借助高势能地区、领域的影响，顺势而为，以逐步扩大内需市场。例如，在分布式光伏发电应用示范区建设方面，要注重选择具有代表性和影响力的项目，适时总结应用过程中的经验和教训，不断完善配套服务和政策，形成符合实际的分布式光伏商业模式，以加速拓展分布式光伏发电的应用领域。

同时，机遇可能还会起源于利基市场，政府可以寻求利用诸如航空、航天、无人船、无人机等某些军事应用需求为主的高端市场，以及民用领域的光伏空调、光伏车棚、光伏幕墙等特殊应用，通过挖掘潜在需求并开拓新市场以鼓励相关技术能力的提升。此外，为避免当前产能过剩背景下，企业恶性竞争而造成的质量下降，确保产品、设备的长期安全可靠，与其他先发国家更好衔接，要继续建立健全太阳能光伏行业的原料和产品的技术标准、检测和认证体系，保证多晶硅、光伏组件、光伏电站等原料和最终产品的质量，规范引导产业健康发展，并为先进技术的发展提供市场空间。

（二）关键设备方面，应逐步提升本土技术能力，扩大市场占有率

要结合产业发展的实际情况对引进的成套关键设备和产业化前期关键技术实行国产化方针，通过对引进技术和关键装备的分解、研制进行创新开发；同时，要逐步减少成套关键设备的引进，着重引进技术专利、技术情报和基础性科研成果。应充分发挥行业协会的作用，通过建立社会公共平台（联合创新中心），以从事工程性、产业化研究为核心，进一步实现创新资源聚合、创新成果共享。在增强行业整体技术能力基础上，加强行业标准的话语权和对外专利谈判的主动权。鼓励企业自愿参加，取得成果、知识产权归平台所有，参与企业有优先使用权。特别是，要发挥产学研结合的优势，加强对包括多晶硅冷氢化工艺等在内的高效节能多晶硅料制备技术，包括无触印刷、铜电极、表面钝化及离子注入等在内的电池制造新工艺，包括电池用银浆、高透过率、抗紫外辐照的 EVA 和低水、气扩散背板等在内的原材料的制备，以及包括控制器、逆变器、反应器、大型氢气压缩机等在内的关键设备的研究开发和应用推广。

即使本土技术能力得到提升，常常也会面临将技术优势转化为市场能力的困局。要推动产业链各环节加强合作，要认可用户在创新活动中的参与和互动，进一步完善和落实“首台套”扶持等相关政策，建立使用国产首台套产品的风险补偿机制，并加强政策的透明度，让企业和用户全方位了解政策。鉴于 PECVD 等关键设备的市场化一般要经过安装和测试、设备参数工艺流程设定、试生产并逐步提高产品良率直至稳定，最后实现

产量逐步增加至设计产能的过程。其中，设备参数工艺流程的设定是核心和关键，国际领先的设备生产商都是将工艺逐步融合到设备中，以实现设备为工艺的服务。如果本土企业只提供设备而无法提供属于黑匣子且需要经验的相关工艺路线，则必然导致最终产品的不成熟，而且本土企业也需要有一个在生产线上进行验证的机会。从某种意义上说，首个（批）用户成为了创新过程中承担首台（套、批）产品风险的主体。为解决用户企业的后顾之忧，建议对购买国产首台套的产品用户，按购买价给予一定比例补贴，同时规定国有企业采购必须优先购买国产首台套产品并给予同样价格补贴。这不仅有利于光伏产业中关键设备制造企业降低市场风险，而且还有利于鼓励关键设备的制造企业加大研发投入并通过自主研发替代进口。

（三）科技供给方面，应对支持前沿技术的方式进行必要改变

前沿技术大多具备重塑行业规范和边界的能力，且有培育和发展很难一蹴而就的特征，即一般需要较初始预期长的时间才能成为主流技术，而可能引发的结果要较预期结果更猛烈。鉴于高效太阳能电池技术中的薄膜电池技术和新型太阳能电池技术属于前沿技术，因此，我们必须要尊重技术发展的客观规律，对未来可能成为主流的高效太阳能电池技术提前培育布局。

为实现有限扶持资金的“有效果、有效率”，我们建议，在底线管理思维下选择高效太阳能电池技术领域进行政府科研资金资助组织方式的变革，即必须让政府从科研项目评估、定价、选择的角色中退出。成立针对高效太阳能电池技术评估和推进的专项委员会，强化委员会的作用，使其真正成为选择和培育高效太阳能电池技术的权力组织。其中，成员构成方面，委员会必须保证多样性。委员会成员数量在20～30人，由相关领域的科学家、工程技术专家、企业家和政府相关部门决策者共同担当。其中，工程技术专家、企业家成员要超半数，并可外聘海外学有所成的优秀人才3～5人，尤其是那些已通过国家高级人才引进项目甄别的、全职回国并已积极投入高效太阳能电池技术产学研项目的高端实践性人才。同时，委员会成员采取公开推荐的方式，可以连选连任。决策机制方面，实行集体审议决策。形成决策时，每位委员均享有平等的表决权，以简单多数的意见为基础形成最终评估建议。为防止项目评估、选择和定价脱离研究项目本身的专业价值和市场前景等决策权力异化现象，要建立广泛参与机制，并推行决策过程和结果的公开，加大公开公示力度。必须设定定期评价机制，对不符合要求的委员定期清理并建立黑名单制度，以完善惩罚机制，全方位提高不作为、胡作为的成本。项目推进方面，要推动企业、专家和政府形成合力。建议委员会中投赞成票的委员必须在每年抽出一定时间，以个人或团队的模式对企业承担项目给予必要的智力支持；企业则要以项目搭建对接平台，探索以产为主、以学研为配套的新合作机制和模式，实现企业和专家的双赢；政府则应以项目为平台，促进企业、专家间频繁、及时、透明和清晰的沟通。扶持资金管理使用方面，要合理有效。在经费资助额度上，应给予项目更高比例的扶持资

金，例如，可以让项目补贴额占项目总额的比例高达50%～70%；如此，即可以防范企业的机会主义和过高的资金压力，也可以提升行业技术进步的效果和效率。而且，在经费使用分配上，必须体现科技人员活劳动或智慧劳动的价值，要加大人员经费在项目经费中的比重。此外，在资金使用的方向和比例上，应由项目申请者自行决定，而非由政府相关部门决定。政府部门应做的是，任何欺诈行为一旦被发现，项目申请者将为此付出昂贵代价。

（执笔人：张于喆、王　君、杨　威、李红宇）

主要参考文献

[1] United States Government Printing Office. Economic Report of the President 1994 [R/OL]. 1994年2月14日，http：//www.presidency.ucsb.edu/economic_reports/1994.pdf.

[2] [美] 乔治·戴、保罗·休梅克著，石莹译.《沃顿论新兴技术管理》. 华夏出版社，2002：77.

[3] 林毅夫著，张建华译.《繁荣的求索》. 北京大学出版社，2012：115.

[4] 陈晨，张巍，贾锐，张代生，邢钊，金智，刘新宇.《前瞻晶体硅太阳能电池未来产业化——高效N型背结前接触和背结背接触晶体硅太阳能电池》. 中国科学，2013，43（6）：708－717.

[5]《2020年N型硅太阳电池市占率达50%》. OFweek太阳能光伏网，2014年3月7日，http：//solar.ofweek.com/2014－03/ART－260018－8420－28784539.html.

[6]《太阳能电池技术"最盘点"：光伏走得有多远?》. OFweek太阳能光伏网，2014年4月2日，http：//solar.ofweek.com/2014－04/ART－260018－8500－28793603.html.

[7] 朱海燕，王哲.《德国能源事务管理与统计的经验启示》. 2009年10月11日. http：//www.transpoworld.com.cn/yunshucl/jingyingfl/200910/t20091011_626020.html.

[8] DOE. Solar America Initiative. 2007－01. http：//www.bluemarblesolar.com/pdf/SAI－Across－America－41786.pdf.

[9]《美国通过"千万太阳能屋顶计划"》. 证券周刊，2007年7月24日. http：//epaper.shaoxing.com.cn/ttsb/html/2010－07/24/content_416460.htm.

专题五

新能源汽车重大技术发展现状、问题与政策研究

内容提要：从发达国家来看，新能源汽车技术路线不是政府选择的结果，而是由市场进行选择。当前，新能源汽车技术尚未完全取得突破，未来技术发展可能在很大程度上改变现有的技术和优势格局。因此，我国新能源汽车发展的技术路线应该尊重市场主体的选择，给不同技术以更大的发展空间和竞争平台。政府主要在市场环境、行业标准、公共平台、基础设施等方面发挥作用。

为了应对日益突出的燃油供求矛盾和环境污染问题，世界主要汽车生产国纷纷将发展新能源汽车作为国家战略，加快推进相关技术研发和产业化，全球汽车产业迎来转型升级的重要战略机遇期。相比于传统燃油汽车，我国在新能源汽车领域与国外的技术差距相对较小，加快发展新能源汽车有利于我国抢占新一轮汽车产业发展先机，也是我国应对日益严峻的能源和环境问题的必然选择。

一、新能源汽车的主要类型及其技术特点

新能源汽车是指采用新型动力系统，完全或主要依靠新型能源驱动的汽车，主要包括纯电动汽车（BEV，Battery Electric Vehicle）、插电式混合动力汽车（PHEV，Plug-in Hybrid Electric Vehicle）、燃料电池汽车（FCEV，Fuel Cell Electric Vehicle）、氢发动机汽车及其他新能源汽车（如高效储能器、二甲醚汽车）等。根据我国政府规定，非插电式的普通混合动力汽车划为节能汽车，不包含在新能源汽车的范围内。新能源汽车在结构上与传统汽车的最大区别在于动力系统，增加了动力电池、驱动电机、电控系统等组件（见图1）。

新能源汽车的技术路线主要有两条（见表1），一是替代燃料系统，包括采用生物燃料、煤基燃料及天然气来替代传统的汽柴油；另外一个是比较根本性或革命性的燃料系统变革，包括纯电驱动、插电式混合动力以及燃料电池（见表2）。插电式混合动力汽车结合了混合动力技术的效率优势和依靠电网电力业余出行的机会，是一种能从外部电源

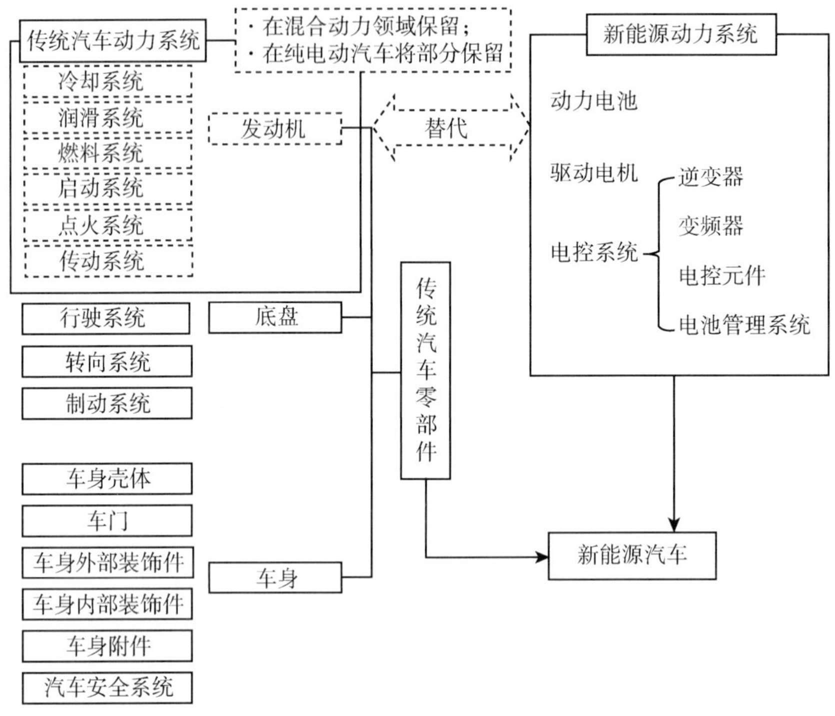

图1　新能源汽车与传统汽车的主要区别

资料来源：赛迪经智，海通证券研究所.

（例如家用电网）对其能量存储装置进行充电的混合动力汽车。插电式混合动力汽车在一段里程内可以采用纯电动驱动方式，当电池电量使用到一定程度后，采用混合动力驱动方式。与非插电的混合动力汽车相比，插电式混合动力汽车电池容量大，可以支持的行驶里程更长。

纯电动汽车是指仅由电力驱动的车型，工作原理可以简要的表达为：蓄电池→电流→电力调节器→电动机→动力传动系统→驱动汽车行驶。电力驱动及控制系统是电动汽车的核心，也是区别于燃油汽车的最大不同点。燃料电池汽车和普通电动汽车具有基本一致的电力驱动构造，区别在于燃料电池车利用氢气与氧气反应生成电的燃料电池为动力源，行驶中完全没有碳排放和其他污染。燃料电池汽车将化学能转化为电能驱动汽车，行驶里程可以达到500～600公里。

表1　　新能源汽车主要技术路径

新能源汽车	改变燃料系统	混合动力
		插电式混合动力
		纯电动
		燃料电池

续表

新能源汽车	替代燃料	生物燃料
		煤基燃料
		天然气

表 2　　　　混合动力、纯电动和燃料电池汽车的比较

	混合动力汽车	纯电动汽车	燃料电池汽车
驱动方式	内燃机＋电机驱动	电机驱动	电机驱动
能量系统	内燃机＋蓄电池	蓄电池	燃料电池
能量来源与补给	加油站或充电设备	电网流电设备	氢气等
排放量	排放较低	零排放	近似零排放
商业化进程	商业化较成熟	有少量产品销售，未形成规模	研发阶段
主要优点	续航里程较长	排放低	效率高，续航长
主要缺点	—	电池安全性有待提高	成本高，技术未突破

资料来源：CNKI，海通证券研究所。

二、国外新能源汽车技术发展现状与趋势

（一）插电式混合动力技术成为全球研发与产业化的热点，产品体系将进一步丰富成熟

目前，插电式混合动力技术正处于研发到产业化的阶段，成为近期新能源汽车开发的热点，在相当一段时期内将是产业发展的主要方向。按照国际能源署的分析和预测，插电式混合动力汽车自 2015 年左右开始进入快速增长期，在目前至 2050 年的一段时期内逐步成长为轻型汽车的主导产品（见图 2）。在 2014 年日内瓦国际汽车展上，插电式混合动力汽车成为新能源汽车参展的主力车型，前几年云集车展的纯电动车型开始回归沉寂。以美国为例，2013 年市场上插电式混合动力汽车销量达到 5 万辆，以雪佛兰沃蓝达最受欢迎，年度销售 23 094 辆。[①] 由于插电式混合动力汽车集成电动车、燃油车两套动力系统，使其结构复杂、重量较大、成本较高。以比亚迪“秦”为例，原型车速锐成本约为 6 万～10 万，但“秦”的整车成本增加 10 万元左右，产品价格达到 20 万元。

① 《美国电动车 2014 年将售 34.6 万辆》. 中国证券报 . 2014 年 3 月 24 日 .

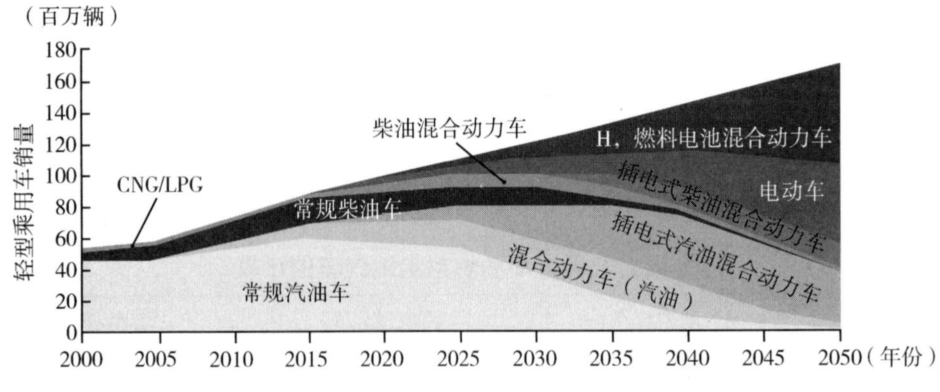

图2　未来轻型汽车结构变化（销量）

资料来源：International Energy Agency.

从技术特点来看，混合动力汽车可以分为串联式、并联式、混联式三类。一是采用串联式混动技术（增程式）的车型，技术门槛相对较低，机电耦合的复杂性不高，以通用 Volt、Fisker Karma 为代表。这种车型只有一套驱动系统，使用电动机直接驱动车轮，发动机则用来于驱动发电机给电池进行充电。增程式电动汽车具有成本稍低、行驶安静、起步扭矩大等优点，缺点是由于发动机和发电机并不直接驱动车轮，造成部分功率浪费。二是采用并联式混动技术的车型，以奔驰 S500 插电版、比亚迪 F3DM 为代表。这种车型有两套驱动系统，多是在传统燃油车的基础上增加电动机、电池、电控而成。其优点是没有功率浪费，起步扭矩和加速性能出色。三是采用混联式混动技术的车型，技术门槛相对较高，以丰田 Plug - in Prius、本田雅阁插电式混动汽车为代表。这种车型具有两套驱动系统和两个电机，可以在纯电、增程和并联模式下工作，并具有其各自的优点。缺点是总体成本高于其他混动类型，总重量较大。因为要控制两个电机和一台发动机，以及不同的工作模式，其控制系统相对复杂。不同混合动力技术的特点见表3。

表3　　不同混合动力技术的特点

系　统	动力系统组成	技术特点	代表车型
串联式	发动机、发电机、驱动电机	控制简单，电池要求高，能量利用率低	雪佛兰 VOLT
并联式	发动机、驱动电机/发电机、耦合结构	较成熟。能量利用率高，成本较高，控制复杂	本田 IMA 系统、奥迪 A6 Hybrid 系统
混联式	发动机、发电机、驱动电机、耦合结构	较成熟。可灵活调节发动机和电机运转，结构复杂，控制难度大，成本高	丰田 Prius THS、本田单离合双电机系统

专栏1

全球主要汽车厂商混合动力技术进步情况

通用公司雪佛兰沃蓝达（Volt）开发于科鲁兹平台基础，最大的亮点是动力系统由汽油发动机、电动机、发电机以及电池组四部分组成。最大功率达到111千瓦的电动机用于驱动车辆，容量为16千瓦时的锂离子电池组为电动机提供能量，Volt在纯电动模式下可完全依靠电池组行驶约60公里。当电池电量降至限定值后，车辆自动切换至增程模式，发动机启动，并带动发电机为电动机供电来驱动车辆，同时蓄电池持续转换并存储车辆在制动过程中所产生的能量。沃蓝达百公里加速为9秒，极速可达160公里/小时。此外还具备智能充电技术，可连接家用电源插座为电池充电，约需5个小时。

德国大众汽车公司将重点研发插电式混合动力车。大众汽车的首批插电式混合动力汽车保时捷Panamera和奥迪A3 e－tron将很快量产，高尔夫和更多大众集团旗下品牌的插电混动车型也将投放市场。2014～2015年，大众汽车将发布6款以上电动车，均为插电式混合动力车，包括大众品牌的帕萨特PHEV和高尔夫PHEV，奥迪品牌的奥迪A3 PHEV、A6 PHEV、A8 PHEV和Q7 PHEV。

宝马i8插电式油电混合动力系统由前置的1.5L直列直喷三缸涡轮增压发动机和eDrive电动马达构成。该发动机拥有最大220马力的动力输出，主要负责为后轮提供驱动力；最大功率为130马力的电动马达主要为前轮提供动力，动力综合起来能提供最大349马力的动力输出，百公里加速控制在5秒以内，在电子限速的情况下可达到最高250公里/小时的行驶速度。该车还能切换到纯电动模式，预计能实现最大27～30公里的续航里程。

（二）小型以及豪华纯电动汽车成为产业化突破的重点领域，未来将呈现平台化、轻量化、智能化等特点

虽然纯电动汽车发展的历史由来已久，1996年通用公司就生产了第一辆真正意义上的电动汽车——electronic vehicle 1。但是按照国际能源署的预测，纯电动汽车将从2030年左右开始进入规模与比重显著增长的阶段。目前，随着世界主要汽车强国都在积极开发和应用以动力电池为核心的汽车电动化技术，纯电动汽车市场已经进入销量快速增长阶段。2012年，美国市场销售纯电动汽车14 687辆，为全年汽车销售量的0.1%。2013年，美国纯电动汽车销售约4.6万辆，增长超过两倍。其中，日产聆风和特斯拉Model S是市场上表现最为活跃的车型。2013年，美国市场聆风销售22 610辆，特斯拉销售

18 650辆。[①] 在生产企业方面，日产聆风的全球销量已突破 10 万大关，在全球电动车市场的占有率高达 45%。[②]

基于当前动力电池技术还未实现更高的能量密度和功率密度以及城市短距离使用的需求，满足日常短途行驶需求的小型纯电动乘用车成为主流产品。近年来，国外各大汽车企业都推出了小型纯电动概念车，满足特定区域的短途代步需求。这种车型驱动灵活多样，续驶里程和最高车速通常不高，但处处体现出高科技的概念，成为电气化和智能化的融合体。代表车型有奔驰 Smart、宝马 MINI、三菱 i-MiEV 等，最高车速一般为 100 ~ 120 公里/小时，续驶里程 100 ~ 160 公里，其定位主要是作为家庭的第二辆车。与此同时，美国特斯拉公司在豪华纯电动汽车领域的表现日益引起业界的关注和重视。特斯拉通过不断改善电池管理系统提升续航里程和安全性，成为引领全球纯电动汽车革命的领军者，旗下的长距离纯电动车——Model S 一次续航里程高达 480 公里，支持 45 分钟快速充电，市场表现极为出色。

平台化、轻量化、智能化成为纯电动技术发展的新特点。从理论上讲，电池容量越大，纯电动汽车可以实现的续驶里程越长，但装载的电池体积和重量也越大。由于纯电动汽车要求的电池容量比插电式混合电动汽车要高得多，蓄电池技术、蓄电池管理技术、电动机技术等成为发展的关键。在动力系统上，纯电动汽车呈现平台化特点，特别是轮毂驱动电机技术的应用，不但使动力传递链缩短、传动效率提高，而且使得动力系统更易于实现平台化。在车身上，纯电动汽车呈现轻量化特点，轻量化材料及先进制造技术的应用将进一步实现纯电动汽车的减重和节能。在功能上，纯电动汽车呈现智能化特点，近期国际整车厂推出的纯电动汽车均采用了全球定位、车载娱乐、手机互联等技术。

专栏 2

全球主要纯电动汽车厂商技术进步情况

美国 Tesla 电动汽车公司自 2003 年成立开始，经过 10 年漫长而又扎实的发展，已经成为全球最为著名的纯电动车制造企业。其产品 Model S 一经问世就成为全球最快的量产电动跑车，0 ~ 96 公里加速时间仅需 3.7 秒，Model S 85 车型单次充电可行使 426km，远超其他纯电动车。Tesla 电动车以其优异的产品使用性能、超酷的用户体验，在众多电动车中脱颖而出，将成为新能源汽车领域的“苹果”，引领行业未来发展趋势。2013 年，特斯拉全球销量超过 22 000 辆，仅第四季度就交付了 6 900 辆 Model S 纯电动豪华跑车。Model S 定位高端市场，主要面向富豪阶层，客户名单包括

① 《2013 年美国纯电动汽车销量同比增 2.4 倍》. 第一电动网. 2014 年 1 月 7 日.
② 《日产 Leaf 聆风成全球最高销量纯电动车型》. 太平洋汽车网. 2014 年 2 月 4 日.

谷歌的拉里·佩奇（Larry Page）、谢尔盖·布林（Sergey Brin），好莱坞的布拉德·皮特、布鲁尼、施瓦辛格等。

宝马第一款电池驱动汽车 i3 于 2013 年 10 月在德国起售，预计在 2017 年以前正式进入中国、美国、日本等市场销售。截至 2013 年 10 月，其订单量已超过 8 000 辆，预计 2014 年将销售 1 万辆以上。伴随着电池瓶颈的逐步攻克，预计未来将有越来越多的新能源车渗透到汽车消费当中，优质车型的推出也将加大消费者对新能源车的接受度，使其节能性、环保性和经济性获得市场认可。

日产 Leaf 电动车采用紧凑型锂离子电池，容量为 24 千瓦·时，在完全充满电的情况下最长续驶里程可以达到 160 公里，可满足 70% 消费者每日驾驶里程所需。日产 Leaf 电动车搭载输出功率为 80kW、最大扭矩 280N·m 的电动机，最高车速为 140km/h。聆风除电动驱动系统之外，严格按照电动车需要开发，包括降低风阻的车身一体化设计。目前，海外售价约合人民币 23 万元。

（三）燃料电池汽车仍处于研发实验阶段，在技术上呈现动力系统混合动力化、底盘专用化等趋势

目前，燃料电池汽车处于研发为主的阶段，短期内无法实现产业化，在燃料供应、成本降低、寿命提高、可靠性等方面仍有待突破。现阶段全球燃料汽车市场规模非常有限，2011 年和 2012 年的发货量不足 500 辆。企业中将燃料电池汽车推进商业化的只有丰田、本田、现代等少数几家企业，本田、丰田分别在洛杉矶车展和东京车展上展示了 2015 年量产的燃料电池汽车概念车型，现代汽车预计于 2014 年推出途胜（Tucson）燃料电池汽车。与之不同，戴姆勒则宣布将燃料电池汽车商业化计划从 2015 年推迟至 2017 年。[①] 国外推出的燃料电池汽车动力系统广泛采用燃料电池系统与动力电池系统混合驱动的方式，这种方案不仅延长了燃料电池的寿命，还降低了车辆成本。此外，本田、奔驰等国际厂商均将燃料电池动力系统零部件布置在底盘中，采用非承载式车身结构，底盘专用化趋势明显。

一些地区性市场将继续通过建设加氢站来为燃料电池汽车商业化做准备，成为小批量产燃料电池汽车的早期试验场。日本将 2011 ~2015 年界定为燃料电池汽车社会实验阶段，让百姓了解燃料电池车的新性能。美国能源部提出启动一项名为 H2USA 的项目，以克服氢基础设施的建设障碍，促进燃料电池汽车的商业推广和普及。目前这一项目部署还处于早期阶段。2013 年 10 月，美国加州通过立法承诺到 2024 年将建设 100 座加氢站。德国、英国、日本、韩国以及一些北欧国家也试图实现自己的氢基础设施发展蓝图。

① 杨晓红.《Navigant：2014 年全球电动汽车行业十大预测》. 第一电动网，2014 年 2 月 6 日.

专栏3

全球主要燃料电池汽车厂商技术进步情况

丰田宣布2014年年底将量产燃料电池车，年产量初为700辆，随后增加到1 000辆。此前，丰田在2011年东京国际车展上展出了四门燃料电池概念车“FCV－R”，目前正以Van-Kluger为基础进行燃料电池车的开发、试运营。丰田还正在研究地方城市建立利用风力发电等可再生能源制造氢气，用于燃料电池车、发电及供热燃料的社会机制。本田开发了FCX Clarity等车型，将于2015年前构建燃料电池车量产体系，目前正在开展氢气加气设备扩充项目。

现代汽车成为全球首个批量生产氢燃料电池车辆的车企，以第二代途胜FCEV和第三代途胜ix FCEV燃料电池汽车为代表。2012年12月，现代ix35改款氢动力车开始生产，计划到2015年在全球范围内销售1 000辆。现代汽车将于今年开展氢燃料电池车示范推广项目，并于2015年正式开展氢燃料电池车的量产、销售。目前，现代已与北欧四国签署了氢燃料电池汽车示范推广谅解备忘录，与德国缔结了清洁能源合作伙伴。

英国政府提出将大力发展氢燃料电池汽车，计划2030年之前氢燃料电池车保有量达到160万辆，并在2050年之前使其市场占有率达到30%～50%；从2015年起实现氢燃料电池汽车本土化生产，并建设氢燃料补给站。

（四）车用动力电池研发投入不断增加，产品性能提升和成本下降不断加快

新能源汽车的性能、成本、用户体验能否胜过燃油汽车，关键在于动力电池。因此，新能源汽车要求动力电池具有比能量高、比功率大、自放电少、使用寿命长、安全性好等性能（见表4）。日本对车用蓄电池的发展趋势有这样的判断，一是车用蓄电池的发展要经历性能改良（2010年之前）、先进电池（2015年之前）和革新电池（2030年之后）三个阶段。前两个阶段以锂离子动力蓄电池为核心，革新电池阶段则以新的电池体系为目标。二是车用蓄电池向高能量型和高功率型发展，用以满足纯电动汽车使用的技术要求。据日本专家预测，能量密度250瓦时/公斤可能是锂电池极限，更高性能的动力电池将有赖于新型电池系统的开发。

从锂离子动力电池来看，技术研发的重点是电池的实用化和高性能化。首先是电池的实用化，在提高电池组性能、确保电池安全的同时，降低电池模块成本。受益于全球主要国家在电池领域的研发投入不断增加，电池成本正在逐年下降，2012年已经降至2008

表 4　　电动汽车对动力电池的相关要求

类　型	微混	中混	全混	插电式	纯电动	燃料电池
简短描述	起停，有限的制动能量回收，无纯电动模式	起停，制动能量回收，加速，无纯电动模式	起停，制动能量回收，加速，较短的纯电动行驶	起停，制动能量回收，纯电行驶	制动能量回收，纯电行驶	与全混或插电式相同
典型电压（伏特）	12	36~120	200~400	200~400	200~400	
能量需求（千瓦时）	0.6~1.2	0~1	0~1	5~10	10~30	
功率需求（千瓦）	2	5~20	30~50	30~70	30~70	
电池体系	铅酸；铅酸+超级电容量	铅酸；镍氢；锂离子（高功率）	镍氢；锂离子（高功率）	锂离子（功率能量兼顾）；铅酸	锂离子（高能量）	
循环制度	典型SOC 60%~80%	典型SOC 40%~60%	典型SOC 40%~60%	典型SOC 20%~100%	典型SOC 20%~100%	
寿命要求	30万次循环；铅酸电池5年	30万次循环	30万次循环	30万次循环+3 000次深循环	3 000次深循环	

年的一半以下，从 1 000 美元/千瓦 · 时下降至 485 美元/千瓦 · 时。[①] 其次是锂离子电池的高性能化，主要是扩大电池电力储存范围、提高能量密度和充放电功率密度、减轻资源和环境负担，开发目前工程化产品达不到的高功率密度、高能量密度及低成本的电池原材料。再次是电池正极材料技术的发展。目前商业化的正极材料主要有钴酸锂、锰酸锂、三元材料和磷酸铁锂四种（见表 5）。相比较而言，钴酸锂安全性差（150℃高温时易爆炸）、循环寿命短；锰酸锂安全性比钴酸锂好，但高温环境的循环寿命更差。磷酸铁锂具有放电功率高、成本低、可快速充电、循环寿命长的特点，在高温高热环境下的稳定性和安全性高。此外，镍钴锰三元材料电池由于循环性能较好、容量高，近期获得了快速发展，但是低温性能比钴酸锂差，安全性能仍有待改善。

表 5　　各种锂离子电池性能比较

类　　型	钴酸锂	镍钴锰	锰酸锂	磷酸铁锂
振实密度（g/cm^3）	2.8 ~ 3.0	2.0 ~ 2.3	2.2 ~ 2.4	1.0 ~ 1.4
比表面积（m^2/g）	0.4 ~ 0.6	0.2 ~ 0.4	0.4 ~ 0.8	12 ~ 20
克容量（mAh/g）	135 ~ 140	155 ~ 165	100 ~ 115	130 ~ 140
电压平台（V）	3.6	3.5	3.7	3.2

① 《美国纯电动汽车销量不佳　混合动力热销》. 中国新闻网 . 2013 年 8 月 28 日 .

续表

类　型	钴酸锂	镍钴锰	锰酸锂	磷酸铁锂
循环性能	≥300 次	≥800 次	≥500 次	≥2 000 次
过渡金属	贫乏	贫乏	丰富	非常丰富
原料成本	很高	高	低廉	低廉
环保	含钴	含镍、钴	无毒	无毒
安全性能	差	较好	良好	优秀
适用领域	小电池	小电池/小型动力电池	动力电池	动力电池/超大容量电源

资料来源：中机院机电市场研究所.《锂离子动力电池：最具发展潜力的电动汽车车载电源》. 2012 年 8 月 20 日.

其他动力电池领域，主要包括铅酸电池、镍氢电池及其他电池。铅酸电池性能可靠，价格低廉，技术成熟，但是质量重，过充电、过放电性能差，在比能量、深放电循环寿命等方面不够理想。国内外将其应用定位在速度不高、路线固定的车辆，如环卫、邮政等专用电动车辆及社区间的电动车辆，或将铅酸电池的性能改进提升后，作为具备启停功能的弱混合动力汽车的动力电源。镍氢电池具有成熟的商业价值，在可靠性上具有突出优势，而且成本相对更低，但是能量密度逊于锂电池，电池寿命较短。目前，镍氢电池大量使用在普通混合动力汽车上，丰田销售的混合动力汽车中 90% 以上使用了镍氢电池。日本的三洋、松下、丰田等企业处在镍氢电池研发和生产的领先地位。在其他领域，美国俄亥俄州 Nanotek 仪器公司利用锂电池在石墨烯表面和电极之间快速大量穿梭运动的特性，开发出一种新的电池。主要动力电池性能比较见表 6。

表 6　　主要动力电池性能比较

技术参数	镍镉电池	镍氢电池	铅酸电池	磷酸铁锂电池
工作电压（V）	1.2	1.2	2.1	3.2
质量比能量（Wh/kg）	30～50	50～80	40	120
体积比能量（Wh/L）	150	200	70	210
寿命（次）	500	500	400	2 000
单位价格（RMB/Wh）	3	6	1.0～1.5	41 703
单位价格/寿命（1 000 次）	6	12	2.5～3.75	1.5～2.5
环保	有毒	略有污染	有毒	无毒
安全性	优秀	好	良好	优秀

资料来源：中机院机电市场研究所.《锂离子动力电池：最具发展潜力的电动汽车车载电源》. 2012 年 8 月 20 日.

专栏4

日本动力蓄电池研究情况

日本经产省下属的新能源产业技术开发机构（NEDO，New Energy and Industrial Technology Development Organization）对动力蓄电池研发工作进行了详细的规划，并制订了路线图和行动计划，着重对锂离子动力蓄电池单体、模块、标准、评价及关键原材料进行研发攻关。主要项目有下一代电池科技创新研发倡议、下一代汽车用高性能电池系统开发等（见表1′）。NEDO不仅安排110亿日元用于下一代汽车电池的开发，还安排210亿日元进行电池创新的先进基础科学研究，内容包括锂离子电池革新技术、后锂离子电池等。

表1′　日本新能源产业技术开发机构（NEDO）支持的动力电池研发项目

项目名称	执行周期	支持经费
Li-EAD项目：下一代汽车用高性能动力电池系统开发	2007~2011年	总计110亿日元
Post Li-EAD项目：下一代汽车用高性能电池系统开发	2012~2016年	总计100亿日元，企业界配套50亿日元
RISING项目：新一代电池科学创新研发倡议	2009~2015年	35亿日元/年
锂离子快速革新及下一代电池材料评价研发	2009~2014年	2011年2.5亿日元

专栏5

德国动力蓄电池研究情况

2008年，德国教研部启动锂电池项目（2009~2015年），几乎所有德国汽车和能源巨头都携资加入。其中，政府投入6 000万欧元，企业投入3.6亿欧元，开展锂离子动力蓄电池及关键原材料的研发工作。联邦政府在2009~2011年经济刺激法案（二期）中提供5亿欧元支持电驱动研发工作，其中有6个项目涉及动力电池，包括基础研究、生产技术研究、测试技术研究、示范运营及电池回收技术研究等。在电动汽车国家平台计划中，设立了电池灯塔项目，向动力电池研发领域投入6.01亿欧元，在材料研发及电芯技术（新型锂电池技术、改良型材料）、新型蓄电池技术（后锂离子电池技术和材料)、安全技术和测试方法(蓄电池系统功能性安全、抗碰撞能力、运输安全性)、使用寿命的建模和分析、大规模生产的工艺技术等开展研发工作。德国动力电池部分研发项目见表2′。

表2′　德国动力电池部分研发项目

研究内容	承担单位
EV下一代高能电池	BASF
长寿命5V锂离子电池	Continental
锂离子电池管理系统	Infinion
适用于高电压正极体系的氧化还原添加剂	Chemetall
适用于锂高能电池的改进型电解质与隔膜组合	Li-Tec
锂离子电池用新型复合纳米材料	FZ Karlsruhe
青年科学研究组——新型电极材料	FZ Karlsruhe

专栏6

韩国动力蓄电池研究情况

韩国知识经济部从2004年起支持电动汽车用锂离子电池的研发工作，经费总计达到8 000多万美元，着重对锂离子动力蓄电池单体、模块、系统、关键原材料及标准化等进行攻关研究。其中，引导绿色社会的二次电池技术研发项目中设立了4个子项目，分别是锂离子电池关键材料、应用技术研究(针对储能和纯电动汽车领域)、评价及测试基础设施和下一代电池研究(2020年电池计划)，从关键材料、测试评价、市场应用和下一代电池4个层次进行高性能二次电池技术的开发。韩国动力电池部分研发项目见表3′。

表3′　韩国动力电池部分研发项目

类　别	项目名称	项目周期
EV & HEV	HEV用高脉冲锂离子可充电电池研发	2004~2009年
	PHEV用能量存储系统、控制及使用技术研发	2008~2013年
	Kwh级能量存储系统用材料和模块的研发	2008~2013年

续表

类别	项目名称	项目周期
EV & HEV	V2G 用能量存储系统研发	2009~2014 年
	快速充电用纳米材料技术开发	2010~2015 年
	高能量二次电池用电极材料的研发	2010~2018 年
	引导绿色社会的二次电池技术研发项目	2011~2017 年
标准化	绿色汽车用大中型锂离子电池标准化的建立	2009~2012 年

（五）驱动电机处在快速发展期，正在向永磁化、数字化、集成化方向发展

目前，电动汽车用驱动电机市场正处在成长期，成熟产品已有应用，但还没有形成具有规模市场的产品。从近期发展来看，首先是电机的功率密度不断提高，永磁电机的应用范围不断扩大。为了使电机更加小型化，具有更大的输出功率，从提高功率密度和转矩密度的角度考虑，采用稀土永磁作为电机的磁性材料是必然选择。其次是电驱动系统的集成化和一体化趋势更加明显。驱动电机系统必须满足动力总成一体化的要求，并支持整车产品的系列化和生产的规模化。电机系统集成化主要体现为电机与发动机、电机与变速箱、电机与制动系统的机电一体化程度不断提高。在高性能电动汽车领域，将全新设计开发底盘系统、制动系统、轮系，使得电机和动力传统装置进行一体化集成。再次是车用电驱动控制系统的集成化和数字化程度不断加大。例如欧洲大陆电力电子集成控制器，集成了电机控制器、低压 DC/DC 变换器、整车控制器等，系统功率密度大于 10.5 千瓦/公斤，体积密度达到 12.0 千瓦/升以上。

（六）技术进步带来的产品价格下降和商业模式创新成为新能源汽车推广的有力支撑

为了快速抢占市场、提高公众认可度，汽车制造商开始以更有竞争力的价格角逐新能源汽车市场。全球性权威调研机构 J. D Power 在“电动汽车购买研究”中指出，如果汽车制造商不降低电动汽车售价，不向消费者展示其经济性，那么电动汽车将无法在市场立足①。各大汽车制造商 2013 年纷纷采取降价销售策略，产品销量创造新高。在美国市场，2013 年 1 月，日产 2013 款聆风 S 降价 6 400 美元，扣除联邦政府补贴的 18 800 美元，成为目前美国最便宜的五座电动汽车。2013 年 5 月，通用汽车宣布将沃蓝达的基本

① 杨晓红.《美国 2013 年电动汽车销量激增的奥秘：降价！降价！》. 第一电动网，2014 年 2 月 11 日.

价格从原来的 39 995 美元下调至 34 995 美元，降幅达 12.5%，扣除美国政府提供的补贴，实际销售价为 27 495 美元。其他企业中，丰田、福特、三菱和菲亚特等产品降价也相当引人注目，丰田和三菱分别将 RAV4 电动版和 i - MiEV 降价 1 万美元，福特将福克斯电动版降低 2 000 美元。

生产经营企业和政府部门都在积极探索有效的商业模式，加快新能源汽车推广。特斯拉在产品营销、品牌推广、销售服务等领域的模式创新具有很强的借鉴意义，见专栏 7。在营销模式方面，抛弃传统的 4S 店或经销商模式，通过体验店与网络直销相结合进行产品销售。在品牌传播方式上，利用互联网口碑实现产品推广，尤其是早期使用者在社交网络上的分享。与此同时，汽车共享正在全球许多城市兴起。这一方面是因为电动汽车车型较小、容易停放、标配有 GPS 导航系统等，非常适合那些想省钱又想出行方便而不愿购买汽油车的消费者；另一方面，各国政府都已认识到汽车共享项目的价值。法国一直是电动汽车共享的中心，在巴黎地区由 IER 公司运营的 AutoLib 汽车共享项目发展速度惊人。Auto Blue、AutoPartage 和 Yelomobile 等租车公司车队的电动汽车保有量已经占据了相当比例，每周租赁次数为 62 000 次。在北美地区，汽车共享正在许多城市兴起，预计 2014 年北美地区加入汽车共享服务的车辆总数将增加 20%，达到 22 000 辆。

专栏 7

特斯拉商业模式

特斯拉在商业模式方面有很多颠覆点。第一是硅谷基因，用硅谷的思维打造一个硅谷的团队来造汽车；第二是追求极致的用户体验；第三是颠覆传统的营销模式。特斯拉团队里面最重要的成员是创始人马斯克，负责用户体验设计的布莱克出身苹果高管，为特斯拉嫁接了很多电子行业特别是智能移动设备技术，首席技术官来自航空航天业，把航天航空技术嫁接到汽车制造过程中。

在追求极致用户体验方面，特斯拉强调技术、酷与时尚、环保。在 Model S 型车内，控制中心是一个 17 寸的触控屏幕，构成它和互联网对接的主要通道。通过这个触控屏幕，可以调节车辆行驶模式、车辆参数、底盘高低、灯光、开关天窗等。通过智能手机上的 App，可以远程掌握车的位置、观察充电状态、提前打开车上的空调等。特斯拉在汽车行业开创了一个新纪元，一个从功能车时代到智能车时代的飞跃，将推动整个汽车行业向新的智能化思维方式演进。

在营销模式方面，特斯拉更加颠覆传统。传统汽车营销渠道是 4S 店或经销商，特斯拉则完全绕过这种模式。特斯拉的渠道包括两个部分：体验店与网络直销。在体验店里，销售人员不会推销产品，只是让消费者更好地体验。消费者可以在网上预约试驾，看中车子后可以在网上下订单，厂家送车上门。

在品牌传播方式上，特斯拉创始人马斯克比较高调，经常出镜，谈他的过去和特斯拉的未来。还有就是利用互联网口碑来形成对产品的推动，尤其是早期使用者在社交网络上的分享。硅谷英雄人物、好莱坞明星都是特斯拉的第一批试用者，这批人给特斯拉带来巨大影响力。在传统媒体上，特斯拉不做任何电视上的广告，也不做任何平面媒体广告，营销投入几乎为零。

三、国外促进新能源汽车技术发展的政策措施

许多国家通过制定产业政策促进新能源汽车产业发展，包括刺激新能源汽车销量增长、增加充电基础设施数量、鼓励相关技术研究和生产能力投资等。一种方式是政府通过财政拨款、贷款以及税收抵免等措施来扶持新能源汽车的制造和研究；另一种则是由政府拨款或提供贷款，带动充电基础设施建设。在刺激新能源汽车需求方面，部分国家采用财税手段，为购买者提供补贴或减税。此外，一些地方还实施针对汽车制造商和消费者的非财税政策，例如对私人用户提供优先停车和快速行车道使用权等。

（一）各国都制定了具有差异性、重点各不相同的新能源汽车发展战略

美国新能源汽车发展战略是插电式混合动力汽车先行，在电动汽车各项技术较为成熟后，再逐步过渡到纯电动汽车阶段。由于美国油价显著低于全球其他主要国家，导致前期政府和企业缺乏足够的动力推广新能源汽车。随着 2006 年以后油价的快速上涨，美国加速推进替代能源，对新能源汽车企业和消费者实施补贴。为了让消费者更容易接受新能源汽车，美国率先提出“插电式混合动力汽车”的概念，由于对汽车本身改造较纯电动汽车小，价格与传统燃油车相差不大，续驶里程较高，比较容易被消费者接受。美国能源部在 2009 年 8 月宣布为支持下一代电池与电动车发展，将 HPEV（High Performance Electric Vehicle）电动汽车放在优先发展的位置，包括车用动力电池制造、电动车零部件和交通电气化方面的项目。2012 年，美国启动电动汽车国家创新计划“EV Everywhere”（电动汽车无处不在），加大对高性能锂离子电池材料、插电式车辆技术、轻量化技术等关键技术的支持。

日本新能源汽车商业化起步最早，混合动力技术成熟，并在积极拓展纯电动汽车。日本汽车企业较早地将新能源汽车技术研发与生产的重点放在现阶段解决环保和能源问题最为切实可行、能迅速获得市场成效的混合动力汽车上。目前，日本企业在混合动力汽车及纯电动汽车方面都已较为成熟，以混合动力车型的竞争优势最为明显。丰田公司是研发和生产混合动力汽车的先驱，到 2011 年，基于第三代普锐斯车身的插电式普锐斯

已经发布上市，仅2013年普锐斯在美国市场的销量就达到12 088辆。在电动汽车领域，三菱公司2009年推出电动车——“I－MiEV”，日产推出了纯电动车型——Leaf，2013年在美国市场的销量达到22 610辆，相比2012年的9 819辆增长130.3%。2010年，日本经济产业省公布的“新一代机动车战略2010”指出，到2020年，纯电动汽车（EV）和混合动力轿车（Hybrid）将在整体乘用车的销售比例中占到50%。

现阶段，欧洲新能源汽车发展以传统汽车节能为主，应对节能减排的主要措施是发展清洁柴油车和传统汽车节能技术，因此新能源汽车销量明显低于美国和日本。例如欧宝表示不打算局部电动化，避开巨资研发电动车的道路，更愿意投资到新发动机研发中去。标致雪铁龙也指出，电动车在标致雪铁龙的研发计划中没有优先权，标致雪铁龙采用超节能发动机足以达到2020年新车平均二氧化碳排放量不超过95克/公里的规定。虽然如此，近期欧盟国家对电动汽车给予高度关注，德国政府于2009年8月发布了以纯电动和插电式电动车为重点的《国家电动汽车发展计划》，到2020年电动汽车保有量将达到100万辆。目前，欧洲企业多在已有车型平台上研发测试纯电动汽车，如宝马Mini-E等，同时推出量产的混合动力汽车，但主要以豪华车为主，如奔驰A400混合动力、宝马X6混合动力、大众途锐混合动力等。由于混合动力成本较高，欧洲企业并未单独为其开发新车型，而是应用于豪华车平台以弱化成本因素。

（二）引导企业研发投资并推进产业化成为加快产业发展的有利推手

由于新能源汽车研发需要巨大的资金投入，而且面临较大的不确定性风险，各国政府都对企业研发投资和产业化进程予以大力支持。2008年9月，美国政府启动了先进汽车制造（ATVM，Advanced Technology Vehicles Manufacturing）技术贷款项目，总规模达250亿美元，其中，首批向福特、日产和特斯拉发放80亿美元低息贷款，支持混动汽车、插电式混动汽车和节油柴油车的发展。以特斯拉为例，其研发生产曾面临多年连续亏损的困境，在得到美国能源部4.65亿美元的贷款支持后，才得以推出广受市场欢迎的Model S。美国能源部在2009年8月宣布为支持下一代电池与电动车发展，将HPEV电动汽车放在优先发展的位置，拨款24亿美元资助48个项目，工业界配套24亿美元，包括车用动力电池制造、电动车零部件和交通电气化方面的项目。其中，15亿美元用于资助电池和关键原材料生产企业以及提高电池回收能力。

德国政府及企业界认为单纯促进消费购买的补贴政策不利于产业发展，并于2010年决定将预算投入重点放在研究开发上，暂缓电动汽车购买补贴政策。之前，自2005年开始，联邦经济部提供3 000万欧元资金集中于开发混合动力汽车，资助研究机构和工业企业开展研究。2009年设立了电动交通国家平台，重点支持电动汽车产品及技术解决方案、电池及材料技术、样车试验、电动汽车战略资源与电池回收等技术研究。联邦经济部实施的第3期“关于汽车和运输技术的交通研究项目”对驱车技术研究开展资助，特别重视形成能降低能耗、减少道路交通污染的新机车概念和技术。在电池领域，交通部组织实施的“国家氢燃料电池技术创新项目”、联邦教研部发起的锂电池联盟、经济部负责实施的“蓄电池项目计划”等，在氢燃料电池及锂电池研发、电池创新开发等方面给以支持。

为推进新一代低公害车辆的开发，日本自2002年起就实施了新一代低公害开发促进项目。以交通安全环境研究所为核心，2005年又实行了新一代低公害车开发与实用化项目。2008年，日本环境省联合三菱等汽车厂商共同参与实施电动车试验项目——“新一代汽车导入促进业务”，主要目的是测试电动车及其电池更换站的可行性。为攻克电池方面的关键性技术，日本建立了新能源汽车产业联盟，共同实施2009年度“革新型蓄电池尖端科学基础研究专项”新项目，开发企业需要的共性基础技术。日本政府计划七年内对此项目投入210亿日元，通过开发高性能电动汽车动力蓄电池，将电动车一次充电的续驶里程增加三倍以上。在燃料电池汽车方面，日本经济产业省制定了到2030年普及燃料电池汽车的战略目标，在2006年预算内给予燃料电池及相关技术开发199亿日元支持，给予燃料电池产业化实验33亿日元支持。

（三）实施示范推广项目成为加快新能源汽车产业化的有效催化剂

调查显示，约35%的电动汽车车主在购车的前三个月会对续驶里程有很深的担忧，对于第一次购买电动汽车的车主来讲，担忧比率则达到100%。[①] 因此，实施新能源汽车示范推广项目成为各国加快新能源汽车产业化的有效手段。美国恢复和再投资法案所支持的交通电气化示范项目包括8个示范电动车、充电站建设项目和10个电动车推广培训项目。示范电动车、充电站建设项目目标为：部署7 000辆电动汽车；建设2万个二级（240伏交流）充电站和350个三级（500伏直流）快充设施；从电动车运行和充电站收集数据，了解车辆用途、充电模式和对电网的潜在影响。电动车推广培训项目的目标是对首批电动车使用者和救险人员进行培训，掌握纯电动车和插电式混合动力车出现事故时的处置办法。清洁城市项目的任务是推广代用燃料汽车，在45个州建立86个行动联合体，部署50万辆代用燃料汽车，建立6 166个代用燃料添加站。

2009～2011年，德国为构筑电动交通系统，共投入了5亿欧元资金。其中，1.3亿欧元用于支持在汉堡、不来梅等8个地区进行示范项目，研究如何发展满足用户需求的电动汽车、交通网络与充电基础设施。一些州为了发展电动汽车也自行开展了示范项目，戴勒姆公司所在地巴登符腾堡州在疗养胜地巴登湖地区开展燃料电池汽车示范。日本经产省选定10座样板城市发展环保汽车示范项目，计划2013年前实现样板城市拥有新能源汽车32 000辆，快速和普通充电器5 000台，并尽快在全国范围内推广普及。

---

① 杨晓红．《美国2013年电动汽车销量激增的奥秘：降价！降价！》．第一电动网，2014年2月11日．

（四）对消费者购车的财税优惠是推进市场拓展和规模经济形成的主要激励手段

由于新能源汽车处于产业化初期，面临规模小、上下游产业链不完善等问题，导致新能源汽车的成本远高于传统汽车。因此，通过财税政策减小新能源汽车与传统汽车的价格差距，引导传统汽车向新能源汽车过渡，是各国加快新能源汽车发展的重要措施之一。美国针对普通混合动力汽车、插电式混合动力汽车、纯电动汽车、燃料电池汽车出台了差别化的税收抵免政策。其中，对插电式混合动力汽车与纯电动汽车的税收抵免额度比非插电式混合动力汽车高。为避免对补贴政策产生依赖，美国政府设立了退坡机制，在插电式混合动力汽车与纯电动汽车方面，为每款电池能量不低于 4 千瓦・时的产品设定了 2 500 美元的联邦所得税抵免基础额度，对于电池能量在 4 千瓦・时以上的，按照 417 美元/千瓦・时的标准增加税收抵免额度。相关汽车生产厂商产品在美国累计销量达到 25 万辆之后的两个季度内，抵税额度降至 50%，此后的两个季度进一步下降至 25%，及至退出。在燃料汽车方面，美国也有按照基于车身重量和按照车身重量与燃料经济性叠加的两种补贴方式。

为落实日本政府于 2001 年制定了《低公害汽车开发普及行动计划》，经济产业省、国土交通省、环境省共同研究并制定了一系列补贴政策措施，形成低公害车补助金制度，对购买清洁能源车辆、低公害车等提供购车补贴。车辆补贴标准为不超过与同级别传统车辆价差的 1/2。在税收优惠方面，日本自 2009 年开始实施最新的绿色税制，进一步扩充了对新能源汽车的税收减免政策，其中，对新一代汽车免征购车时的汽车购置税和保有阶段的汽车重量税。2012 年的税制修订案决定自 2014 年 5 月 1 日到 2016 年 4 月 30 日，对新车或首次年检前的电动汽车免征汽车税，从首次年检开始按 50% 征收。

（五）加大基础设施建设投入为新能源汽车使用提供便利条件

为解决电动汽车能源补充问题，各国正将充电基础设施列为下一步支持的重点。美国能源部 2009 年宣布投入 1 亿美元对电网进行升级，以满足越来越多的插电式混合动力汽车与纯电动汽车的充电要求，美国联邦政府为投资建设充电设施的个人和企业提供投资总额 30% 的补贴。2011 年，美国还设立了 500 万美元的“社区贡献奖”和 850 万美元的“清洁城市倡议奖”，采取以奖代补的竞争性拨款方式支持社区规划的插电式混合动力汽车及充电基础设施建设。为加快国家电力基础设施的现代化，美国于 2011 年宣布实施电网现代化计划，其中包括智能电网建设等，以满足更多的电动汽车上路需求。

德国联邦政府与地方政府合作加大对电动汽车基础设施的投入力度，包括建立电动汽车专用车道、停车位等，以鼓励民众购买电动汽车。《国家电动交通发展计划》中，涉及基础设施的内容包括 2012 年建设 650 个充电站等。德国经济部和环境部 2008 年联合发起 E-Energy 项目，提供6 000 万欧元资金，推进采用信息通讯（ICT，Information and Communications Technology）技术控制和优化供电系统，在 6 个试点地区开展试验。在日本，由经产省推动、新能源产业综合机构牵头、汽车厂商与东京电力拟共同成立“快速充电器基础设施推进协议会”，在推进国内基础设施建设的同时，力争实现日本电动车快速充电器及充电方式的国际标准化。2012 年，日本追加 1 005 亿日元的预算用于下一代汽车的充电基础设施建设，包括对充电设备的采购和施工提供部分补贴等。日本政府希望通过提供廉价土地、缩短审批时间等方式，鼓励民间企业参与电动汽车配套设施建设，全面推动环保汽车的普及应用。

（六）加大政府采购支持力度成为推进新能源汽车产业化的助推器

通过政府采购新能源汽车，既可以促进汽车厂商和科研机构的研发及市场化进程，也有助于新能源汽车的社会宣传，提高公众对新能源汽车的认识。美国政府自 2011 年 5 月开始大量采购纯电动汽车，第一批纯电动汽车为联邦政府公用车队购置 116 辆新能源汽车，被分配到美国 5 大城市和 20 个部门，分别为底特律、华盛顿、洛杉矶、圣地亚哥、旧金山和能源、财政、海军等 20 个部门。2011 年 3 月，美国宣布从 2015 年起，联邦政府将仅采购纯电动、混合动力及其他新能源汽车作为政府用车。法国政府倡导国有企业、私有企业和地方政府采购电动汽车，从 2010 年年底开始逐步交付 5 万辆电动汽车，其中，国有、私营企业 3. 045 万辆、地方公共团体 1. 115 万 ~1. 46 万辆、政府部门 5 000 辆。日本于 2002 年提出，政府用车必须购买低公害车型，并要求 3 年内将全部政府用车改换为低公害车型。

四、我国新能源汽车技术发展现状与问题

我国新能源汽车经过多年的研究开发和示范运行，基本具备产业化发展的基础，一些车型产品已经规模投放市场，电池、电机、电子控制和系统集成等关键技术取得重大进步。但是，由于传统汽车及相关产业基础相对薄弱，我国新能源汽车整车和部分核心零部件关键技术尚未突破，已开发的整车产品在可靠性、安全性和节能减排指标等方面与国外先进产品差距较大，产业化和市场化进程受到较大制约。

（一）多重产业定位加大发展压力——产业发展面临解决多重现实问题的重大挑战，与国际先进水平实现“同步赶超”的压力更趋紧迫

关于我国新能源汽车发展的目的与意义，多年前最先提到的是保障国家能源安全，后来又成为汽车产业实现“弯道超车”的路径选择。《节能与新能源汽车产业发展规划》

做了更为全面的表述："加快培育和发展节能汽车与新能源汽车，既是有效缓解能源和环境压力、推动汽车产业可持续发展的紧迫任务，也是加快汽车产业转型升级、培育新的经济增长点和国际竞争优势的战略"。因此，新能源汽车如何在缓解资源环境压力、加快产业转型升级、培育新的国际竞争优势等众多任务中，找准产业定位，确定实现突破的重点是非常必要而迫切的。新能源汽车产业究竟是结合传统燃油汽车的产业基础向新的技术方向拓展演进，还是立足于新能源汽车的技术创新开拓一个新的竞争领域；究竟是以解决我国日益严峻的生态环境和能源问题为导向，还是以培育新的国际竞争优势为发展主旨，这既是整个产业的战略定位问题，也关系未来发展的战略路径。

新能源汽车起源于国外发达国家，不论是设计理念还是产品技术，都存在依赖外部舶来的现象。由于国内研发投入分散、被国外技术潮流牵引等问题突出，导致行业技术水平与国外先进技术的差距不断拉大，"弯道超车" 面临的挑战在加大。业内专家认为，我国新能源汽车在"十五"时期整体上与国外处在同一水平，至"十一五"时期与国外的技术差距逐渐拉大。其中的主要原因是我国在基础研发、技术选择、产业化能力、政策环境等方面的问题所导致的。跨国企业在前几年由于技术的不确定性，还处在观望期、探索期、技术储备期，现在已经进入加速产业化阶段。① 根据罗兰贝格咨询公司发布的"2014 年电动汽车指数"报告（见表 7），综合考虑产业发展、技术进步、市场拓展等不同方面，日本电动车发展水平是各国最高的，综合指数处在领先地位。其次是法国和美国，大致处于发展水平的第二层级。再次是德国和韩国，大致处在发展水平的第三层级。我国电动汽车综合指数为 3.7，处于第 6 位，远落后于主要国家的发展水平。根据《中国新能源汽车产业发展报告（2013）》进行的测度，我国在纯电动汽车领域的竞争力低于美国、德国和日本，与韩国相当；在插电式混合动力汽车领域的竞争力低于美国、德国和日本，强于韩国；在燃料电池汽车领域的竞争力低于美国和日本，与韩国相当，强于德国（见表 8）。

表 7　　2014 年全球领先国家电动汽车指数

	综合指数	分项 1：产业发展	分项 2：技术进步	分项 3：市场拓展
中　国	6（3.7）	4（1.2）	5（1.9）	6（0.6）
美　国	3（8.4）	2（2.7）	6（1.1）	2（4.6）
日　本	1（11）	1（3.5）	3（3.1）	3（4.4）
德　国	4（6.2）	5（1.1）	2（3.2）	4（1.9）
法　国	2（8.5）	6（1.0）	4（2.5）	1（5.0）

① 《电动汽车中外差距大了还是小了？商报调查显示：各方意见不一》. 汽车商报，2012 年 8 月 14 日.

续表

	综合指数	分项1：产业发展	分项2：技术进步	分项3：市场拓展
意大利	7（0.7）	7（0.0）	7（0.2）	7（0.5）
韩　国	5（6.0）	3（1.8）	1（3.4）	5（0.8）

注：括号内数字表示各项指标的分值，其中综合指数为课题组根据罗兰贝格报告的分享指标计算而得。

资料来源：罗兰贝格等，《E-mobility index for Q1/2014》。

表8　　　　我国不同新能源领域的国际比较

	中国	美国	德国	日本	韩国
纯电动汽车	还可以	好	好	好	还可以
插电式混合动力汽车	一般	好	较好	好	还可以
燃料电池汽车	一般	较好	还可以	较好	一般

注：专家问卷调查采用10分制原则，1~10分分别表示产品竞争力水平很差、较差、很一般、较一般、一般、还可以、较好、好、良好、优秀。

资料来源：中国汽车技术研究中心等，《中国新能源汽车产业发展报告（2013）》。

从2013年全球主要国家的新能源汽车销售情况来看，虽然我国电动汽车及插电式混合动力汽车销量居7个国家中的第4位，次于美国、日本和法国，但在整车销售中所占的比重仅有0.08%，居于7个国家中的第6位，仅略高于韩国（0.07%）（见图3）。截至2013年3月，我国节能与新能源汽车试点初期提出的公共服务领域5万辆推广目标，仅完成60%，私人领域10万辆推广目标，仅完成10%。通过不同企业的产品销售量也能看出国内外新能源汽车企业的发展差距。2013年，我国销量最高的比亚迪e6年销售1 544辆，仅有美国市场销量最高的通用沃蓝达销量的6.69%，如果放在美国市场仅排在第8位。对比之下，比亚迪F3DM、江淮iEV的年销售量仅维持在1 000辆左右，而美国市场前4位的通用沃蓝达、日产聆风、特斯拉Model S、丰田插电普锐斯的销量都在10 000辆以上，其后的福特C-Max Energi、福特Fusion Energi销量也都在6 000辆以上，差距明显（见图4）。

（二）性价比较致使行业发展滞缓——新能源汽车相比传统汽车在价格、性能等方面的不足，致使实际产业发展滞后于规划目标

在《节能与新能源汽车产业发展规划（2012—2020年）》发布的当年，麦肯锡就在一份调研报告中指出，由于面临高成本、基础设施不完善、车型少、技术远未成熟等问题，规划中的目标难以实现。从实际情况来看，确如其言，见表9。规划提出到2015年，

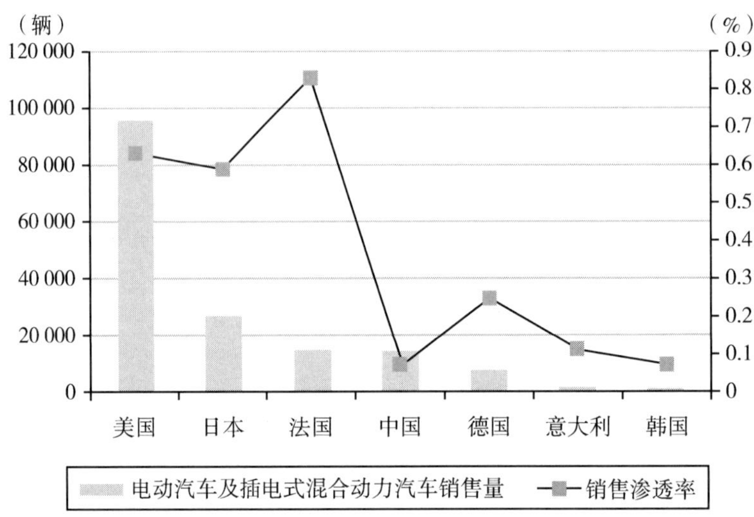

图3　2013年电动汽车及插电式混合动力汽车销售渗透率

资料来源：罗兰贝格等，《E-mobility index for Q1/2014》。

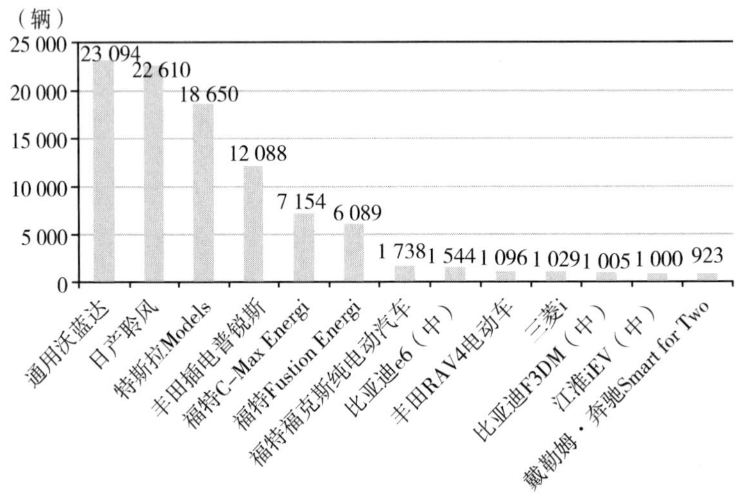

图4　2013年美国及我国市场新能源汽车销售情况

资料来源：新浪汽车，《美国2013电动车销量：沃蓝达聆风特斯拉三甲》。

纯电动汽车和插电式混合动力汽车累计产销量力争达到50万辆，到2020年的生产能力达到200万辆。但是，截至2013年年底，我国新能源汽车产销量累计约5.6万辆，[①] 其中，2013年销售1.76万辆（见图5），占汽车销售总量的0.08%，远低于电动汽车科技发展“十二五”规划提出的1%左右的销售门槛。以新能源汽车保有量居全国第一的深圳市为例，截至2013年6月底，新能源汽车总运行数量依然不足推广目标的13%。[②] 在

① 《新经济始于新动力　掘金新能源汽车》. 中国证券报，2014年4月15日.
② 《电动汽车反割据》. 财经国家周刊，2014年4月14日.

基础设施方面，《中国电动汽车科技发展“十二五”专项规划》提出到2015年建设超过40万个充电桩的目标，2011年，国家电网和南方电网总共建成约1.6万个充电桩，不到2015年目标的5%（见表9）。

表9　我国新能源汽车发展现状与规划目标比较

	产销量	最高车速	纯电驱动模式下综合工况续驶里程	动力电池模块比能量	电机驱动系统功率密度
2015年（目标）	50万辆	不低于100公里/小时	不低于150公里（纯电动）和50公里（插电混动）	达到150瓦时/公斤以上	达到2.5千瓦/公斤以上
2013年（实际）	5.6万辆	多数已达到，荣威550 Plug-in达到200公里/小时	多数已达到，比亚迪F3DM达100公里，比亚迪e6达到300公里	电池包系统能量密度不到90瓦时/公斤	可达2.68千瓦/公斤

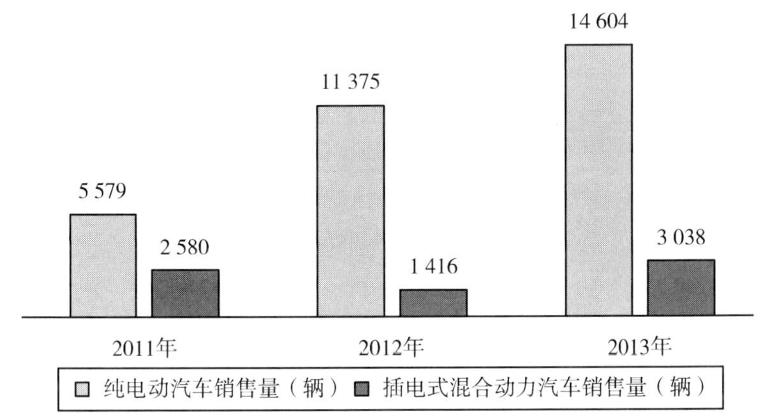

图5　我国2011～2013年新能源汽车销量

资料来源：盖世汽车网。

导致新能源汽车发展缓慢的主要原因是新能源汽车与传统燃油汽车相比在价格和性能上仍处于劣势。由于新能源汽车需要付出巨大的研发投入，以及达到规模效应之前的各项成本，导致新能源汽车产品价格偏高。在很多情况下，同一档次的新能源汽车与传统燃油汽车价格相差数倍，即使在国家进行价格补贴之后，仍难以弥补巨大的价格差价。以比亚迪秦为例，原型车速锐成本约为6万～10万元，在增加电机、动力电池及其他部件之后，整车价格接近20万元，享受购车补贴后仍高达11.98万元，高出其相对应的传统动力版本约50%，见表10。此外，受技术进步情况制约，新能源汽车的行驶里程和续航能力依然存在很大问题，也导致其性价比偏低，很难满足消费者的用车需求。这也是频繁亮相的很多新能源概念车，难以走下展台，进入产业化环节的重要原因。根据麦肯锡的调研，与西方电动汽车早期用户大多为环保主义者或“技术迷”不同，在中国最有可能的早期用户是引领潮流者或对全生命周期成本敏感的消费者。但是中国消费者普遍比西方国家消费者对价格更为敏感，很难依靠普通消费者来带动整个产业发展。

表10　　新能源汽车价格与传统汽车比较

企　业	主要品牌	市场价格（万元）	中央补贴（万元）	补后价格（万元）	平台车型	市场价格（万元）
奇瑞汽车	奇瑞 M1EV	14.98	3.5	11.48	奇瑞 M1	4.18 ~ 6.08
比亚迪	比亚迪 E6	30.98	6	24.98	专门设计	—
	比亚迪 F3DM	14.98	3.5	11.48	比亚迪 F3	4.99 ~ 7.09
	比亚迪秦	18.98	3.5	15.48	比亚迪速锐	5.91 ~ 9.99
上海汽车	荣威 E50	23.49	3.5	19.99	专门设计	—
北汽新能源	北汽 E150EV	24.98	5	19.98	北汽 E150	5.38 ~ 8.68
	绅宝 EV	30	5	25	北汽绅宝	13.98 ~ 21.58
众泰汽车	朗悦 EV	26.98	3.5	23.48	朗悦	6.98 ~ 8.98
	众泰 5008EV	27.8	5	22.8	众泰 5008	5.38 ~ 7.48
江淮汽车	和悦 IEV4	16.98	5	11.98	和悦 A13	4.58 ~ 6.18

资料来源：盖世汽车网等。

（三）技术路线转换带来发展困扰——由于技术突破方向不清晰，企业在不同技术路线之间不断游移变化，带来资源浪费和成本损失

在纯电动汽车和插电式混动汽车的发展方向上，企业研发投入相当分散且混乱，在不同技术路径之间反复游移的问题非常突出。《节能与新能源汽车产业发展规划》提出的技术路线为：以纯电驱动为新能源汽车发展和汽车工业转型的主要战略取向，当前重点推进纯电动汽车和插电式混合动力汽车产业化，推广普及非插电式混合动力汽车、节能内燃机汽车，提升我国汽车产业整体技术水平。据有关统计，目前我国近100家汽车生产企业已经开发出1 000多款节能与新能源产品，远高于国外车企在节能与新能源汽车领域的产品开发。[①] 实际上，这不过是新能源汽车“村村点火”、“户户冒烟”的冒进

① 《国内车企研发无序或将制约新能源车发展》. 凤凰汽车，2014年1月23日.

式繁荣假象，脱离行业发展本应遵循的技术路径。

在2013年之前，纯电动汽车一直是许多企业的研发重点，也是国家政策鼓励的重点领域。从第50批《节能与新能源汽车示范推广应用工程推荐车型目录》开始，纯电动汽车车型占发布车型的比例一直在60%以上，最高的第52批达到83%，[①] 见图6。从销售量来看，2012年纯电动汽车占新能源汽车销售总量的88.93%。但是一些业内人士认为，在短期内迅速推动纯电动汽车量产的政策过于乐观，对于产业基础和技术前景的考虑不够充分，过于偏重电动汽车的产业导向在现实中难以奏效，电动汽车的关键技术（电池、电机、电控）与跨国车企差距依然较大，[②]“同一起跑线”和“弯道超车”的说法在一定程度上是不切实际的。2013年以来，插电式混动汽车由于具备电机驱动的节油效率，又具有免除里程焦虑、成本过高、充电不便等问题的优势，一度成为多数车企的战略重心和优先研发对象。技术路线转换导致的资源浪费和市场成本是相当高昂的，导致行业发展混乱无序，乃至错失发展契机。

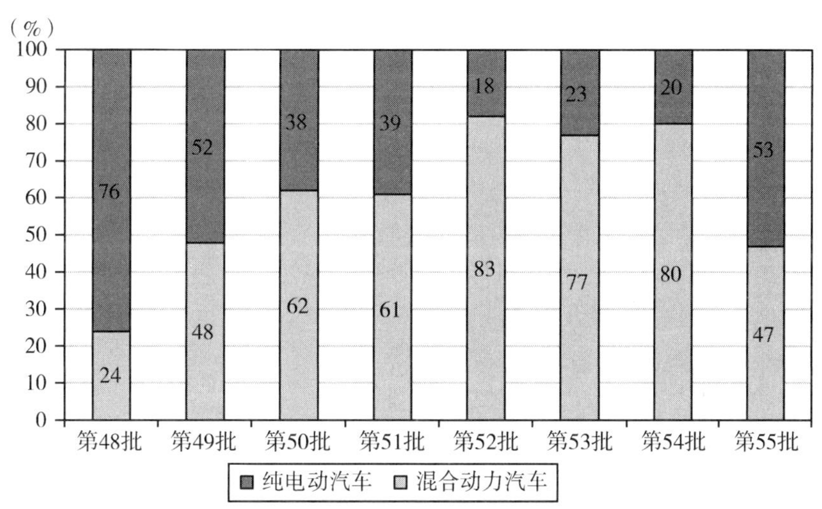

图6　工信部节能与新能源汽车推荐车型比例

资料来源：大智慧阿思达克通讯社. 2014年4月9日.

（四）核心技术制约成为发展瓶颈——电池等关键技术与国外相比尚有较大差距，产品技术性能亟待提升

新能源汽车发展应该首先聚集国内技术力量攻克动力电池等关键技术瓶颈，实现关键技术突破后，随时可以转换到新能源汽车的产业化和规模化上。[③] 但是，我国大多数新

---

① 《纯电动汽车引领市场　混合动力路在何方?》. 大智慧阿思达克通讯社，2014年4月9日.

② 《2012年我国新能源汽车发展方向调研分析》. 中国行业研究网，2012年4月12日.

③ 钟师.《政治驱动，新能源车“种瓜得豆”》. 中国汽车要闻，2014年3月14日.

能源汽车零配件供应商缺乏为汽车制造商大规模供货的经验，也缺乏电动汽车设计和制造流程的知识，没有所需的质量保证和质量控制体系去满足汽车制造商的严格要求。[①] 主要表现是动力电池隔膜、驱动电机高速轴承和控制系统用电子元器件等核心部件及关键技术仍较为欠缺，在电池产业化方面与国外还有十多年的差距，电机、电控产业化方面大概有五到十年的差距。[②]

首先，虽然我国电池领域拥有巨大产能，技术进步明显，但关键技术尚未完全突破，只有少数零配件供应商能够在成本、质量和交付上完全满足电动汽车制造厂商的要求。不论是从纯电动汽车来看，还是从混合动力汽车来看，电池能量密度、成本、质量都是制约新能源汽车发展和大规模推广的核心瓶颈，[③] 见图7。从电池材料来看，国内在电解液和负极材料方面占有率较高，动力类正极材料及隔膜技术则由于壁垒较高，国内短期内难以达到相关动力的技术要求。目前，国内基本上还不能生产动力锂离子电池隔膜，国产电解液产量上虽然能满足国内需求，但核心材料——六氟磷酸锂大依赖进口。除比亚迪等企业电池原材料自产供应程度较高以外，以中航锂电为代表的动力电池企业主要原材料均从国外采购。此外，电池管理系统也是导致我国成组产品系统（电池包）性能明显落后于国际先进水平的症结所在，见图8。我国锂离子电池各部件产业状况见表11。

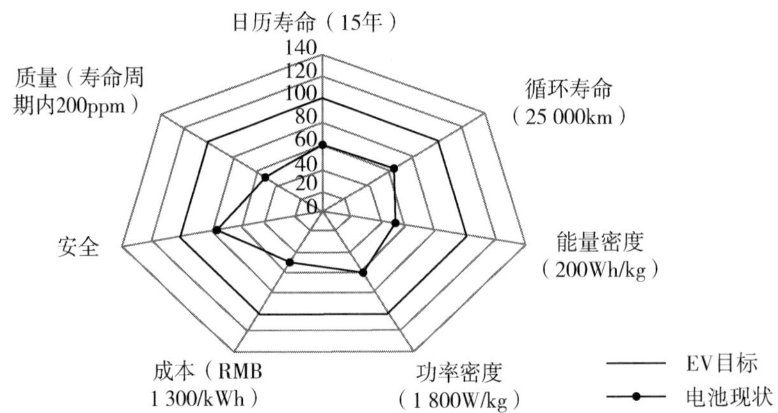

图7　纯电动汽车电池技术现状

资料来源：同济大学新能源汽车工程中心。

① 麦肯锡．《中国仍有望领跑全球电动汽车行业》．网易汽车，2012年7月27日．

② 《电动汽车中外差距大了还是小了？商报调查显示：各方意见不一》．汽车商报，2012年8月14日．

③ 国轩高科动力能源股份公司副总经理徐小明认为，电池领域没有摩尔定律，能量密度不能18月翻一番，现在能做到的只能是12个月提升9%。

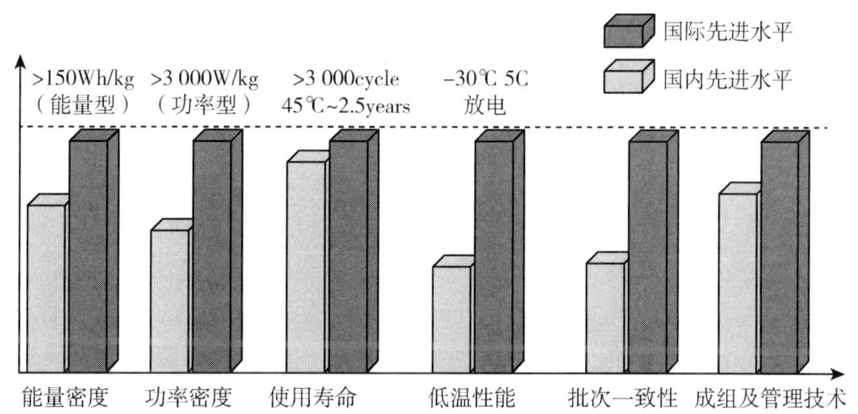

图 8　国内磷酸铁锂电池与国际企业差距

资料来源：同济大学新能源汽车工程中心。

表 11　　我国锂离子电池各部件产业状况

名　称	占电池成本（%）	技术难度	国内技术及产业状况
正极材料	33	高	国内技术与国际差距不大，正处上升期，未大规模产业化。相对成熟的厂家约十家
负极材料	10	较高	国内基本成熟，仍在发展
隔　膜	25	极高	国内无成熟技术，产品 100% 进口
电解液中的电解质	15	极高	国内无成熟技术，产品 100% 进口

资料来源：中机院机电市场研究所．《锂离子动力电池：最具发展潜力的电动汽车车载电源》．2012 年 8 月 20 日．

其次，在驱动电机领域，虽然我国技术水平与国外比较接近，但是差距依然存在。国内专业做新能源电机的企业很少，多是从机械、船舶等传统工业电机领域转入新能源电机领域。虽然传统工业电机与新能源汽车电机在原理上相通，但在实际制造上存在不小差距。国内很多电机厂仅在传统工业电机的生产基础上稍加改进，完全没有考虑到新能源汽车电机的使用环境，会大大缩短使用寿命，且易造成局部过热、线路短路等危险情况。[①] 我国驱动电机的另一个乱象表现在配套上。我国《节能与新能源汽车示范推广应用工程推荐车型目录》已经公布了 55 批、数百款车型，许多车型的驱动电机都不相同，导致配套型号过多、过杂，很难实现规模化效益。在电机系统方面，驱动电机需要控制器、变频器等系统调节其工作状态，由于这些领域的技术较为复杂，与国外相比还有一定差距，主要表现在数字化程度以及驱动电机与变速器结合上。[②]

① 潘明军．《工业电机大行其道　中国新能源致命瓶颈》．凤凰网．
② 万仁美．《驱动电机　成绩与差距并存》．中国汽车报网，2013 年 5 月 14 日．

（五）发展环境欠优阻碍产业化进程——标准体系、基础设施、运营模式等软硬件环境不完善，给产品生产经营和市场推广带来不便

首先，新能源汽车行业标准体系尚不完善，我国新能源汽车标准化工作难以满足快速发展的产品研发和产业化需要。由于新能源汽车标准的制定、修订工作周期相对较长，现有的新能源汽车标准体系和标准项目对一些新技术和新产品的覆盖不全面，存在某些产品和技术领域缺乏标准，或制定修订工作跟不上发展需要的情况。① 一些地方和电动汽车制造企业已经先于国家标准，设定自己的产品标准。但是这容易形成地区封锁，难以实现产业规模化发展，还可能会造成充电桩等设施利用率不高和顾客的购买风险。另一方面，由于标准缺失，企业可能面临投资生产上的困扰。以充电接口标准为例，在充电接口标准发布之前，许多电动汽车制造企业都面临发展方向上的选择困难，不敢规模化生产汽车。再如电机行业，目前国内几无标准可言，一系列的研发标准及技术参数均由企业自己制定。国际上很多国家都已经拥有了自己的国家标准，欧盟、美国甚至都有将本国标准提升为国际标准的想法，而中国还处于企业间单打独斗的阶段。

其次，受国情条件、规划衔接等制约，基础设施建设不同步成为制约我国新能源汽车发展最为现实的障碍。美国家庭一般都有独立车库，车辆充电非常方便，但是我国多数家庭居住在居民楼公寓，停车位仍属稀缺资源。以北京为例，机动车保有量500万辆，停车位只有200多万辆，固定停车位仅100多万辆。② 至今，我国对新能源汽车基础设施发展尚没有一个完整、清晰的规划，无法指导充电基础设施的快速发展。目前，公用充电桩建设主要由政府牵头，电网公司负责修建和维护，虽然中国石油、中国石化等都尝试过建设充电桩，但由于电动汽车基数不足，多以亏本收场。由于扶持政策不明确，各地建设充换电站的审批随意性较大，建设模式和方式不尽相同，每个城市都有其特点，互通性差。基础设施标准不统一以及政府政策变化导致企业厂商很难选定投资方向，并有大的动作。消费者也受到影响，对哪里有充电站、充电成本、充电耗时、续航里程等问题感到困惑。③

再次，商业运营模式尚难支撑产业化进程，亟待实践探索和模式创新。由于新能源汽车发展面临价格偏高、续驶里程短、充电不便、消费者接受度不高等问题，引入合理的商业运营模式可有效降低新能源汽车的使用门槛，加速产业化步伐。尽管整车租赁、整车购买、电池租赁等模式在探索中，但是未来的商业运营模式与盈利方式仍不明确。一是现有商业模式的正常运营主要依赖于政府补贴，还无法实现独立运营，见表12。二是商业模式运营的利益分配机制尚未形成。商业模式运行的利益主体较多，涉及整车企业、电池企业、供电企业、运营服务企业等。当前，企业对商业模式的推广和运营商还

---

① 中国汽车技术研究中心等．《中国新能源汽车发展报告（2013）》．社会科学文献出版社，2013.
② 《特斯拉牵动国产电动汽车神经：强弩之末难言“颠覆”》．2014年3月20日．
③ 麦肯锡．《中国仍有望领跑全球电动汽车行业》．网易汽车，2012年7月27日．

达不成一致，整车企业与电网企业在充换电模式上存在分歧，运营服务企业对供电保障还存在顾虑，充电基础设施运营的成本分摊和利润分配还不明确，可能减弱商业模式推广的内生动力，影响新能源汽车的产业化进程。

表 12　　　　2013 年我国主要在售新能源汽车售价情况

企　业	主要品牌	市场价格（万元）	中央补贴（万元）
奇瑞汽车	奇瑞 M1EV	14.98	3.5
比亚迪	比亚迪 E6	30.98	6
	比亚迪 F3DM	14.98	3.5
	比亚迪秦	18.98	3.5
上海汽车	荣威 E50	23.49	3.5
北汽新能源	北汽 E150EV	24.98	5
	绅宝 EV	30	5
众泰汽车	朗悦 EV	26.98	3.5
	众泰 5008EV	27.8	5
江淮汽车	和悦 IEV4	16.98	5

资料来源：《2013 年我国新能源汽车发展现状（上）》. 盖世汽车网，2014 年 3 月 7 日.

（六）政策激励作用有待进一步增强——产业补贴和退坡政策有待完善，相关的准入和鼓励政策有待改进

产业补贴和投入的重点领域需要根据制约发展的核心问题进一步明确。首先，从补贴的产品结构来看，对于纯电动汽车的支持力度明显高于其他新能源汽车产品。根据《关于继续开展新能源汽车推广应用工作的通知》，插电混合动力汽车续驶历程大于等于 50 公里的，定额补贴 3.5 万元，纯电动补贴在 3.5 万 ~6 万元之间，差距明显。相比上一轮新能源乘用车补贴政策，插电混合动力最高补贴 5 万元，纯电动最高补贴 6 万元。其次，从产业环节来看，资金扶持的重点领域不够突出、系统性和持续性较差，量大面广的“撒胡椒面”现象明显。在 2009 年之前资金扶持的重点是研发领域，2009 ~2012 年扶持的重点是市场推广领域，2012 年以来扶持的重点是产业化环节，相互间的衔接不够有序。而且现有的资金扶持偏重于整车企业，对于关键零部件企业的扶持力度较低。清华大学蔡继明教授认为，现有补贴没有重点鼓励新能源汽车关键性核心技术创新，而是诱导汽车企业去争抢补贴“蛋糕”，这很容易造成汽车企业的表面繁荣，使财政支持资金打水漂。在补贴标准的退坡机制方面，采取逐年退坡的方式，2014 年和 2015 年在 2013 年标准基础上分别下降 5% 和 10%。这与国外采取结合厂家生产规模实施退坡机制

的方法有着显著区别，对我国处于发展起步期的很多企业极为不利。新能源乘用车推广应用补助标准见表13。

表13　新能源乘用车推广应用补助标准　单位：万元/辆

车辆类型	纯电续驶里程 R（工况法、公里）			
	80≤R<150	150≤R<250	R≥250	R≥50
纯电动乘用车	3.5	5	6	—
插电式混合动力乘用车	—	—	—	3.5

资料来源：工信部装备工业司，《关于继续开展新能源汽车推广应用工作的通知》。

各地补贴政策的保护主义色彩浓厚，相互间的衔接程度和兼容性较差，不利于新能源汽车的推广和优势企业的壮大。各地政府在新能源汽车补贴方面呈现诸侯割据、“门槛林立”的格局，在编制新能源汽车采购目录时，用自定的“技术标准”门槛来阻挡外地产品的进入，致使“优者不能胜出，强者不能称霸”，阻挡了有竞争力的新能源汽车在全国各地的顺畅流通。① 例如，在北京市的新能源汽车产品目录里没有列入插电式混合动力轿车（见表14）。有业内人士称，这与北京市的汽车制造厂商没有生产插电式混合动力汽车有关。上海市对进入目录后的本地车企给予直接补贴，对外地车企却不是直接补贴，而是要经过一套严格的检测流程，才能享受到上海的全套优惠政策。业内人士称，上海的这一套检测流程非常漫长，等同于外地车企基本享受不到上海市的补贴。

表14　北京市示范应用新能源小客车生产企业及产品目录

	序号	企业名称	商标	产品名称	产品型号
第一批1期	1	北京汽车股份有限公司	北京牌	纯电动轿车	BJ7000B3D1 - BEV（E150EV）
	2	比亚迪汽车工业有限公司	比亚迪牌	纯电动轿车	QCJ7006BEVF（E6）
第一批2期	3	安徽江淮汽车股份有限公司	江淮牌	纯电动轿车	HFC7000AEV（和悦iEV）
	4	北京汽车股份有限公司	北京牌	纯电动轿车	BJ7000C7H1 - BEV（C70GB）
	5	比亚迪汽车工业有限公司	腾势牌	纯电动轿车	QCJ7007BEV（腾势）
	6	华晨宝马汽车有限公司	之诺牌（ZINORO）	纯电动轿车	BBA7000EV（ZINORO1E）
	7	上海汽车集团股份有限公司	荣威牌	纯电动轿车	CSA7000BEV（E50）

新能源汽车准入政策有待放开，行业监管则有待加强。目前的新能源汽车准入标准基本上阻碍了新的社会资本和资源进入这个领域的可能性，应该进一步放开，充分鼓励

① 钟师.《政治驱动，新能源车“种瓜得豆”》.中国汽车要闻，2014年3月14日.

社会资源进入新能源汽车领域。特斯拉和比亚迪的兴起鲜明地说明了社会资本在新能源汽车领域的生命力。但是很多业外企业即使对新能源汽车前景看好，也无法获得销售许可而不能进入，一些已经投入的企业也因为无法销售而陷入困境。中国汽车工程学会理事长付于武认为，新能源汽车产品应该由市场来检验，不一定非要登记和国家批准。另一方面，在准入上给企业松绑的同时，还要升级相关的法规和标准。目前，我国针对电动汽车的标准，虽然涉及整车、关键零部件、充电机、充电站以及充电接口等领域，但是仍然不完善，而且多为推荐性标准，不具有强制性标准的效力。其中一些标准是在2001 年甚至之前颁布的，限于当时的科研水平，很多方面已经落后于产业发展。以低速电动车为例，行业发展混乱无序、无照行驶等问题突出，这恰恰说明政府部门应当加强监管，拿出更多的精力，针对低速电动车建立更加完善的法律法规和标准，促进行业健康有序发展。

五、加快我国新能源汽车技术发展的行动调整

（一）制定切合我国实际和技术进步趋势的产业发展路径

结合新能源汽车技术发展趋势和我国的实际情况，正确认识新能源汽车（尤其是纯电动汽车）短时期内难以取代传统汽车的事实，立足行业技术进步情况，制定科学清晰、审慎有序的新能源汽车发展战略。增强产业发展的阶段性，配合技术、市场、消费者等因素的变化循序渐进地推进产业发展，合理设定发展目标，预计到 2015 年，我国新能源汽车销量规模将达到 20 万 ~30 万辆；[①] 到 2020 年，新能源汽车生产能力达到 100 万辆。加强新能源汽车技术演进分析，避免对国外技术潮流与企业行为的盲目跟从，科学分析不同技术的可行性、过渡性与层次性，准确界定传统燃油汽车、插电式混合动力汽车、纯电动汽车、燃料电池汽车等在产业发展中的定位与前景，扫除产业发展中存在的模糊性与不确定性问题。制定近中期以插电式混合动力汽车产业化为重点、以纯电动汽车研发及示范推广为辅助，中远期以纯电动汽车产业化为重点、以燃料电池汽车等其他新能源汽车研发及示范推广为辅助，远期以燃料电池汽车及其他新能源汽车产业化为重点的发展路径。

（二）实行放开行业准入与加强监管并重的产业发展政策

根据新能源汽车市场发展的具体要求和特点，制定适合新能源汽车产业发展的准入监管制度，进一步放开市场准入门槛，实施分类管理。鼓励企业根据市场需求，结合不

① 中国汽车工业协会预计，2014 年我国新能源汽车销售进入快速增长期，达 6 万 ~15 万辆。

同新能源汽车技术的市场优势，开发不同层次、不同类型、不同品种的新能源汽车产品，形成以满足低成本需求为主的微小型纯电动汽车、满足城市短距离行驶为主的纯电动汽车、满足长距离出行为主的插电式混合动力汽车多元化发展格局。加快低速微小型电动汽车的产品概念界定，明确相关的技术标准、产品质量检测、上路监管行驶等标准与规范，适当放宽投资准入要求，给予技术先进、生产条件好、安全质量有保证的低速电动车生产企业合法的生产资质。加快研究制定质量安全、排放及能耗、动力蓄电池、电磁兼容等领域的行业标准，推进新能源汽车标准制定工作向深度和广度拓展，满足技术进步和市场准入的要求。

（三）整合优势资源制定组织合理、重点突出的产业研发计划

针对制约产业发展的关键领域以及核心瓶颈，按照政府引导资金与企业研发投入相结合的原则，通过设立专项基金、优惠贷款等形式，在新能源汽车整车项目、动力电池项目、驱动电机项目、电控项目等领域进行集中投入，实现重点突破。设立新能源汽车技术创新平台，将新能源汽车企业、科研机构以及社会上的其他技术资源进行整合，促进新能源汽车共性技术研发与共享。加大动力电池重大专项投入力度，改进专项的组织实施方式，引导相关企业和研究机构多种渠道、多种方式、共同参与基础技术研发，在提升锂离子电池的生产及成组技术、开展新型动力电池的原创性研究、研制新型铅酸电池等领域实现突破。由于零部件研发、生产及测试过程中涉及整车企业的平台结构、动力技术参数等重要信息，鼓励整车厂商与零部件企业之间的研发合作，通过资金支持、技术分享、标准质量管理工具等方式，降低投资与研发风险，共同开发与整车产品相配套的零部件产品。加强在电池管理系统（BMS，Battery Management System）、驱动电机系统等领域的研发生产，补齐行业短板。加强新能源汽车研发领域的国际合作，构建新能源汽车联合研发与示范平台，重点开展关键技术、标准规范、示范模式等方面的合作。

（四）鼓励引导多方参与，探索创新商业运营模式并有效推广

结合我国的具体国情与市场条件，创造出具有特色、行之有效、易于推广的新能源汽车商业运营模式。抓住推进公务车改革带来的契机，与银行及其他金融机构、大型租赁公司进行合作，通过分时租赁、融资租赁、全时租赁等方式，推进新能源政府用车供应以及公车租赁。探索推广“预售+体验模式”，鼓励消费者通过缴纳押金和月度/季度佣金获得新能源汽车的使用权，体验满意且支付完所有佣金后最终购车，从而化解消费者顾虑。积极推行新能源汽车“共享计划”，鼓励公司或地方政府搭建租车平台，用车者可以通过电话、电脑或手机网络选择车辆并预约，在任意共享点自助用车，并按照使用时间和路程支付相应的费用，车辆保养检修、保险和停放等问题由相关提供服务的组织来解决，在降低用车和维护成本的同时，实现整个社会的能源消耗和生态成本的降低。

（五）加大示范推广支持力度，在公务、出租等领域率先推广

在总结前一段时间示范推广经验的基础上，完善新能源汽车示范推广政策支持体系，拓宽示范推广领域，加大示范推广支持力度。对示范城市和示范产品实施优胜劣汰制度，加大对领先城市和规模化产品的支持力度，定期取消落后城市和低销量车型的示范资格。根据不同应用领域的属性特点，以公共服务领域作为率先推广的重点，优先在集团用户、定点、定线、定区域运营的领域进行示范推广，从前期的公交、出租、公务等领域向邮政、环卫、物流等领域拓展。发挥政府采购的示范带头作用，加强新能源汽车在政府公务用车领域的推广使用，实行新能源汽车强制性采购，规定新能源汽车在政府采购中的比例不低于70%，将符合条件的新能源汽车产品列入有关节能环保和自主创新产品政府采购清单，使其能够享受到国家关于自主创新产品、节能产品等优先采购的扶持政策。针对新能源汽车产品在销售价格、技术水平和使用方便性等方面与消费者期望仍有较大距离，进一步开展私人购买新能源汽车的补贴试点工作，结合不同产品类型的性能差异，制定差异化的补贴政策。

（六）完善相关建设规划及标准，适度超前地加快基础设施建设

针对地方城市建设规划不能适应充电基础设施建设要求、建设审批程序复杂等问题，在国家层面研究制定新能源汽车充电基础设施规划，并纳入城乡建设规划和城市总体建设规划，有计划、有步骤地推进充电配套设施建设。根据不同类型的新能源汽车特点和需求，制定科学合理的充电设施布局与建设方案，充分考虑充电设施建设的方便性和经济性，多方参与，加快构建以社区的隔夜充电设施为主，在公共停车场等提供中速充电站、快速充电站作为补充的充电格局。尽快制定充电设施的基础标准、技术规范、监管细则，包括充电接口标准、电池、电桩修建和用电等，提供行业技术参考，保证设备安全。探索形成有效的利益分配模式，合理设定充电服务价格，考虑允许充电站向新能源汽车用户收取“充电服务费”，制定鼓励夜间充电的充电阶梯电价标准，保证充电基础设施的持续运营。吸引更多民间资本参与充电桩等设施的投资和运营，大力鼓励具有整合第三方支付系统、IC 智能卡系统以及充电桩基础设备等相关资源优势的设备制造商进入这一领域。

（七）进一步改善消费和使用环境，保持政策的连续性和有效性

在新能源汽车公共服务领域示范推广、私人购买新能源汽车试点工作等到期时，及时明确后续政策，以便稳定消费者预期和产业发展应对。在加快示范城市制定补贴推广办法的基础上，适度推进其他地区制定新能源汽车车型准入、补贴发放等细则，引导市

场及相关资源的整合。为了防止新能源汽车补贴通过价格转移等方式造成售前涨价致使消费者无法获得补贴，探索实行消费者出厂价购买、然后申请补贴等方式，使消费者享受到真正的实惠。在补贴政策退坡方面，适当放缓补贴退出步伐，进一步推进新能源汽车的普及应用，适时有序地采取按时间退出与按车型销售量相结合的补贴退出方式。针对“地方目录”保护本地企业产品、外地车企品牌进入受阻等现象，在落实地方性鼓励政策的同时，破除地方保护的“隐形墙”，不得设置或变相设置条件限制采购外地品牌新能源汽车，形成全国性的市场和标准。探索学习国外部分特定区域只允许新能源汽车能驶入、或新能源汽车在堵车时使用专用车道等政策，研究制定非货币激励措施，探索试验新能源汽车免于限购、路权优先、全免或减征车辆购置税、停车便利等措施，营销有利于扩大新能源汽车消费和使用的良好环境。

（执笔人：徐建伟）

专题六

促进转基因育种发展的技术经济政策研究

内容提要：转基因育种技术作为当今世界发展最快的农业技术，正成为各国和跨国公司垄断世界种业市场的技术壁垒。我国已建立了独立的转基因研发体系和监管体系，但受到巨大的安全性争议、不合理的研发组织架构和监管不力制约，转基因作物产业化步伐缓慢，应借鉴发达国家经验，建立转基因技术争议调节机制，继续强化转基因育种技术储备，审慎推进转基因育种技术产业化，优化转基因技术研发组织体系，切实加强转基因生物安全监管。

植物育种在经历传统育种、杂交育种后，正全面、迅速地进入以分子标记、转基因为代表的现代生物技术育种阶段。转基因育种技术作为当今世界发展最快的农业技术，受到各国的高度重视，相关研究的进展和突破大大加速了农作物更新换代的速度及种植业结构的变革，发达国家正借此育种技术更新换代契机，抢占世界种业市场，孟山都、杜邦、先正达等跨国公司已控制国际转基因种子市场60%以上的份额。虽然与其他新技术一样面临诸多争议，促进转基因育种技术发展仍是我国突破跨国公司种业垄断，增强农作物环境适应性和粮食品质和产量的重要突破口，有利于实现“谷物基本自给，口粮绝对安全”的国家粮食安全目标。

一、国际转基因育种技术发展情况

当前，西方发达国家及其大型跨国公司投巨资开展转基因技术研发，以取得并控制转基因及相关技术的知识产权。一些发展中国家更是抓住生物技术发展的良好机遇大力发展转基因育种产业。因而，转基因技术已成为国际科技竞争和经济竞争的重点领域。

（一）转基因育种技术逐渐成熟

——第1代转基因育种技术已经非常成熟。转基因育种技术一般通过农杆菌介导、基因枪、细胞创伤和花粉管通道等方法将携带目的基因的载体引入目标植物细胞，经过筛选、田间试验与大田选择育成转基因新品种。现有转基因技术在输入特性（Input-traits）方面已经取得了重大突破，转基因作物通常具有抗除草剂、抗病毒和抗虫等优良性状，能够减少农药使用，降低耕种成本以及提高农作物产量。与传统育种技术相比，转基因育种的技术优势表现在：首先，转基因技术可以打破物种界限，理论上可实现任何物种间的基因交流，大大拓宽了可利用的基因资源。其次，转基因技术可以对具体基因进行操作，对植物的目标性状进行定向变异和选择，为培育适应各种不良环境的优良品种提供了崭新的育种途径。最后，转基因技术能大幅提高选择效率，加快育种速度。发达国家已形成以企业为创新主体，上游植物网络化育种，中游规模化制种、繁种，下游工厂化种子加工、检测、服务的全产业链集约化转基因育种创新体系。①

——转基因育种技术已应用于大多数农作物品种。目前已采用转基因育种技术并大规模产业化种植的农作物品种包括玉米、大豆、棉花、油菜、甜菜、苜蓿、番木瓜和南瓜等，转基因育种跨国公司已开发出全系列多品种转基因作物（见专栏1）。在主要粮食作物水稻和小麦中的转基因研究方面也取得了突破性进展。例如，国际水稻所将抗虫基因导入水稻，育成了抗二化螟、纵卷叶螟的转基因水稻。广受争议的含有胡萝卜素的“黄金大米”已培育出第二代，它使用玉米中的对应基因培育，胡萝卜素含量是第一代“黄金大米”（采用黄水仙基因）的23倍。孟山都公司已于1998~2005年间在美国俄勒冈州试验转基因抗除草剂小麦。

专栏1

表1′　孟山都转基因作物品种列表

品种	转基因事件（event）	性状描述
玉米	LY038	增强赖氨酸水平
	MON80100；MON810	抗玉米螟
	MON802	抗玉米螟和除草剂草甘膦
	MON863	抗玉米根部蠕虫（如鞘翅目昆虫）
	MON87460	提高水利用效率
	MON88017	抗除草剂草甘膦和玉米根部蠕虫（如鞘翅目昆虫）
	MON89034	抗鳞翅目昆虫
	MON89034xTC1507xMON88017xDAS-59122-7	抗鞘翅目昆虫、鳞翅目昆虫、和除草剂草甘膦、草铵膦
	NK603	抗除草剂草甘膦

① 国家发展和改革委员会高技术产业司.《中国生物产业发展报告2012》. 化学工业出版社，2013.

续表

品种	转基因事件（event）	性状描述
大豆	GTS 40－3－2；MON89788	抗除草剂草甘膦
	MON87701	抗鳞翅目昆虫
棉花	MON15985；MON531/757/1076	抗鳞翅目昆虫
	MON1445/1698；MON88913	抗除草剂草甘膦
油菜	23－1－17，23－198	改变种子的脂肪酸含量，获得更高含量的月桂酸酯和肉豆蔻酸
	GT200；GT73，RT73；	抗除草剂草甘膦
甜菜	GTSB77；H7－1	抗除草剂草甘膦
苜蓿	J101，J163	抗除草剂草甘膦
西红柿	5345	抗鳞翅目昆虫
	8338	延迟成熟
马铃薯	ATBT04－6，ATBT04－27，ATBT04－30，ATBT04－31，ATBT04－36，SPBT02－5，SPBT02－7；BT6，BT10，BT12，BT16，BT17，BT18，BT23；RBMT15－101，SEMT15－02，SEMT15－15；RBMT21－129，RBMT21－350，RBMT22－082	抗马铃薯甲虫
小麦	MON71800	抗除草剂草甘膦

注：资料来源于 CERA（The Center for Environment Risk Assessment）GM Crop Database，时间跨度为 1990～2013 年。

（二）全球转基因作物产业化水平持续提高

——全球转基因作物种植面积和效益持续扩大。转基因作物种植面积从 1996 年的 170 万公顷增加到了 2013 年的 1.752 亿公顷，增长 103.1 倍，使转基因技术成为现代农业史上采用最为迅速的作物技术。2013 年，全球有 27 个国家种植转基因作物，发展中国家转基因作物种植面积连续两年超过了发达国家，排名前十位的国家种植面积均超过 100 万公顷，1 800 万农民从转基因作物中获益，其中 90% 以上是发展中国家的资源匮乏的小农户。美国依然是世界上最大的转基因技术研发国和相关产品生产国，也是转基因作物种植面积最大和种植种类最多的国家。2013 年，种植面积达 7 010 万公顷，占全球比重

40%，涵盖转基因玉米、大豆等8类作物（见专栏2），主要转基因作物的平均采用率约为90%，且80%的包装食品都使用转基因作物作为原料。巴西正成长为全球最强有力的转基因作物种植领导者，2013年巴西转基因种植面积占全球比重23%，比2012年提高2个百分点。转基因育种技术的出现及产业化应用，不仅改变了作物培育方式，也创造了大量新的商业机会，取得了显著的经济效益。1996～2012年间，从转基因作物种植中发达国家获得累计经济效益590亿美元，发展中国家获得579亿美元，合计达1 169亿美元。①

专栏2

表2′　　2013年转基因作物主要种植国

国　别	种植品种	种植面积
美国	玉米、大豆、棉花、油菜、甜菜、苜蓿、番茄、木瓜和南瓜	7 010万公顷
巴西	大豆、玉米、棉花	4 030万公顷
阿根廷	大豆、玉米、棉花	2 440万公顷
印度	棉花	1 100万公顷
加拿大	油菜、玉米、大豆、甜菜	1 080万公顷
中国	棉花、木瓜、白杨、番茄、甜椒	420万公顷
巴拉圭	大豆、玉米、棉花	360万公顷
南非	大豆、玉米、棉花	290万公顷
巴基斯坦	棉花	280万公顷
乌拉圭	大豆、玉米	150万公顷
玻利维亚	大豆	100万公顷
菲律宾	玉米	80万公顷
澳大利亚	棉花、油菜	60万公顷
布基纳法索	棉花	50万公顷
缅甸	棉花	30万公顷
智利	玉米、大豆、油菜	<5万公顷

① Clive Jmaes.《2013年全球生物技术/转基因作物商业化发展态势》. 中国生物工程杂志，2014，34（1）：1－8.

续表

国　别	种植品种	种植面积
哥斯达黎加	棉花、大豆	<5 万公顷
洪都拉斯、古巴、葡萄牙、捷克斯洛伐克、罗马尼亚	玉米	<5 万公顷

注：数据来源于国际农业生物技术应用服务组（ISAAA）。

——转基因作物审批数量初具规模，但产业化仍面临抵制。1994 年以来，共计 36 个国家和地区得到监管机构批准转基因作物用于食物、饲料、环境释放或者种植，涉及了 27 种转基因作物、336 个转基因事件的 2 838 项监管审批，其中用于食品审批 1 321 项，饲料审批 918 项，作物种植或释放到环境中审批 599 项。① 这些转基因作物大多属于经济作物，产业化审批相对顺利，这与其工业用途和人们直接食用程度较低密切相关，但转基因口粮品种遭受了广泛抵制，即便是在转基因技术接纳程度较高的美国，转基因小麦也很难产业化。

专栏 3

美国转基因小麦产业化困局

虽然早在 2004 年，美国食品药品管理局（FDA）就批准了孟山都公司的转基因小麦可以用于人类和牲畜消费，但 2005 年，孟山都公司就迫于环保团体的巨大压力，放弃了在美国申请大规模种植、生产转基因小麦，试验小麦也被铲除，到了 2011 年，孟山都公司暂停推出世界上第一种转基因小麦的计划，撤回了送给美国其他监管机构和向加拿大、澳大利亚、新西兰、俄罗斯、南非以及哥伦比亚政府提交的批准申请。2013 年，美国首次在农田中发现未获批准的转基因小麦在全球引起一片哗然，多个亚洲和欧洲国家政府立即采取行动以降低风险，日本和韩国先后宣布暂停从美国进口小麦。

（三）未来转基因育种技术将更加多功能、安全和精准

——转基因育种技术在目标性状表达上将更加多样化。目前，国际转基因育种技术已开始研发输出特性（output traits）的第 2 代技术，重点是改善作物产品品质，集中体

① Clive Jmaes.《2013 年全球生物技术/转基因作物商业化发展态势》. 中国生物工程杂志，2014，34（1）：1－8.

现在高产、优质蛋白、高直链淀粉等具有突出经济价值的性状。例如，日本科学家借助铁—烟草胺转运蛋白 OsYSL2 增加胚乳中铁的输入，培育出了营养强化大米，其铁含量是一般大米的 3～4 倍；转基因技术也逐步瞄准增值特性（value-added traits）的第 3 代技术，重点是提高作物附加值，用于医药、生物燃料和生物降解等领域。① 同时，同一转基因作物含有两种及以上不同性状的复合性状将是转基因育种技术的发展方向。2013 年，复合性状转基因作物种植面积占全球转基因作物种植面积的 27%，美国该比例接近 50%。未来复合性状将同时具有抗虫、耐除草剂、耐干旱和营养改良等性状，如增强型维生素 A 金米。

——转基因育种技术的安全性将会进一步增加。首先，目的基因种类的扩展使得新性状特征更加符合自然特性。例如，英国洛桑研究中心正在试验虫害防御机制来取代颇受争议的合成毒素方法，他们将野生植物在长期进化中合成的“警告性外激素”基因导入小麦后，害虫会误认为这种小麦非常危险而不敢靠近，进而实现减少害虫的目标。其次，新一代转基因技术使得不依赖外源基因也能实现目标性状。类转录激活因子效应物核酸酶（TALENs）和锌指核酸酶（ZFN）技术被认为是目前最有发展前景的基因组修饰技术，均可以在细胞基因组的特定位点产生切口，促进目标作物基因发生突变，在不需要外源基因的情况下改变任何目标作物基因的表达。美国育种企业开始推动基因沉默技术研发，该技术可关闭或抑制某些可能产生问题的基因，同样不借助外源基因来改进目标作物基因性状。最后，防止和消除外源基因逃逸技术也将保证转基因技术的安全性，主要有目的基因产物适时降解、无选择标记基因技术、安全标记基因技术、雄性不育技术和外源基因删除技术等安全转基因技术。②

——转基因育种技术对目标作物基因的修复将会更加精准。基因修饰、基因敲除、基因定点整合、时空高效表达调控等基因表达调控技术研究将能够实现精准控制，除了让目标作物 DNA 自我修复产生定点突变之外，还可以在切割点准确地导入单个碱基的突变或插入整个基因，从而保证研究人员可以将新基因放在最适合它表达的地方。③ 例如美国明尼苏达大学的研究小组已成功使用 ZFN 技术把除草剂基因转入烟草中。

二、我国转基因育种技术的现状

（一）我国已建成独立的转基因研发体系

我国转基因作物的研究始于 20 世纪 80 年代，是国际上农业生物工程应用最早的国

---

① 韩艳旗．《全球农业转基因技术产业化特点、成因及启示》．华中农业大学学报（社会科学版），2012（6）：58－63.

② 张茜，张金凤，付文锋，张鸿景，袁文军．《安全转基因技术研究进展》．遗传，2011（5）：437－442.

③ Daniel Cressey, Transgenics：A New Breed of Crops, Nature, May 2013，vol497：27－29.

家之一。目前，我国已初步形成了从基础研究、应用研究到产品开发的较为完整的技术体系，培育出一批具有产业化前景的抗病虫、抗逆、品质改良等转基因农作物新材料和新品系。我国成为继美国之后，第二个拥有自主研制抗虫棉技术的国家，转基因棉花的产业化推广进展迅速。2008 年 ~ 2012 年 6 月，培育抗虫转基因棉花新品种 102 个，[①] 2013 年全国种植抗虫棉 420 万公顷，占棉花种植面积的 90%，国产抗虫棉市场份额达到 95%，其中三大棉区中的华北和长江流域转基因抗虫棉种植比重基本达 100%。玉米、水稻等作物遗传转化技术体系规模化程度显著提高，基本满足了转基因生物新品种培育的需求。全国已建立了 2 个国家植物基因研究中心，并在河南和吉林建立了国家转基因棉花、玉米、大豆中试与产业化基地，形成了较为系统的规模化转化和育种技术示范平台。“十一五”期间，转基因新品种培育重大专项获得一系列成就，包括培育 36 个抗虫转基因棉花品种、转基因抗虫水稻和转植酸酶基因玉米获得安全证书、培育高品质转基因奶牛、获得优质抗旱等重要基因 339 个、筛选出具有自主知识产权和重大育种价值功能基因 37 个，其中的转基因水稻和转植酸酶基因玉米处于国际领先水平，产业化条件成熟。

（二）初步建立了转基因技术安全评估和管理体系

在转基因安全技术评估方面，借助“转基因新品种培育”国家科技重大专项，完善了基因来源、价值评估认定的安全评价体系，建立了多年、多点生物安全评价和检测监测网络，以及转基因生物及其产品高通量精准检测技术，为转基因作物安全评估奠定了技术基础。在转基因技术安全管理方面，制定了《基因工程安全管理办法》、《农业生物基因工程安全管理办法》、《农业转基因生物标识管理办法》、《农业转基因生物安全管理条例》等法规，并构建起了转基因生物安全管理组织体系，由农业主管部门负责转基因生物安全的监督管理，为此专门设立了农业转基因生物安全管理办公室，卫生主管部门负责转基因食品卫生安全的监督管理工作，同时建立了多部门合作的农业转基因生物安全管理部际联席会议制度。为了强化监管和满足公众知情权，我国实行“0 阈值”强制标识制度，[②] 对转基因大豆、玉米、油菜、棉花和番茄等五类作物 17 种产品实行按目录强制标识。

（三）转基因育种技术研发受到政策层面的高度重视

我国从规划引领、资金投入等多个方面对转基因育种技术研究给予政策支持。2006 年，转基因生物新品种培育重大专项列入《国家中长期科学和技术发展规划纲要（2006—2020 年）》，《农业科技发展规划（2006—2020 年）》也明确提出组织实施转

① 国家发展和改革委员会高技术产业司．《中国生物产业发展报告 2012》．化学工业出版社，2013.
② 即只要产品使用含有转基因成分的原料，都必须注明。

基因生物新品种培育重大专项，继续保持水稻、转基因抗虫棉、基因工程疫苗等方面的国际领先优势。2008 年 7 月，国务院批准启动转基因生物新品种培育重大专项，正式形成持续稳定的转基因技术研究国家资金扶持，预计投入资金约 240 亿元，其中国家直接投入 120 亿元。2010 年中央 1 号文件提出，“继续实施转基因生物新品种培育科技重大专项，抓紧开发具有重要应用价值和自主知识产权的功能基因和生物新品种，在科学评估、依法管理基础上，推进转基因新品种产业化”，确立了转基因育种技术在我国农业现代化中的重要地位。2011 年 12 月发布《农业科技发展“十二五”规划》，明确提出突破现代生物育种前沿技术，加强转基因等植物分子育种高技术研究，培育一批具有自主知识产权的突破性新品种，进一步强化了转基因技术在农业科技发展中的重要性。2012 年 12 月国务院发布了《全国现代农作物种业发展规划（2012—2020 年)》，提出了从公益性基础性研究到商业化育种、种子生产基地建设到种业监管四大工程，为转基因育种技术研发和商业化推广提供了全面政策支持。

专栏 4

表 3′　农作物种业重大工程和重点项目

重大工程	重点项目	支持内容
种业基础性公益性研究工程	国家重点基础研究发展计划（973 计划）	支持育种基础理论、遗传机理等重大科学问题研究，整合作物种质资源学、功能基因组学等各种组学和育种学技术，指导育种技术创新
	国家高技术研究发展计划（863 计划）	支持育种前沿高新技术、主要农艺性状基因资源和位点挖掘、新型育种材料与品种创制，建立原创性的育种高新技术和育种制种技术体系，加强具有重大应用前景的新品种创制
	国家科技支撑计划（基础研究方面）	支持育种资源创新、常规育种技术研究与新品种培育，研究高效且符合我国国情的育种、繁种、制种、种子加工、储运各环节的共性关键技术并集成应用
	科技基础条件平台、国家重点实验室、国家工程技术研究中心建设项目	支持生物育种领域国家重点实验室、国家工程技术研究中心和农作物种质资源、农作物种业科学数据共享平台建设

续表

重大工程	重点项目	支持内容
种业基础性公益性研究工程	区域产业创新基础能力建设项目	支持生物育种领域工程研究中心、工程实验室、企业技术中心、公共技术服务平台等创新支撑体系建设
	转基因生物新品种培育国家科技重大专项（基础研究方面）	开展功能基因克隆验证与规模化转基因操作技术、转基因生物安全技术研究
	现代农业产业技术体系（基础研究方面）	筛选有价值的种质资源，支持遗传育种理论、方法及配套关键技术研究与应用
	公益性行业（农业）科研专项	开展现代育种、品种测试、机械化制种、种子加工、质量检测、疫情检测、除害处理及监测防控和种业管理等环节的共性关键技术、标准规范和配套装备研究与应用
	种子工程项目（基础研究方面）	支持种质资源引进、保存与利用，以及农作物改良中心和分中心、育种及关键技术创新基地、南繁科研育种基地等基础设施建设
	引进国际先进农业科学技术计划（948 项目）	支持境外优势农作物种质资源的引进、保存、利用及外来有害生物检疫防控
	农作物种质资源保护专项	支持种质资源保存、创新与利用，大力开展种质资源深度评价、创新、分发利用以及育种材料创制，开展出境种质资源查验与保护
	农业部重点实验室项目	支持遗传育种理论、方法及配套关键技术等基础研究
商业化育种工程	国家科技支撑计划（产业化应用方面）	支持企业和科研单位加强产学研合作，构建农作物种业技术创新战略联盟，加速科技成果的产业化应用
	生物育种重大产业创新发展工程	扶持和培育具有核心竞争力的“育繁推一体化”大型种子企业，形成我国农作物生物育种研发及产业化的重要平台和试验示范基地
	现代种业发展基金	通过投资入股的方式支持企业开展兼并重组，培育一批“育繁推一体化”大型种子企业

续表

重大工程	重点项目	支持内容
商业化育种工程	转基因生物新品种培育国家科技重大专项（品种培育方面）	支持有实力的种子企业创制一批目标性状突出、综合性状优良的突破性转基因新品种
	现代农业产业技术体系（品种培育方面）	支持“育繁推一体化”种子企业承担育种任务
	种子工程项目（创新能力建设方面）	支持具有一定实力的“育繁推一体化”种子企业建设育种创新基地
种子生产基地建设工程	新增千亿斤粮食工程	重点支持国家级种子生产基地建设，在规划范围内建设区域性、规模化的种子生产基地
	农业综合开发部门专项	支持农作物原原种、原种、良种繁育与加工基地建设
	种子工程项目（生产能力建设方面）	在种子生产优势区支持集中建设农作物种子生产基地
	种子生产保险补助	开展种子生产保险试点，给予保费补贴
	种子储备财政补助	对国家救灾备荒种子储备的贷款贴息、保管、检验、自然损耗及正常转商费用等进行补助
种业监管能力提升工程	种子工程项目（监管能力建设方面）	支持种子质量检验检测机构和能力建设，在粮棉油生产大县建设新品种引进示范场
	农业技术试验示范（品种试验）项目	支持开展国家主要农作物品种审定试验
	农产品质量安全监管项目（种子管理方面）	支持基地管理、市场监管、新品种保护和转基因监管、检验检疫等方面工作

注：来源于《全国现代农作物种业发展规划（2012—2020年）》，国办发［2012］59号。

三、我国转基因育种技术发展面临的问题

（一）技术安全争议不断，阻碍产业化进程

——关于转基因育种技术安全性的争议。对转基因育种技术的最大反对理由就是安

全性问题，主要体现在环境危害和人类健康两方面：[1] 首先，转基因技术可能通过异花传粉等方式对其他生物产生不可预料的伤害，降低杀虫剂效率，诱发“超级杂草”和次生虫害等不良物种（见专栏5）。其次，转基因技术可能生成新的致病过敏源，转基因技术还可能通过引发基因突变和合成毒素等直接对人体或后代产生伤害，引发不孕症、免疫系统问题、内脏器官病变等，如2012年法国塞拉利昂等人发表论文指出大鼠长期服用抗草甘膦转基因玉米会致癌。[2] 然而，支持者均不认可两大安全性问题。首先，转基因技术的环境危害是不确定的，即便存在环境危害，也可以通过研发不借助外源基因的新技术，规定特定种植区域，采取严格隔离措施和转基因污染经济损失追责等措施，严格控制转基因技术的环境危害。其次，虽然转基因生成的新蛋白质可能成为过敏源，但现有转基因技术未必会合成新蛋白质，且依靠基因测序和定点插入技术，转基因技术可以大幅降低发生基因突变的概率。因为害虫和人体的消化系统存在根本区别，转基因食物对害虫的毒杀作用不会在人类身上发生。法国学者对转基因玉米致癌结论的科学性也被欧洲食品安全局全盘否定。[3]

——关于转基因育种技术经济性的争议。转基因育种技术的经济性决定了技术可行性，反对者认为首先，因为转基因育种技术的研发成本较高，发达国家的研发机构会通过专利垄断新种子生产和推高价格，小农户或发展中国家在转基因育种技术发展中将处于弱势地位，无利可图。其次，因为害虫杂草对转基因作物“抗体”的适应性，农药和除草剂使用量反而增加，而且转基因技术也不会提高作物产量，长期内种植转基因作物的收益并不一定高（见专栏5）。然而，支持者认为中国在转基因育种技术研究方面已取得了巨大成就，在抗虫棉、转植酸酶基因玉米等领域处于国际领先水平，具有打破跨国公司技术垄断地位的技术储备和人才基础，国产抗虫棉的成功研发和大规模种植就是例证。农民自愿选择种植转基因作物本身就说明了其经济性，现有转基因作物对降低农药和除草剂和提高产量的经济效果也备受认可。

专栏5

我国转基因棉花弊端争议

2010年5月，中国农业科学院植物保护研究所研究员吴孔明等人在《科学》杂志网络版上发表论文《Bt棉花种植对盲蝽蟓种群区域性灾变影响机制》，研究人员花了12年（1997~2009年）追踪观察我国华北地区商业化种植的Bt棉花（转Bt基因

---

① Deborah BW, Genetically modified foods: harmful or helpful? http://www.csa.com/discoveryguides/gmfood/overview.php.

② Seralini GE, Long term toxicity of a roundup herbicide and a roundup - tolerant genetically modified maize, Food Chem Toxicol. 2012 Nov, vol50 (11): 4221 -4231.

③ European Food Safety Authority, EFSA journal, 2012, 10 (11): 2986.

抗虫棉）。发现 Bt 棉花大面积种植有效遏止了棉铃虫，化学农药使用量显著降低，却导致盲蝽蟓等次生害虫泛滥成灾。①

2006 年，由美国康奈尔大学和中国科学家历时 7 年对 481 户中国棉农的调查发现，转基因棉花的长期经济效益不佳。这些农户在种植转基因棉花的第 3 年经济效益最大，他们的平均杀虫剂用量比种植普通棉花者低 70%，而收入要高出 36%。但情况从第 4 年开始发生逆转，到第 7 年，转基因棉花种植户所使用的杀虫剂，已明显高于普通棉花种植户，加上转基因棉花种子成本也较高，使棉花种植户的收入大幅下降。②

虽然国内转基因棉花商业化种植存在弊端，但是吴孔明的研究结论是转基因棉花利大于弊，农药喷洒次数和用量整体依然下降，而且，该团队 2012 年在《自然》杂志发表论文表明，种植 Bt 棉花农药使用的减少使棉田捕食性天敌种群数量上升，天敌的增加不仅有效抑制了华北地区棉花蚜虫的发生和危害，而且进入大豆、花生、玉米等相邻作物大田，显著提升了整个农业生态系统的生物防治功能。同时，向美方研究提供数据的中科院粮食政策研究中心主任黄季焜认为，康奈尔大学的发现有可能基于错误的分析，因为 2004 年夏天降雨量较大，才导致了盲蝽蟓的大规模暴发。

注：① Lu Y et al, Mirid Bug Outbreaks in Multiple Crops Correlated with Wide-Scale Adoption of Bt Cotton China, Science, 2010 May, 328 (5982): 1151 - 1154.

② Wang, S., Just, D. R., & Pinstrup-Andersen, P. 2006. Damage from Secondary Pests and the Need for Refuge in China. In: J. Alston, R. E. Just & D. Zilberman, (eds.) Regulating Agricultural Biotechnology: Economics and Policy. New York: Springer.

——转基因育种技术争议阻碍产业化步伐。纵观现有转基因技术争议，可以发现转基因研究专家几乎一边倒地支持，而许多业外学者和普通大众更多是担忧和反对。出现这种专业与非专业人士的冲突局面，一方面是因为转基因研究人员需要国家巨额科研经费支持；另一方面是因为国内对转基因技术和转基因产品的相关基础知识的宣传远远不够，科普宣传对象具有浓厚的精英色彩，公众认知受到网络和媒体上明显倾向和非理性判断的极大干扰。同时，转基因争议的现实也表明缺乏中立、客观的评价标准和平台，民众对转基因技术安全的疑虑没有得到公开而正面的回复，民众知情权和选择权受到漠视。转基因农产品和食品强制标识制度不健全，转基因食品的辨识度低，进一步加剧了民众对转基因育种技术和相关产品的不信任感，再加上媒体报道下的转基因安全事件和基因污染事件频发，结果是我国转基因技术的产业化推广面临巨大的社会舆论压力。

（二）研发组织架构不尽合理，与发达国家技术差距明显

——转基因育种技术研究以公共研究机构为主。与欧美发达国家不同，我国转基因

育种技术的研究主体多为公共研究机构，虽然有多达近 9 000 家持证种子经营企业，但 95% 以上的种子企业仍停留在传统育种水平，① 转基因技术整体研发水平与几大跨国公司存在较大差距。根据对中国 1985 ~2012 年间转基因作物育种领域专利申请数量的统计分析可以发现（见专栏 6），国内机构专利申请数最多的是高校和科研机构，且申请数量上少于先锋杜邦、拜尔、孟山都、巴斯夫和先正达等跨国公司。如果将这些跨国公司在国外的专利申请情况考虑进来，专利数量差距会进一步扩大。

——国内转基因育种技术专利质量堪忧。公共研究机构占据研发主体的现实，决定了国内转基因育种技术研究偏向理论研究，相关专利申请数量虽然逐年上升，但低水平重复研究多，具有重大应用价值的研究少，专利维持率和转让率较低，这与国内科研机构偏重科研人员论文发表，发明人专利转让收益甚微等密切相关。而且，受制于公共研究机构的体制弊端，转基因技术研究没有形成高效的分工协作和流水线研发模式，各个课题组往往出于利益驱动，研究领域重叠，“小而全”现象非常普遍。②

专栏 6

表 4′　转基因育种领域中国专利主要申请人情况

类别	前十位申请人	专利申请数量（件）
国外来华	美国先锋杜邦公司	312
	德国拜尔公司	263
	美国孟山都公司	255
	德国巴斯夫公司	241
	瑞士先正达公司	235
中国国内	浙江大学	231
	中国农业大学	167
	南京农业大学	151
	华中农业大学	145
	中国科学院遗传与发育生物学研究所	130

资料来源：刘贺，刘江.《转基因作物育种技术中国专利申请状况分析》. 中国发明与专利，2013（3）.

（三）转基因生物安全监管制度不完善，落实不到位问题突出

——转基因生物安全法律体系不健全。我国还没有出台针对转基因生物安全的法律，

① 国家发展和改革委员会高技术产业司.《中国生物产业发展报告 2012》. 化学工业出版社，2013.
② 黄季焜等.《农业转基因技术研发模式与科技改革的政策建议》. 农业技术经济，2014（1）：4 – 10.

已经出台的有关转基因生物安全的法规也基本局限于农业领域，没有涉及转基因作物的环境释放问题，特别是对不同转基因作物环境影响的安全期评价年限没有出台科学标准。

——转基因生物安全监管组织体系不完善。条块分割、多头监管体制不利于转基因安全监管。虽然农业部是负责转基因生物安全监管的主要部门，但科技、林业、卫生、商务、环保、质检、食品药品监督管理等部门也承担了一定的转基因生物安全管理职责，由于缺乏清晰的分工，造成一定的部门职能重叠和缺位。

——转基因食品和作物安全管理措施落实困难。我国虽然实行了转基因食品强制性标识制度，但仅局限于大豆、玉米、油菜、棉花和番茄五类作物 17 种产品，上市转基因食品不标识、标识不清、虚假标识现象普遍，而且对于采用其他转基因原料加工的食品并没有强制标识规定，引发了巨大的转基因食品标识漏洞。同时，我国转基因种子标识不清，销售市场混乱，转基因作物定点种植控制能力弱，例如只允许在广东商业化种植的转基因木瓜在海南大面积种植。转基因试验作物也存在非法违规种植现象，例如 2014 年接连发生多起非法违规种植转基因作物事件。2014 年年初，海南被曝发现滥种转基因作物，海南农业厅 3 个月后才对外通报有 13 家单位违规种植转基因玉米和棉花，但对违规单位采取“不便透露”处理；7 月，湖北省江夏区被央视新闻报道非法销售转基因水稻种子，而且转基因水稻已被大面积种植，转基因大米也已进入超市销售，引发民众恐慌。我国人多地少和农民文化素质低的现状，也使得隔离种植面临很大挑战。

四、国外促进转基因育种技术发展的政策措施

（一）强化转基因技术安全管理，化解技术安全争议

——建立完善的转基因生物技术监管体系。转基因技术安全性管理是稳定市场秩序，防范转基因育种技术潜在风险和公众抵触情绪的重要手段，世界各国普遍采取了严格监管措施。美国在转基因生物技术上遵循产品管理模式，于 1986 年颁布了《生物技术管理协调框架》，确立了分工明确的农业生物技术监管机构（见专栏 7），大部分转基因产品都至少需要接受三家政府部门中两家的评估，部分需要接受全部三家的评估，开发一项转基因产品需要审查九个步骤，历时 18 个月，并要求公众参与评论。与美国不同，欧盟对转基因生物技术采取更为严格的过程管理模式，即只要与生物技术相关的活动都要进行安全性评价并接受严格管理，转基因技术的安全评估主要由欧洲食品安全局（EFSA，European Food Safety Authority）负责，审批时间需要 2 年以上，而且为了确保消费者的知情权和选择权，便于对投放市场的转基因食品进行追溯，欧盟对转基因食品实施要求极高的强制性标识制度，日本、韩国、墨西哥、挪威、波兰、澳大利亚、印尼、沙特阿拉伯等国也都采取了类似的强制性标识制度。

专栏 7

表 5′　美国转基因技术管理组织架构

管理部门	管理目标	依据法律	具体管理手段
农业部（USDA, United States Department of Agriculture）	转基因生物的农业生态和环境安全	《植物保护法》、《植物病虫害法》、《植物检疫法》等	对转基因植物田间试验进行批准；新组建了生物技术管理服务办公室；加大了转基因动植物执法监督部门的力量；加强了对转基因制药以及工业原料植物品种许可的管理
环保署（EPA, Environmental Protection Agency）	杀虫剂管理	《联邦杀虫剂、杀菌剂和杀鼠剂法案》、《有毒物质控制法》、《联邦食品药品和化妆品法案》等	对新型杀虫剂商品化前小型的田间试验采取报备制监管，对大型田间试验采取许可制管理。任何型号杀虫剂的田间试验，都要求制造商通过法律注册程序，确保对环境无害
食品药品管理局（FDA, Food and Drug Administration）	食品、食品添加剂和动物饲料的安全管理，食品标识管理	《联邦食品、药品和化妆品法》等	要求所有转基因食品都要通过特别评估，检查转基因产品与传统品种对比是否发生意想不到的基因效果，是否改变了营养成分，是否增加了毒素，是否含有来自其他植物的过敏源，是否含有工业或药性物质；鼓励食品开发（包括应用生物工程技术开发）商向 FDA 提供植物品种开发早期所使用蛋白方面的信息；所有食品和饲料生产商必须确保其（国内或进口）产品在市场上安全并贴有相关内容标签

注：作者根据美国政府相关网站资料整理而得。

——实行严格的转基因作物管理制度。为避免转基因作物的不良影响，保证转基因和非转基因作物共存，许多国家制定了严格的转基因作物管理制度。以德国为例，[①] 第一，实行公共登记制度。拟商业种植转基因作物的农民要将转基因作物种植地点及相关信息至少提前 3 个月进行公共登记，且任何人通过网络可以查询该信息。第二，建立隔离区。转基因作物种植者必须在转基因和非转基因作物之间设置隔离区，例如转基因玉米与传统玉米至少要求保持 150 米以上。第三，确立良好农业规范。转基因作物种植者需要接受转基因作物的种植、储存和运输的专业培训。第四，采取连带严格责任。转基

① 周超．《保障转基因农业与非转基因农业共存的政策措施》．宏观经济研究，2014（2）：18－23.

因作物种植者对临近作物遭受的转基因污染造成的经济损失承担连带严格责任。美国的转基因作物管理由各州自行规定，如缅因州法律规定，转基因种子生产商须给予种植者一个关于如何种植、收割等书面操作说明，种子生产商或经销商还要保存购买转基因种子的买家和地址记录。除了立法法律之外，美国许多法律判例还支持对转基因污染承担严格责任，并进行赔偿。

（二）普遍重视转基因技术研发，支持企业成为研发主体

——不断加大转基因技术研发支持力度。虽然许多国家对转基因食品的态度较为谨慎，但几乎都支持转基因技术研发。美国早在1988年就发布了《美国作物基因库扩展国家计划》，将转基因育种技术列入其中，每年由联邦政府、州政府和私营公司共同出资5 000万美元进行具有长远战略目标的转基因作物育种研究，1991年美国发布的《国家生物技术政策报告》中明确提出"调动全国力量进行转基因技术开发并促进其产业化"。目前，美国农业部每年用于农业生物技术的相关项目的经费超过3亿美元。为提高公私部门的研发效率，美国对公共研究机构的研发投资主要集中在农业生物技术的基础性研究领域，吸引私人部门进行后续研究和商业开发，并通过技术转移法案强化技术上下游研究衔接。[①] 欧盟借助"尤里卡计划"，强化西欧各国在包含生物工程在内的尖端技术合作，对生物技术研究投资17亿欧元，在欧盟第六个科研计划框架中，把"生命科学、有利于人类健康的基因组技术和生物技术"确定为7个优先发展领域之一，并置于首要位置。日本转基因技术研究起步虽然稍晚，但一开始就成立了国家生物技术战略会议机构，出台《生物技术战略大纲》，将生物技术纳入国家科技发展规划，并从2002年开始逐步加强了包括转基因技术在内的生物技术研究投入。与此同时，印度、巴基斯坦、孟加拉国、印度尼西亚以及越南等发展中国家均大力投资生物技术的研发，其中印度于2007年9月批准了《国家生物技术发展战略》，每年投入5亿美元用于转基因等农作物生物技术研究。

——推进转基因育种技术产业化。欧美发达国家通过加强知识产权保护，加快转基因作物审批进度等方式，逐步培育企业在基因育种技术研发和产业化中的主体地位。1980年，美国首次允许基因工程有机体被授予专利。1994年，美国将大部分农作物的排他使用年限延长到了20年，转基因食品在美国甚至不需要强制性标识。此外，美国不少州还为转基因育种技术的产业化提供资金支持或实施税收优惠政策。美国农业部对1996～2000年的统计结果显示，全美在农业生物技术领域的新技术专利共4 200个，其中75%来自私人种子公司。欧洲虽然对转基因技术产业化态度较为谨慎，但自2007年以来，欧盟批准转基因作物的速度越来越快，2010年共有10种转基因作物获得欧盟批准

---

① 该方案于1986年通过，旨在推动政府所有或维持运行的实验室强化与大学及企业建立科研合作，规定实验室负责人有权与企业签订合作协议，建立合资企业，推广实验室技术。为激发研究人员技术转移积极性，来自技术转移的收入，技术发明人的个人所得不少于15%。

上市。欧盟对于转基因植物品种的知识产权保护也由原初的单一特别法保护模式，开始向特别法和专利法双重保护模式发展。同时，欧盟支持生物技术企业开展国际合作，为先正达、拜耳和巴斯夫等欧洲转基因育种企业巨头规避严格监管，拓展业务范围创造了条件。

（三）灵活应用国际贸易政策，维护国内转基因产品权益

不同国家根据自身转基因育种技术的发展水平针对性的出台了不同的国际贸易政策。美国作为全球转基因作物种植面积和出口量最大的国家，政府对转基因农产品实施出口促进政策，一方面，转基因农产品享受“国家出口战略”[①] 扶持，并针对转基因农产品的技术特征，以出口信贷和鼓励市场进入为突破口，对转基因农产品实施出口补贴，将其纳入农业补贴整体政策框架；另一方面，美国借助于在国际贸易中的优势地位和 WTO 平台，对欧盟、日韩和广大发展中国家进行贸易诉讼、清除贸易壁垒和加强市场渗透，并在转基因育种技术的国际标准制定、多边贸易谈判中争取主动地位。欧盟在转基因作物产业化方面相对滞后，转基因作物种植面积较小，因此对转基因农产品贸易侧重于进口保护，长期内不允许进口转基因产品，对转基因育种的全过程进行审查和安全评估，延长转基因产品的上市时间，并通过对转基因产品实施强制标识制度和“从产地到货架”的严格追溯制度，提高市场准入门槛，缓解进口转基因农产品的冲击。与欧盟类似，日本也采用限制进口的措施，所有转基因食品必须通过农林水产省的安全评价后才准许进入日本。

五、推进我国转基因育种技术发展的政策建议

转基因育种技术作为现代农业前沿技术领域，对突破跨国公司技术垄断，保障未来国家种业安全具有重要价值，应该按照“技术研发大胆创新，作物推广慎重稳健”的指导思想，抢占转基因技术制高点。

（一）建立转基因技术争议调解机制

利用中央媒体和网络资源，建设重大争议问题辩论公共电子平台，成立由主管官员、科学家、公众人物和平民代表共同组成的转基因育种技术安全评估机构，开展全生命周期动物实验和人体临床实验，对所有申请的转基因作物及食品进行环境影响、营养学、

① 依据美国“国家出口战略”，美国政府通过放宽出口限制标准、建立“出口援助中心”、增强信息和金融服务功能、加强与私人部门合作等措施，积极推进重要市场开拓，促进关键产业出口。

毒理学和过敏性等综合性安全评价。充分保障国民对转基因育种技术的知情权和表达权，规定现有转基因技术国家科研资金资助机构具有一定的科普宣传义务，让擅长科普宣传的专业人士在有经费保障的前提下从事科普宣传工作，组建转基因技术宣传支援服务组织，充分利用现有科普基地、科研机构等，通过举办公众开放日、举办专家讲座、制作纪录片和建立科普网站等多种形式，开展长期的科普宣传活动。

（二）继续强化转基因育种技术储备

将转基因育种技术作为保障我国种业安全的重要技术方向，国家科技重大专项继续支持转基因育种技术研究，重点支持第 2 代和第 3 代转基因技术研究，优先支持转基因主粮作物安全技术研究，加强重要粮食作物全基因组序列解析、基因调控网络系统等基础研究，从系统的角度提升转基因生物安全认知和控制水平，支持不借助外源基因的转基因育种技术和防止及消除外源基因逃逸的安全转基因技术研究，大幅降低或消除转基因育种安全隐患。

（三）审慎推动转基因育种技术产业化

率先在非食用转基因作物领域加快产业化步伐，稳步扩大转基因棉花等非食用转基因作物产业化种植面积，在拥有自主知识产权的转基因经济作物领域寻求产业化突破，扩大并改进现有中试和产业化基地，鼓励国内转基因育种研发机构和企业“走出去”，参与国际种子市场竞争。对国外转基因种业进入国内市场按照“饲料先行、食品缓入，小类先行、大宗缓入”的原则，限定品种范围，设定更为严格、期限更长的安全评估标准和程序，提高国外转基因种子进入门槛。

（四）优化转基因技术研发组织体系

——推动科研要素向企业流动。明确将企业作为未来国家转基因技术研发投资和扶持主体，制定转基因技术转移办法，规定政府对国家投入的转基因技术成果转化负有责任。在近期内企业还无法承担技术研发主体的情况下，鼓励企业申请转基因应用研究课题，委托公共科研机构研发，支持种业企业与公共研究部门联合成立科研机构，鼓励科研单位育种科研人员进入种业企业兼职，推动部分公共研究机构企业化改制。长期内，在公共科研机构和企业之间建立明确的技术研发分工协作机制，公共科研机构主要开展转基因基础性和应用基础研究，在有条件的企业建立国家重点实验室、国家技术研发中心等载体，培育大型商业化育种科研团队，建立转基因育种技术资源、信息和材料评价共享平台，向种业企业开放。强化知识产权保护，增加对转基因育种专利技术发明人的利益分配权重（不少于 15%）。

——建立分工协作的转基因技术研发基地。在农业生物技术集中地区（如北京、上海、武汉等地）整合现有研究部门，邀请大型育种企业参加，建立上下游结合、流水线研发模式的国家转基因技术研发基地或研发集群，按照基因克隆、功能鉴定、遗传转化、品种选育、安全评价以及产业化应用的链条进行科学规划、统筹协调，避免低水平重复研究，提高科研资金效率，公共资金重点向基地倾斜，科研项目重点投向复合性状、品质提升、精准控制和安全无害等新一代转基因育种技术研究，对未进入基地的研究机构或科研人员，可以采取研究任务“外包”方式，以有效整合国内科研优势部门的研究力量。

（五）健全转基因生物安全监管制度

——制定转基因生物安全管理法律和标准。尽快将转基因生物安全纳入立法议程，遵循“风险预防”原则，建立长久的安全评估和生物监测预警系统，支持转基因技术安全监测的基础性研究，设定科学清晰的转基因生物安全检测和安全期年限标准。

——完善转基因生物安全管理组织架构。参照美国监管机构设置，根据中国实际情况，确立分工明确、相互协作的“双头”监管架构，以农业部为转基因育种、作物和环境影响的监管主体，整合环保部等部门转基因生物管理职能，扩充农业转基因生物安全管理办公室编制和职能，主要负责转基因生物的农业生态和环境安全监管，以卫生计生委为转基因食品的监管主体，整合工商、质检等部门转基因食品管理职能，主要负责转基因食品、食品添加剂和动物饲料的安全管理以及食品标识管理。同时，充分发挥行业协会、绿色和平组织、消费者协会等民间力量的监督积极性，在转基因技术安全审查中，邀请公众参与，实行公开透明的审查流程。

——规范转基因食品和作物安全管理制度。率先在转基因食品领域建立强制性的全程追溯制度和标识制度，明确标识内容和位置，将“0 阈值”标识规定扩大到所有转基因食品，参照反垄断惩罚措施，对违反标识制度的生产商按照当年销售额的一定比例，征收高额罚金。强化转基因种子市场秩序，规范转基因作物管理制度，规定转基因种子销售者需承担种植指导义务和违规制售转基因种子造成的基因污染责任，除高额罚款和公开通报之外，还可以吊销违规企业种子生产许可证。建立转基因作物种植公开公示制度，奖励民众举报违规违法转基因种植行为，尽快出台转基因作物良好农业生产规范，对违法转基因作物种植者的法律追责期限为永久，转基因作物种植户对转基因污染造成的经济损失承担连带责任。严格规范重要育种基地转基因作物管理，开展不定期专项检查，对于生态敏感地区和无法实行隔离种植的区域，严禁转基因作物种植。

（执笔人：张义博）

主要参考文献

[1] Daniel Cressey, Transgenics: A New Breed of Crops, Nature, 2013 May, vol497: 27 – 29.

[2] Deborah BW, Genetically modified foods: harmful or helpful? http://www.csa.com/discovery-guides/gmfood/overview.php.

[3] European Food Safety Authority, EFSA journal, 2012, 10 (11): 2986.

[4] Lu Y, Wu K, Jiang Y, Xia B, Li P, Feng H, Wyckhuys KA, Guo Y, Mirid Bug Outbreaks in Multiple Crops Correlated with Wide – Scale Adoption of Bt Cotton China, Science, 2010 May, 328 (5982): 1151 – 1154.

[5] S Wang, Just, D. R., & Pinstrup-Andersen, P. 2006. Damage from Secondary Pests and the Need for Refuge in China. In: J. Alston, R. E. Just & D. Zilberman, (eds.) Regulating Agricultural Biotechnology: Economics and Policy. New York: Springer.

[6] Seralini GE, Long term toxicity of a roundup herbicide and a roundup-tolerant genetically modified maize, Food Chem Toxicol, 2012 Nov, vol50 (11): 4221 – 4231.

[7] Clive Jmaes.《2013年全球生物技术/转基因作物商业化发展态势》. 中国生物工程杂志, 2014, 34 (1): 1 – 8.

[8] 国家发展和改革委员会高技术产业司, 中国生物工程学会编写.《中国生物产业发展报告2012》. 化学工业出版社, 2013.

[9] 韩艳旗.《全球农业转基因技术产业化特点、成因及启示》. 华中农业大学学报 (社会科学版), 2012 (6): 58 – 63.

[10] 黄季焜, 胡瑞法, 王晓兵, 蔡金阳.《农业转基因技术研发模式与科技改革的政策建议》. 农业技术经济, 2014 (1): 4 – 10.

[11] 刘贺, 刘江.《转基因作物育种技术中国专利申请状况分析》. 中国发明与专利, 2013 (3): 39 – 41.

[12] 周超.《保障转基因农业与非转基因农业共存的政策措施》. 宏观经济研究, 2014 (2): 18 – 23.

专题七

特高压电网发展技术经济政策研究

内容提要：特高压电网特别是“三华”（华北、华中、华东）电网建设，关系我国电网安全和国计民生，需要从必要性、安全性、技术和经济合理性等方面进行综合分析论证。建议国家成立专题小组，开展对特高压电网的独立第三方技术经济论证，提供咨询论证意见。

我国特高压电网是指以1 000kV交流电网为骨干网架，特高压直流系统直接或分层接入1 000/500kV的输电网。其中，特高压直流输电因中间无落点，适用于大容量、远距离、点对点输电，不存在争议。但特高压交流输电因主要用于构建各级输电网络和电网互联的联络通道，争议较大。

如何看待这些争议？我国交流特高压电网究竟应该不应该发展？本章力图对争议双方的论点、论据和论证方法进行客观评价，并试图探索一套简易、公正的评价方法，结合国外电网发展情况，提出第三方建议。

一、世界主要国家特高压电网发展态势

20世纪60年代以来，美国、日本、苏联、意大利等国家先后制定了特高压输电计划。其中苏联和日本分别建设了百万伏级输变电工程，并相继建成了特高压输电试验室、试验场，对特高压输电可能产生的许多问题如过电压、可听噪声、无线电干扰、生态影响等进行了大量研究，取得了重要进展。目前一些经济增长较快的国家如印度、巴西、南非等也在积极研究特高压输电技术。但迄今尚无任何一国建成运营交流特高压电网。

（一）欧美发达国家和地区特高压输电尚未商业化运行

美国是研究特高压输电最早的国家。1967年，美国通用电气公司雷诺特高压试验场

开始进行 1 000kV ~ 1 500kV 架空线路的研究计划；1974 年，美国电力研究院（EPRI）开始建设 1 000kV ~ 1 500kV 三相试验线路并投入运行；1976 年，邦纳维尔电力公司（BPA）开始在莱昂斯试验场和莫洛机械试验线段上进行特高压线路的广泛研究和开发。但是，由于美国的能源结构比较合理、能源生产及消费分布比较协调、电力消费需求趋缓等原因，美国迄今尚未采用特高压输电技术、未建设特高压电网，但其研究和试验却非常完善。

意大利 20 世纪 70 年代与法国一道对欧洲大陆选用 800kV 或 1 050kV 输电的利弊进行了论证；1995 年 10 月建成了 1 050kV 试验工程，在系统额定电压下运行至 1997 年 12 月，取得了一定的运行经验。法国、德国、丹麦也对特高压输电工程技术进行了研究。目前，意大利、德国、法国均具备了生产变压器、电抗器等特高压设备的制造能力。欧盟虽然迄今仍无特高压电网工程运行，但在 2012 年发布的《欧洲电网十年规划》中，提出将投资 1 040 亿欧元用于 100 个泛欧电网项目，预计建设特高压线路 5. 15 万千米。

（二）日本特高压输电线路降压运行

日本是世界上第二个采用交流百万伏级电压等级输电的国家。出于对电力消费需求的增长、电网系统的加强、远离负荷地区大容量核电站的建设、最大程度地节省线路走廊等因素的考虑，日本从 1973 年开始，先后成立“UHV 开发推进委员会”、“UHV 输送特别委员会”、“UHV 交流输电实证委员会”，开展了全国规模的特高压输电研究，前后历时 12 年，选定 1 000kV 作为特高压系统的标称电压。1988 年，日本开始建设 1 000kV 线路，1999 年建成 427 公里同塔双回线路。由于 20 世纪 90 年代以来，日本经济低迷，电力消费需求增长缓慢，已无大容量输电需求，因而特高压线路工程建成后，一直以 500 千伏运行。

（三）俄罗斯特高压输电前景不明朗

苏联约 80% 以上的发电一次能源集中在东部西伯利亚地区，而 75% 左右的电力消费却集中于西部欧洲地区。由于电力生产和消费中心错位，为实现由东向西长距离、大容量电力输送，苏联从 20 世纪 70 年代开始进行特高压基础研究，20 世纪 70 年代末在莫斯科建设了 1 150kV 试验站；20 世纪 80 年代建设了 2 条 1 150kV（最高电压 1 200kV）输电线路。运行情况表明，所采用的线路和变电站的结构基本合理。特高压线路自投运后一直运行正常。但 1991 年以后，由于苏联解体和经济衰退，俄罗斯电力需求明显不足，导致特高压线路降压至 500kV 运行。

（四）中国特高压输电在争议中推进

尽管构建特高压电网存在较大争议，但我国特高压交、直流输电线路建设一直在不断推进中。目前，我国运行、在建、启动1 000千伏交流输变电线路总共5条，其中投运1条，在建2条，拿到“路条”1条，新启动1条。±800千伏特高压直流输电工程投运3条，在建2条，还有多条正在进行项目评审。

综上，世界主要国家大多早在20世纪六七十年代就开展了特高压输电研究、试验和线路建设，但迄今尚无一国建成运营特高压电网的先例。究其原因，一种观点认为是上述国家因电力需求减弱而降压运行或推迟建设。另一种观点认为，交流特高压输电是被欧美、日本证明不具技术优越性和经济竞争性从而被放弃的技术。

二、中国特高压电网发展争议分析

主张发展特高压电网的观点认为，特高压电网对于转变电力发展方式，增强能源供应保障能力，构建安全、经济、清洁、可持续的能源供应体系非常关键。反对发展特高压电网的观点却认为，用交流特高压将华北、华东、华中三大区域电网强联成一个统一运行的独立电网（以下简称三华电网），问题很多，危害甚大，是对党、对国家、对人民极不负责的做法。

（一）主张发展特高压电网的主要理由

1. 就地平衡的电力发展方式已无法适应经济社会发展的需要

我国长期以来哪里需要电就在哪里建电厂的能源配置方式，和东部缺电缺煤的实际情况，带来远距离、大规模、多环节的输煤方式。继续在东部地区大规模建设燃煤电厂，电煤供应将难以保证。即使能运来煤，发电成本也无法承受；即使能发电，生态环境也不堪重负。因此，以省（区）为主、就地平衡的电力发展方式不安全、不经济、不可持续，需要走全国范围优化能源资源配置的路子。

2. 输煤输电并举、加快发展输电是构建科学合理能源运输体系的正确选择

为维持东部地区现有火电站运营，可利用快速铁路网、高速公路网继续输煤。随着我国能源开发重点西移和北移，能源基地与负荷中心的距离一般都在1 000～3 000公里甚至更远，规划建设的大型煤电、水电基地的电力，以及大量风电和太阳能发电，只有通过特高压电网才能输送到东中部地区。同时，我国褐煤和煤矸石比重高、热值低，运输很不经济，只有就地发电并通过电网外送才能够得到充分利用。

3. 已取得全面成功的特高压交流、直流示范工程能支撑特高压电网加快建设

晋东南—荆门 1 000 千伏特高压交流试验示范工程目前已连续安全运行 750 多天，输送能力达到了额定容量，经受了冰冻、雷击、暴雨、大风、高温等各种气象条件的考验。向家坝—上海 ±800 千伏特高压直流示范工程目前已连续安全运行 200 多天。特高压交流、直流示范工程的成功建设和运行，以及相关专利的取得与标准的制定，全面验证了特高压的技术可行性、系统安全性、设备可靠性、工程经济性和环境友好性，标志着我国已经全面掌握了特高压核心技术和全套设备制造能力，为大规模建设特高压电网创造了条件。

（二）反对发展特高压电网的主要理由

1. 不安全

这是最突出的问题。

一是“三华电网”将破坏我国经过长期实践证明是安全合理的分层、分区、分散外接电源“三分”结构，不能避免或减少区域之间电网事故扩大。

二是“三华电网”在技术上具有不可控的固有特性，为电网连锁跳闸、稳定破坏导致系统崩溃瓦解、造成大面积停电事故埋下严重隐患，是致命弱点。

三是电力系统的大电网模式在现代战争和突发性自然灾害袭击面前尤为脆弱，更难防御，更容易遭到破坏，给国家经济社会造成的后果更为严重。

2. 不经济

一是投资浪费巨大。交流特高压输电单位投资远远高于铁路和直流特高压输电。铁路每吨运煤能力投资 380 元（含港口投资），而双回交流特高压线路每吨运煤能力的投资高达 3 904 元，超过铁路单位运力投资的 40 倍（应是 10 倍）；同时，输运每千瓦电力投资是向家坝水电至上海 ±800 直流特高压输电工程（1 907 公里）的 3 倍。

二是线路利用率太低。在装机规模相当情况下（10 亿千瓦左右），“三华电网”50 万伏以上（包括交、直流特高压）线路规模数倍于国外水平，是美国的 3. 45 倍，其中仅交、直流特高压线路规模就达美国 50 万伏以上线路的 1. 74 倍，存在投资、土地、能源等资源极大浪费。

三是浪费大量能源。按有关统计数据综合分析，保守估计，在晋陕蒙建空冷机组用交流特高压输电到南方（如华东、华中）地区，比铁路输煤到港口转运到南方建电厂要多耗煤 15% ~16%。

3. 不环保

由于能源大量浪费，用交流特高压年外送电 1 亿千瓦、每年要多耗煤 3 300 万吨、多

排放二氧化碳 7 500 万吨。

4. 占地多

新建一级国家电气化铁路双线走廊每公里占地 6 公顷；国家电网公司规划建一条百万伏交流特高压同杆双回线路走廊每公里占地 9 公顷。按“三华电网”规划，从“三西”外输电力 1 亿千瓦，要建交流特高压同杆双回线路 2 万公里，线路走廊占地 18 万公顷。而建一条年运煤 3 亿吨铁路，从“三西”东运到港口距离 1 000 公里（大秦线仅 652 公里），线路走廊仅占地 6 000 公顷（铁路运煤是铁水联运，向南方海运不占地），交流特高压线路走廊占地面积为铁路输煤的 30 倍。同时，仅 2 万公里输电走廊所需建铁塔用地就达 2 100 ~ 2 400 公顷。

5. 强化垄断

电网规模过度膨胀势必强化电网企业垄断。发达国家的电网都是由众多电网组成全国互联或跨国互联，如美国有十个、日本有九个、西欧（包括部分东欧国家）由十几个国家电网组成，其经验值得借鉴。国外发展智能电网，是以信息技术改造传统电网，在传统电网基础上增加现代化信息网，提高电网运行效率，推动电网走内涵式发展道路。

6. 验收勉强

交流特高压试验工程的验收仅获国家发改委原则通过，虽已运行近两年，但作为试验主要目标的输电能力一直难以提高，与设计指标存在较大差距，直接影响经济可行性，而且设备可靠性仍需继续考验。有专家提出忠告：“关键不是一条交流特高压能否安全运行，更严重的是由它构成的全国或数个大区的交流同步电网在理论和实践上存在难以克服缺陷。”

（三）争议对比

1. 关于必要性

正方：必要。发展特高压电网（三华电网）是大规模“西电东送”、“北电南送”，实现在全国范围优化能源资源配置的需要。

反方：不必要。“远输煤、近输电”是国内外公认的客观规律。交流特高压输送距离越长、输送能力越低，不适合长距离直达送电。

2. 关于安全性

正方：安全。试验示范工程经受了冰冻、雷击、暴雨、大风、高温等各种气象条件的考验。电网的安全取决于坚强合理的网架结构和完善的安全防御体系，而不是电压等级和规模。从短路电流、故障下潮流转移、直流多馈入受端电压稳定性、大面积停电风险四方面进行安全性比较，“三华”电网完全满足《电力系统安全稳定导则》要求。今后，随着电网智能控制技术的应用、设备可靠性以及管理水平的提高，特高压大电网将更加安全、可靠。

反方：不安全。电力安全的核心是电网安全，合理的电网结构是电网安全稳定的基础。“三华电网”将重蹈国外庞大自由联网的覆辙，一旦电网发生大停电事故，将导致通讯系统中断、电气化铁路系统瘫痪，危及北京、上海等我国社会经济发展心脏地带的用电与经济安全，给国家经济社会造成灾难性后果。

3. 关于经济性

正方：经济。大型煤电基地的电力通过特高压输送到东中部负荷中心，除去输电环节的费用后，到网电价仍低于当地煤电平均上网电价 0.06 ~0.13 元/千瓦时。同时，发挥联网效益，减少系统备用，节约装机 1 500 万千瓦，节省电源投资 560 亿元。另外，避免现有 500 千伏电网的重复投资、建设。

反方：不经济。输煤比输电经济。

4. 关于占地多少

正方：占地少。特高压输电线路下的土地仍可以作为农田等进行利用，输电铁塔也仅是塔基部分需要占用土地，每公里输电线路占地约 40 平方米，而每公里铁路占地为 6 万平方米。特高压输电技术比现有电压等级可大大节约线路走廊和变电所的占地面积。

反方：占地多。建一条百万伏交流特高压同杆双回线路走廊每公里占地 9 公顷。新建一级国家电气化铁路双线走廊每公里占地 6 公顷。交流特高压输电线路走廊占地面积为铁路输煤的 30 倍，且选线越来越难。

5. 关于生态环境友好性

正方：友好。有效利用褐煤、洗中煤和煤矸石，减少环境污染；接纳新增清洁能源 1.45 亿千瓦，相当于每年减排二氧化碳 4.5 亿吨，每年减少环境损失 45 亿元；减少弃水电量 3.43×10^{10} 千瓦·时，相当于替代 1.2×10^{7} 吨标煤，减排二氧化碳 3×10^{7} 吨及许多其他空气污染物。可统筹利用东、中、西部环境容量。

反方：不友好。用交流特高压年外送电 1 亿千瓦，每年要多耗煤 3 300 万吨、多排放二氧化碳 7 500 万吨。

6. 关于垄断性

正方：不会强化垄断。欧洲电网全部连在一起，并没有受一家公司控制。

反方：会强化垄断。国家电网公司在建成全国特高压电网之后，将不可避免地强化其在全国电力市场上的垄断地位。

（四）争议评价

1. 争议双方立场一致

争议双方的根本出发点，都是为保障我国能源供应安全、经济安全和社会稳定；都是希望以最低经济代价、环境代价、土地代价取得同等效果；都是为党、国家和人民负责的表现。

2. 定量观点分歧主要归因于测算方法不同

争议双方在建设特高压电网（三华电网）的经济性、环境友好性和占地多少等方面存在的严重分歧，归因于测算方法不同。

从经济性看，正方主要以到网电价与当地煤电平均上网电价进行比较，辅以联网效应带来的节约装机效益等指标。反方主要以每吨运煤能力的初始投资进行比较，辅以输电线路利用率和空冷机组煤耗等指标。很显然，正方进行的是终极结果比较，反方进行的是过程比较，因此二者在经济性上的分歧不具可比性。

从环境友好性看，正方主要从褐煤、洗中煤和煤矸石以及水能、风能、太阳能等资源综合利用成效进行比较，辅以可统筹利用东、中、西部环境容量等效应。反方主要以相比东部水冷发电，西部空冷机组更多耗煤更多排放进行比较，其他方面未考虑。很显然，正方进行的全方位、多角度比较，反方进行的是局部和单一比较，因此二者在环境友好性上的分歧不具可比性。

从占地多少看，正方主要以每公里输电线路上铁塔的塔基占地与每公里铁路占地进行比较，辅以特高压输电技术与现有电压等级更节约线路走廊和变电所占地等因素。反方主要以一条电气化铁路双线走廊每公里占地与一条百万伏交流特高压同杆双回线路走廊每公里占地进行比较。很显然，除特高压输电技术与现有电压等级线路走廊和变电所占地由于是同类性质具有可比性外，铁路线路走廊与架空交流特高压输电线路走廊占地由于性质不同不具可比性。

3. 定性观点分歧主要归因于所持态度不同

争议双方在建设特高压电网的必要性、安全性和可能引致的垄断性等方面存在的严重分歧，主要归因于双方对建设特高压电网的态度完全不同。正方持积极、肯定态度，因而倾向于极力强调特高压电网的地位和作用，对其不足或缺陷则轻描淡写甚至刻意回避；反方持消极、怀疑态度，因而倾向于对特高压电网的地位和作用漠不关心，对其不足或缺陷则浓墨重彩甚至大张挞伐。

从必要性看，正方通过各类数据对比，竭力论证在全国范围优化能源资源配置的重要性和紧迫性，反方则抛出“远输煤、近输电”是客观规律和交流特高压不适合长距离直达送电两个论点，但未做论证。相反，正方驳斥了“远输煤、近输电”这一20世纪

60年代的说法因条件变化已不再成立;[①] 且明确特高压电网中长距离直达送电的角色由直流特高压而非交流特高压担任。

从安全性看，正方从试验示范工程经受住了各种极端气象条件考验、技术标准和技术规范满足相关要求等角度阐明特高压电网是安全的，但回避了战争、地震等不安全因素。反方则从理论和国内外教训以及技术上不可控等角度，强调不安全是特高压电网的致命弱点。

从垄断性看，正方以欧洲电网虽然全部连在一起但并不受一家公司控制为例，阐述不会强化垄断；反方则断言强化垄断不可避免。

三、中国特高压电网发展技术经济评价

我国特高压电网发展酝酿已久，相关准备工作开展了多年，业界争议也如影随形多年，在很大程度上影响了党中央、国务院的决策。其实，如前所述，争议双方在论点聚焦、论据选择和论证方法上都存在不客观、不科学、不严密等问题，因而究竟孰是孰非难以明辨。针对这些问题，本章节以第三方立场，总结出一套简易的思路和方法进行公正评价，为决策提供参考。

（一）评价思路

从狭义看，我国是否应发展特高压电网之争，本质上是特高压电网输电与交通网输煤孰优孰劣之争。从广义看，除上述争议外，还包括特高压电网输电与超高压电网、高压电网输电孰优孰劣之争。

因此，特高压电网发展技术经济评价，可转化为特高压电网输电方案与交通网输煤方案和超高压电网输电方案等的比选。本章节着重比选特高压电网输电与交通网输煤两个方案。

然而，特高压电网输电与交通网输煤都是复杂的系统工程。每个系统工程里面都包含很多或大或小、或近或远的具体项目，如果严格按项目技术经济评价方法进行比选，存在具体项目不确定、相关数据难获取等难以克服的障碍。即使能千方百计收集、整理或估算出一批数据，也存在是否可信和时间不足等突出问题。

所以，本章节以定性评价为主、定量评价为辅，力求抽丝剥茧、化繁为简，不在存在较大不确定性的数据上纠缠，而突出评价的战略性、方法性和操作性。

---

① 这一说法始于20世纪60年代，当时的煤炭价格、运输成本相对较低，并由国家核定；而电网规模较小、结构薄弱，电压等级仅为220千伏，输电能力不足。随着电网结构和输送能力增强，输电距离大大延长，输电损耗明显降低，输电成本大幅下降，输电的优越性越来越突出。与此同时，输煤成本却在大幅提高，输煤、输电比较的边界条件发生了重大变化，原有的说法已不再成立。

（二）评价方法

根据上述评价思路，在具体评价方法上，我们认为，对于这种事关国计民生的重大技术经济方案比选，首先应突出战略性，即从我国经济社会全局和长远发展的战略高度，从能源发展战略和发展规律的角度，考察交流特高压电网输电在战略层面是否必须实施。若是必须实施的国家战略，则应千方百计推进；否则不必在有较大争议的情况下盲目推进。

其次，应突出安全性，即从经济安全、社会安全等角度，考察交流特高压电网输电的实施是否存在不容忽视、不能容忍的安全隐患。若存在不容忽视、不能容忍的安全隐患，则尽管战略上必须，也应暂缓推进；若不存在不容忽视、不能容忍的安全隐患，即使不具战略性，也可尝试适度推进。

最后，应突出经济性，即从初始投资、全生命周期运营费用、单位电量综合成本、产业关联效应等方面，考察备选方案在达到同等效果（如输电 10 亿瓦到东部和输煤到东部发 10 亿瓦电）情况下的建设和运营费用。相比之下，若交流特高压电网输电的综合费用过高，则应暂缓推进；否则应考虑有序推进。

简言之，本章节把至关重要的战略性、安全性和经济性作为主要比选因素，若交流特高压电网输电在战略性、安全性、经济性上有一条站不住脚，则应暂缓推进；若有两条以上站不住脚，则应放弃。

（三）实证评价

1. 战略性评价

从我国经济社会全局和长远发展战略看，为应对全球气候变化、实现可持续发展，我国正在加快转变经济发展方式，力行节能减排。随着新型城镇化、工业化、信息化、农业现代化四化同步发展，和西部大开发、中部崛起等区域发展战略的实施，以及产业转移与结构调整、升级的推进，我国经济社会发展的区域不平衡性将不断减小，电力生产和消费中心错位的矛盾将逐步缓解，特别是随着东部地区海上风电、可燃冰的开发利用和核电建设，以及进口煤炭的增多，东部地区电力缺口呈缩小趋势，从西部和北部远距离输电和输煤的必要性均呈减弱趋势。

从电力和电网发展目的、发展战略和发展规律看，电力和电网发展应服务于经济社会发展，应为各产业发展和城乡居民生活提供安全、优质、廉价的电力，具备能效利用合理、损耗小、污染少、运行灵活、系统经济性好等优点的分布式能源及智能电网正在全球范围内加速推广，超大电网不具备发展前途。

综上，交流特高压电网在我国不具备战略意义。

2. 安全性评价

特高压电网输电与交通运输网输煤，在供电安全性上都会受到极端天气（冰冻、雷击、暴雨、大风等）、地震、战争等的影响，只不过影响广度、深度、时间长度等各有不同。

极端天气较常见，且对交通运输网的影响比对特高压电网的影响更大。不过，极端天气通常较短暂，在有一定电煤储存的情况下，不会对输煤造成致命影响。经试验示范工程验证，上述极端天气对特高压电网输电也不会造成致命影响。

地震是小概率事件，大地震、巨大地震①发生的概率更小。特高压铁塔、钢管塔和道路交通都有抗震要求，抗震烈度通常按 7 ~ 8 度设防。8 级以上地震虽然不多见，但一旦发生，则所在地交通运输网与特高压电网都将遭到严重破坏，不过，交通运输网重建速度快于特高压电网重建速度。

从当前和今后一段时期看，战争特别是大规模战争，在我国基本上是小概率的几乎不可能事件。并且，如果万一不幸爆发战争，则特高压电网、交通运输网均不可幸免于破坏。但受破坏的范围和程度不同，交通运输网所受破坏的范围更小、程度更轻；特高压电网所受破坏的范围会瞬间蔓延到全系统、程度严重。

可见，在供电安全性上，特高压电网输电与交通运输网输煤在各种危险情况下没有本质上的差别；在大地震、大战争面前，二者都将遭受严重破坏。但在各种自然灾害和战争破坏面前，交通运输网能更快恢复，对经济社会的影响更小、更短。尤其不容忽视的是，交流特高压电网输电存在系统崩溃造成大面积停电事故的致命缺陷。

综上，交流特高压电网在安全性上存在不容忽视且不能容忍的隐患。

3. 经济性评价

第一，从输煤与输电的损耗看，据测算，用燃油机车运输 4 000 大卡的煤，每万吨 1 000公里消耗 25 吨油，能耗为 0.6%；用电力机车运输则能耗小于 0.2%；运输过程中倒车等损耗几乎可以忽略不计。而目前直流电力传输的线损率，普遍在 5% 以上，比铁路运输高出一个甚至几个数量级。②

第二，从电网与路网的投资和功用看，特高压电网建设的直接间接投资可能过万亿元，并且只是输电专用；而建设运煤专线，总投资远低于特高压电网，③ 并且可以不仅仅用于输煤，还可用于客运及其他货运。

第三，从电网与路网每年的维护检修费用看，电网维护费用高于路网。根据《国家

---

① 一般将小于 1 级的地震称为超微震；大于、等于 1 级，小于 3 级的称为弱震或微震；大于、等于 3 级，小于 4.5 级的称为有感地震；大于、等于 4.5 级，小于 6 级的称为中强震；大于、等于 6 级，小于 7 级的称为强震；大于、等于 7 级的称为大地震，其中 8 级及以上的称为巨大地震。

② 参见张树伟：《中国老百姓需要什么样的电网?》，http://finance.sina.com.cn/zl/china/20140417/101118829395.shtml。

③ 蒙赣煤运铁路为全长约 1 860 公里的运煤专线，总投资为 1 598 亿元。

电力公司跨区电网运行维护费用测算暂行办法》（国电发［2001］739号），仅线路日常维护材料费就高达4 000元/公里·年（同塔双回路乘系数1.4），还要每百公里配车2～4台，再加上人工成本和其他费用，每公里每年近万元费用。按“三华电网”全长9 815公里[①]测算，仅线路每年维护费近1.4亿元。而铁路专用线的维护费用，根据《河北省物价局关于调整铁路专用线代维修收费标准的批复》（冀价经费［2009］18号），线路为48 000元/公里·年。按铁路运煤专线2 490公里测算，[②] 线路每年维护费约1.2亿元。

综上，交流特高压电网输电的经济性远不如路网输煤。

（四）评价结论

总体来看，交流特高压电网输电不具有战略意义、存在大面积停电风险、不具有经济优势，我国不应发展交流特高压电网。

四、中国特高压电网发展政策措施建议

我国不应发展交流特高压电网，并不意味着必须全面放弃特高压输电技术。特别是已建和在建的特高压输电线路，仍应充分发挥其作用。根据需要，还应适时布局建设直流特高压输电线路。

（一）不再新建交流特高压输电线路

从技术上看，交流特高压输电的输电能力，近距离不如超高压交流输电，中长距离输电不如高压直流输电，远距离不如直流特高压输电。[③] 从综合评价结果看，我国建设交流特高压电网的理由不充分，风险很大，经济上不合理，因此交流特高压输电线路不应继续发展。

（二）合理建设跨区直流输电工程

直流特高压具有远距离、大容量输电的优势，我国应根据国情和能源发展战略，合理建设特高压直流输电线路，以解决东中部迫在眉睫的缺电问题。

---

① 锡林郭勒盟—南京电网全长1 419公里，同塔双回路；张北—南昌电网1 772.5公里，同塔双回路；蒙西—长沙—湘南电网2 069公里，同塔双回路；陕北—潍坊电网993公里，同塔双回路；靖边—连云港电网1 138公里，同塔双回路；雅安—上海电网2 423.7公里，同塔双回路。以上合计9 815.2公里。

② 大秦铁路653公里，蒙华铁路1 837公里，合计2 490公里。

③ 《对我国发展特高压输电的综合分析和建议》，国家发改委能源研究所内部文稿，2014年4月。

（三）充分发挥已有特高压输电线路的作用

一是继续开展试验示范，力求掌握更多关键核心技术及相关知识产权，不断提高可靠性和安全性。二是对运行情况不佳、改善无望的交流特高压输电项目，应果断放弃、降压运行。

（执笔人：曾智泽、李红宇、杨　威）

专题八

我国核电技术路线选择研究

内容提要：通过模糊层次分析方法，结合调研资料，对两种争议比较大的核电技术方案进行了比选。结果发现，AP1000 稍优于“华龙一号”。尽管“华龙一号”综合性稍逊于 AP1000，但也是一种具有竞争力的技术。建议当前应加快推进 CAP1400 示范工程，为大规模商业化推广打下基础。同时，给予“华龙一号”一定的发展空间。

按照核电中长期规划，我国核电将很快进入快速发展时期，究竟该选择何种技术路线，并保证其安全性与经济性，是我国核电科学、健康、可持续发展的关键所在。为了积极参与竞争，各家核电技术企业均致力于宣传自己品牌优势，希望自己的机型能够成为我们未来核电站建设的首选技术。由于受核电体制机制制约，加之未能建立科学的核电技术评估机构，我国第三代核电技术又产生了诸多争议。核电技术争议由来已久，不但破坏了核电技术创新氛围，一定程度上干扰了政府宏观决策与管理，同时还加剧了公众的担心，最终延缓了核电建设步伐，严重影响了我国核电产业发展和能源结构调整。目前正值核电相关问题的决策过程之中，如何科学评价这些争议，推动我国核电顺利发展，已成为亟须解决的问题。

一、世界主要国家核电技术发展现状

核电技术包括堆型技术、核燃料技术、设备制造技术、核电站建造技术、核电站运营与维护技术等围绕核电站的全产业链技术。由于堆型技术是核电技术的核心和关键，业界因此通常把核电技术视为或指称堆型技术。[①] 核电技术发展是一个需要综合考虑技术创新规律以及政治、经济、国际关系等多元因素的重大战略决策。因此，分析和了解国外发达国家核电技术发展趋势，对我国核电技术发展战略的制定及技术路线的选择将会有积极的参考借鉴意义。

① 曾建新，王铁骊．《基于技术轨道结构理论的核电堆型技术演变与我国的选择》．中国软科学，2012（3）．

（一）世界核电技术发展趋势

20 世纪 50 年代，世界第一代核电技术以原型堆的形式投入应用，目的在于通过试验示范形式来验证核电在工程实施上的可行性。20 世纪 60 年代后期，第二代核电技术实现了商业化、标准化，安全性能进一步提高。目前，世界上商业运行的四百多座核电机组多属第二代及二代改进技术。第三代核电技术发展于 20 世纪 90 年代，预计不久将正式投入商用，主要包括美国沸水堆 ABWR、压水堆 System 80 + 、非能动压水堆 AP1000、俄罗斯压水堆 AES－92、法国压水堆 EPR 及我国 CAP1400 和“华龙一号”等多种技术。第四代机组也提出了概念设计，但距离商业化①还有一定的距离（见图 1）。据调研专家介绍，目前我国已经建设的二代及二代改进型核电堆型运行良好。第三代示范堆运行多年，已经具备了规模推广的条件。以实验快堆和高温气冷堆为代表的我国四代核电技术已居于世界领先水平，但距商业化推广应用至少还要 10 年。

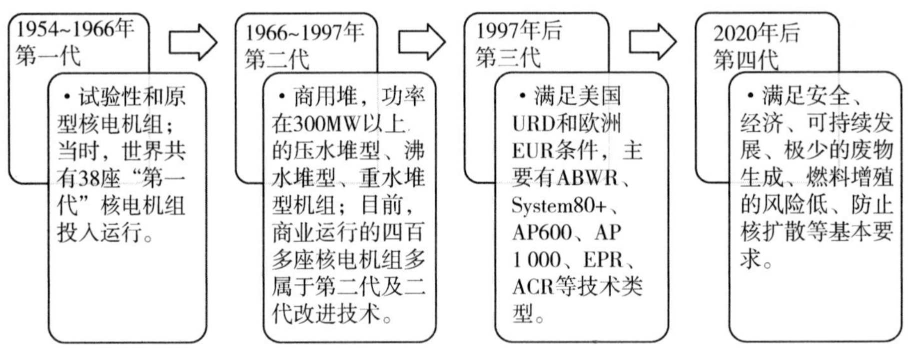

图 1　世界核电技术发展路线

资料来源：据相关调研资料整理制作。

（二）主要国家核电技术的发展历程

由于国情和工业基础不同，世界各国在核电技术发展道路上采取了不同发展策略。如美国和俄罗斯核电技术依托原有军用核潜艇技术，形成自主知识产权的核电技术。法国、日本和韩国在引进技术基础上形成自主品牌。英国则由于核电发展战略缺陷，目前已经丧失了原有核电技术优势。主要核电国家在保持本国核电发展的同时，纷纷瞄准国际市场，积极争取并参与其他国家的核电项目，国际核电市场竞争逐步加剧（见表 1）。

① 核电的堆型发展一般分为实验堆、原型堆、商用示范堆、商用堆 4 个阶段。实验堆解决原理问题，原型堆解决工程问题，商用示范堆是解决经济性即性价比问题，商用堆就是产品，需要解决市场推广问题。

表 1　　主要核电国家近年来在国际市场竞争情况

国家	输出国	项目名称	堆型	规模	备　注
俄罗斯	土耳其	阿库尤	AES－2006	4×1 200MW	2013 年 3 月签订合同，俄罗斯控股 75%，土耳其 25%。已开始厂址准备工作，计划于 2020 年后相继建成
	伊朗	布什尔	VVER－1000	1×1 000MW	已并网，双方正就在布什尔新建核电站计划进行洽谈，预计 2014 年开工
	中国	田湾 3、4 号	AES－91	2×1 120MW	已开工
	越南	宁顺 1 期 1、2 号	AES－91	2×1 060MW	2013 年 2 月签订贷款协议（10 亿美元），俄罗斯计划提供贷款总计 80 亿～90 亿美元。首台计划 2014 年开工
	孟加拉	卢普尔	AES－92	2×1 000MW	俄罗斯提供燃料并负责取回乏燃料；2013 年 1 月签署贷款协议，首期 5 亿美元贷款用于选址、项目开发、人才培训，另外将再贷款 15 亿美元。2013 年 10 月开始厂址准备工作，预计 2015 年开工
	白俄罗斯	奥斯特洛维茨	AES－2006	2×1 200MW	2011 年 10 月签订 100 亿美元的贷款协议；2012 年 7 月签订建设合同；2013 年 11 月 6 日正式开工
	印度	库坦库拉姆 3、4 号	AES－92	2×1 050MW	2007 年签署谅解备忘录，俄罗斯将帮助其建造至少 4 台（1 号并网、2 号在建）。2012 年签署协议，俄罗斯提供 42 亿美元出口信贷。2013 年 3 月印度议会批准 3、4 号建造，厂址工作已开始
	约旦	阿姆拉	AES－92	2×1 050MW	俄罗斯、法国、加拿大以及韩国参与投标，2013 年 10 月底，约旦选定俄罗斯为技术供应方。约旦拥有 51% 股份，俄罗斯为 49%
	亚美尼亚	亚美尼亚电站 3 号	VVER－1 000	1×1 060MW	2010 年 8 月双方签署合作协议。计划于 2015 年年底开工，俄罗斯持股 50%。双方已成立合资公司，开始考虑融资。有报道称俄罗斯通过降低输送给亚美尼亚的天然气价格来换取核电建设参与权

续表

国家	输出国	项目名称	堆型	规模	备注
俄罗斯	乌克兰	赫梅利尼茨基3、4号	AES－92	2×1 050MW	复建工程；另外考虑再新建2个机组，2010年双方签订政府间协议，俄罗斯准备提供新项目85%的贷款
	捷克	泰梅林3、4号	AES－2006	2×1 200MW	已签合作协议，作为候选堆型
	埃及	Dabaa			2013年4月达成合作协议，将进一步商谈合作细节
	南非				2013年11月双方草签了核能和工业领域合作战略伙伴协议，俄罗斯准备帮助南非建设多台核电站
	英国				2013年9月5日，Rosatom与英国能源部签署核能合作谅解备忘录，探讨在英国建设和运营VVER反应堆的合作机遇。Rosatom还与劳斯莱斯、芬兰富腾公司达成协议，合作开展核电项目可行性研究
韩国	阿联酋	巴拉卡	APR1400	4×1 400MW	1号在建，2号正准备开工，3、4号建造申请于2013年3月递交阿联酋核监管部门
	越南				赢得越南第3座核电站的优先谈判权
日本	土耳其	锡诺普	Atmea1（与法国合作）	4×1 100MW	2013年5月日本与土耳其签订合作协议；10月29日，双方签署合作框架协议，待土耳其议会通过后，双方将拟定最终商业合同条款；今后土耳其核电建设项目中，日本企业都可能参与
	英国	威尔法、奥德伯里	ABWR	（4～6）×1 400MW	2012年11月，日立公司收购英国地平线，计划在威尔法和奥德伯里建造4～6台ABWR。2013年4月10日，英国核监管办公室和环境局与日立公司签署协议，开始对ABWR总体设计评估；12月4日，英国财政部与日立公司签订关于贷款担保的合作协议

续表

国家	输出国	项目名称	堆型	规模	备　注
日本	越南	宁顺核电站2期		2台	2010年10月与日本签订合作建设协议。目前已完成项目可行性研究，日本将协助建立核监管机构，并提供核辐射安全及核安全法规方面的培训
美国	中国	三门1、2号；海阳1、2号	AP1000	4×1 250MW	在建
	捷克	泰梅林3、4号		2×1 200MW	2013年7月西屋与捷克维特科维策电力工程公司签署合同，后者将生产AP1000关键模块的模拟件。根据之前合作协议，若该项目采用AP1000，将由捷克企业供应关键结构模块和机械设备模块。美国进出口银行2013年5月表示，若采用美国技术，愿意提供项目成本50%的贷款
	印度	Mithivirdi	AP1000	4×1 250MW	2012年西屋与印度签署谅解备忘录；2013年1月完成初步环境评价，预计2013年9月签署早期工程协议。计划2019年首台并网
法国	中国	台山1、2号	EPR	2×1 750MW	在建
	芬兰	奥尔基洛托3、4号	EPR	2×1 750MW	3号在建，参与4号投标
	印度	Jaitapur核电站	EPR	4×1 750MW	2010年12月印度与阿海珐签署框架协议，目前商业和技术谈判顺利，完成合同责任谈判后将签合同
	英国	欣克利角C	EPR	2×1 750MW	EPR已通过了总体设计评估；2013年10月17日，与法国电力、中广核就合作投资建设核电项目签署战略合作协议

资料来源：据张萌等：《世界核电市场竞争观察》。

1. 美国

美国是世界上最早推动核电发展的国家。美国最先凭借曼哈顿计划打下的科研基础开发了军用潜艇核动力技术，并在此基础上建造了世界上第一座商用核电站——希平港。

在政府以及一些通过军用订单获得核能力的反应堆制造商如西屋、通用电气等企业的积极推动下，核电技术迅速突破了发展早期的技术瓶颈，在20世纪60年代到20世纪70年代获得了规模空前的发展。以压水堆和沸水堆为代表的轻水堆技术迅速成为了核电产业的主导技术，并逐渐输出到欧洲国家。自1979年的三里岛事故之后，美国政府对核电发展趋于谨慎，核电建设停滞不前。2000年以来，美国核电开始逐步复苏，2002年美国能源部启动《2010年核电计划》，2005年能源政策法案（Energy Policy Act）正式获得通过，2011年核管理委员会（NRC，Nuclear Regulatory Commission）认定美国在役核电机组是安全的，政府继续支持发展核电。这些不断出台的政策，从税收优惠、贷款担保等多方面来引导核电发展，促进核电技术的进步。继2011年12月决定为西屋电气公司（Westinghouse）的修订版AP1000设计颁发设计合格证之后，2012年美国核管理委员会（NRC）新批准4台AP1000机组的建造许可。目前在价格低廉的页岩气竞争、福岛核电事故影响以及民间反核情绪高涨的背景下，美国重批核项目一方面显示了其对AP1000的安全性有充分信心；同时也利于向世界推销AP1000技术，进而保持美国在全球核电业界的领先地位。

2. 法国

法国是世界上核电占电力比例最高的国家，并向周边国家输出电力。法国核电技术起始于军事研究，后来原子能署的科研工作渐渐向民用领域倾斜。1956年法国建成自己的第一座核电站。1972年法国相继建成4座核电站，它们构成了使用石墨气冷反应堆的第一代核电（现已经全部退役）。1958年，法国从美国西屋公司购买了压水反应堆技术专利，并对该技术进行创新改进和国产化。在此基础上，法国逐步完成了压水堆核电站的标准化和系列化，并与德国联合开发了第三代压水堆机型EPR。目前法国仍在积极发展核电，虽然总统奥朗德在大选期间承诺削减核电在能源结构中的份额（从当前的75%下降到2025年的50%），但仍继续保持国内核电发展，同时开展政治外交，力促本国核电技术和设备出口。法国政府一直在支持包括第四代反应堆在内的核电技术研发，加强核安全研究。未来政府将成立规模为1.53亿欧元的基金，支持核能企业发展。

3. 俄罗斯

俄罗斯核电技术由苏联传承而来。从1954年苏联的世界第一座核电建成开始，30年间苏联核电发展规模不断壮大，这一时期主要采用了两种堆型，即轻水冷却石墨堆和压水堆。而自1986年切尔诺贝利核事故之后，苏联核电发展一度停顿，不再发展石墨堆核电站。20世纪90年代初，苏联解体以后，俄罗斯紧跟世界核电技术发展趋势，进行更安全更经济的新机型的改进研发，先后推出了AES－91（V－428）和AES－92（V－412）两种机型。AES－92型经欧洲EUR（European Utility Requitment）组织审定完全满足EUR的要求，于2007年4月颁发了认证证书。在AES－91和AES－92两种机型建设实践的基础上，吸取反馈经验，进行了综合改进、挖潜和标准化，推出了名义功率为120

万千瓦的 AES－2006 型，属“三代＋”的机型。为有利于把这种机型推向世界，2009 年中，又命名为 MIR（现代国际反应堆）。俄罗斯政府已确定 AES－2006 型为俄罗斯今后核电发展的主力机型，计划在 2030 年前要建成 32 台这种机组。由于造价只有美、法的一半，经济竞争力强，俄罗斯核电技术在土耳其、保加利亚、越南项目市场竞争中连连获胜。

4. 英国

英国曾经是世界核电发展领跑者。但由于能源供求矛盾缓解，停止了核电的发展，再加上采用核电机型的缺陷，成了世界核电发展的落伍者。目前英国成为核电“三无”国家，即“无自主机型、无独立供应商、无自主的核电公司”。英国政府为了复兴核电进行了大量工作，包括恢复核电发展的政策法律准备，确定了要发展核电的方针；核电发展规划目标准备，确定了 2025 年新建成 2 500 万千瓦的目标；厂址准备，批准了 8 个核电厂址，并完成了厂址使用的招标。2011 年，初选核电机型，因安全问题把 AP1000 排除。2012 年 12 月，英国核监管机构完成了对欧洲压水堆（EPR）设计的通用设计评估（GDA）程序，表示该设计符合有关安全、安保和环境影响的监管要求。在获得英国核监管局的设计验收确认书和环境局的设计可接受性声明之后，法国电力公司（EDF，Electricite de France）和法国阿海珐集团（Areva）的 EPR 设计成为第一个完成英国通用设计评估程序的反应堆设计。

5. 日本

日本从 20 世纪 60 年代中期开始引进外国的核电设备后，对核电技术进行 3 个阶段的改进和研究，逐步提高了核电设备国产化率，同时也提高了核电建设和运行水平。20 世纪 70 年代建成首批 3 台轻水堆机组，20 世纪 80 年代中期，开发出改进型沸水堆（ABWR）机组。此后，从美国供应商购买了反应堆设计，通过购买许可证及自主研发，日立、东芝、三菱重工建立并发展了自己的轻水堆设计和建设能力。1990 年以后，日本核电开始注重海外市场开拓，通过与国际核电供应商进行并购重组，日本核电技术公司自身实力大大增强。目前，东芝已经取得了美国西屋电气 87% 的股份；日立与通用通过对核电业务合并和重组，建立了三家新公司；三菱重工和法国阿海珐成立了 Atmea 公司。同时在进军英国、芬兰、哈萨克斯坦、越南、土耳其等海外市场方面取得了重大成果。

6. 韩国

在 20 世纪 90 年代韩国核电建设实现了自主化、国产化，在韩国后期投运的机组中有 6 台是韩国按本国标准自主建设的核电厂，目前在建 6 个机组中的 3 台是韩国自产的 OPR1000＋、2 台是 APR1400。筹备建设的 6 台机组亦全是韩国的 APR1400。韩国在推进核电站事业的过程中，开发了能够反映出韩国尖端技术的标准型压水堆 OPR1000 和先进的压水堆 APR1400，并通过对它的建设和运营，获得了能够与国外竞争的核电站技术。

又通过建设运营月城核电站掌握了700MW级重水反应堆核电站的设计、设备制造、施工和运营的技术。韩国计划到2030年出口80座核电站，在世界新增核电建设市场占有率达到20%，成为继美国和法国之后的世界第三大核电出口国。

（三）我国核电技术发展历史及现状

我国核电发展走的是一条“以我为主，中外结合”的道路，在20多年的探索、实践、引进、消化、吸收过程中，我国核电技术逐步走向成熟。2005年，我国确定了“压力堆—快堆—聚变堆”三步走发展战略。目前国内运行的核电站包含了源自多个国家的多种技术（机型）（见表2），其中堆型主要存在压水堆和重水堆，还包括第四代的快堆和高温气冷堆。从具体机型看，我国正在运行的核电主要包括法国、加拿大、俄罗斯及我国中核及中广核技术。从在建及计划推迟的核电堆型来看，也主要以压水堆为主。

表2　　　　我国正在运行的核反应堆

核电站	省份（直辖市）	额定功率	堆型	运营商	商运日期
大亚湾1&2	广东	944 MWe	压水堆（法国M310）	中广核	1994年
秦山一期	浙江	298 MWe	压水堆（CNP－300）	中核	1994年4月
秦山二期，1&2	浙江	610 MWe	压水堆（CNP－600）	中核	2002年、2004年
秦山二期，3&4	浙江	620 MWe	压水堆（CNP－600）	中核	2010年、2012年
秦山三期，1&2	浙江	678 MWe	重水堆（加拿大Candu 6）	中核	2002年、2003年
岭澳一期，1&2	广东	938 MWe	压水堆（法国M310）	中广核	2002年、2003年
岭澳二期，1&2	广东	1 026 MWe	压水堆（法国M310－CPR－1000）	中广核	2010年10月、2011年8月
田湾1&2	江苏	990 MWe	压水堆（俄罗斯VVER－1000）	中核	2007年5月
宁德1&2	福建	1 020 MWe	压水堆（CPR－1000）	中广核	2013年4月（2014年）
红沿河1&2	辽宁	1 024 MWe	压水堆（CPR－1000）	中广核－中电投	2013年6月、2014年2月
阳江1	广东	1 021 MWe	压水堆（CPR－1000）	中广核	2014年3月
	北京	20 MWe	实验快堆	中国原子能科学研究院	2011年7月

资料来源：据世界核能协会整理。

目前，国内三代技术（机型）主要有中核集团和中广核集团联合开发的华龙一号和国家核电技术的 AP1000 及 CAP1400，这些技术都符合三代核电标准，安全都有保障。总体来看，这几种机型没有一种技术具备绝对的、排他性的优势。同时清华大学核能院的高温气冷堆技术和中核集团的快堆技术一旦商用趋于成熟，竞争必将进一步加剧。从我国核电技术发展历史来看，大致可以分为三个阶段。

1. 1990 年以前

1974 年 3 月 31 日中央政府批准了 30 万 KW 级的秦山压水堆核电方案，核电才开始起步。1983 年，国务院《核能发展技术政策要点》明确了发展压水堆机组的技术路线。1985 年 3 月 20 日正式开工建设，1991 年 12 月 15 日并网发电，结束了我国大陆无核电的历史，实现了我国核电技术的重大突破。从此我国具有了 30 万千瓦级压力水堆核电机组成套设备生产能力。①

2. 1990 ~ 2003 年

20 世纪 90 年代，国务院确立了以“引进 + 国产化”为主的核电技术发展路线。1987 年 8 月，引进法国 M310 技术，建设大亚湾核电站，1993 年 8 月投入商业运行。1994 年成立中国广东核电集团，1997 年 5 月开工建设了岭澳核电站。从大亚湾核电站建设，我们看到了与国际先进水平的巨大差距，认识到吸收发达国家先进技术的重要性。秦山二期在一期基础上以产品开发为主线，吸收法国技术，形成了四自主能力（自主设计、自主建造、自主管理、自主运营）的国际二代水平 CNP600 技术，这是我国自主设计建造商用核电站的跨越标志，并已应用援建巴基斯坦恰希玛核电站。②

1998 年 6 月，引进了加拿大的重水堆 CANDU - 6 技术开工建设了秦山三期，2002 年 12 月并网发电。1999 年 10 月，引进了俄罗斯先进压水堆 AES91 技术开工建设田湾核电站，2007 年 5 月并网发电，AES91 在某些安全性与经济性已达到国际上第三代核电的要求。中核建、中核和中核北方引进了法国、俄国、加拿大的核燃料元件制造技术。通过对多种技术的充分讨论、比选，我国的核电技术路线也明确了以“二代 +”（即改进型第二代核电技术）过渡、发展第三代核电。③

3. 2003 年以来

2003 年 10 月，全国核电建设工作会议决定“引进第三代核电技术，统一核电发展路线”。2004 年，成立了国家核电技术公司主导国际第三代核电技术招标引进。2007 年 3 月，浙江三门核电站确定使用西屋公司第三代核电技术 AP1000，中国开始尝试建设世界上最先进的第三代核电站。在引进消化吸收美国 AP1000 三代非能动核电技术基础上，

---

① 孟凡生.《我国核电技术发展与创新能力探析》. 科技管理研究，2008（12）.

② 刘兵，汪昕，王铁骊，陈甲华.《湖南战略性新兴产业集群发展的组织模式研究——关于湖南核电产业集群供应链发展的思考》. 南华大学学报（社会科学版），2012（2）.

③ 张国宝.《转变能源发展方式，加快发展核电产业》. 中国核电，2010（2）.

通过再创新和集成创新，研究开发了具有自主知识产权的三代核电技术 CAP1400。按照国家大型核电重大专项示范工程计划，到 2017 年 12 月 CAP1400 核电站将并网发电。

伴随着我国核电发展，中核集团和中广核集团始终坚持走在引进、消化吸收基础上进行自主研发再创新的技术发展路线，先后经历十余年完成自主品牌百万千瓦级三代压水堆核电技术研发，形成 ACP1000 和 ACPR1000 + 自主核电品牌。为促进自主核电技术发展，中核集团与中广核集团在融合 ACP1000 与 ACPR1000 + 技术方案的基础上，联合开发具有完全自主知识产权、具有高度安全性、适合我国电力发展需要的自主创新三代核电技术“华龙一号”。

同时实验快堆和山东石岛湾高温气冷堆为代表的我国四代技术取得了可喜进展，但是距离商业化应用至少还要 15 年。而聚变裂变混合堆由于技术难度大，没有完成。总体来看，我国第四代核电技术已居于世界领先水平。2011 年我国实验快堆成功实现并网发电，标志着我国三步走发展战略中的第二步取得了重大突破，也标志着我国在四代核电技术研发方面进入国际先进行列，已成为世界上少数拥有快堆技术的几个国家之一。我国高温气冷堆已完成试验堆和原型堆两个发展阶段。2008 年，开始建设高温气冷堆示范——石岛湾高温气冷堆核电站，被国务院称为建设创新型国家的标志性工程之一。

（四）对我国核电技术发展启示

1. 加强核电技术的标准化

核电技术的标准化具有缩短建设周期、降低造价、提高安全可靠性等优点，同时也是实现核电自主化和国产化的前提条件。法国是世界上核电建设标准化的典范，当前运行的 59 台机组全属于第 2 代压水堆型技术。高度标准化的核电技术使得法国核电投资及运营成本非常低，投资成本约为世界平均水平的 50%，运行成本比美国低 40%。[①] 未来随着核电规模的快速增大，为了提高核电安全性、经济性和形成自主知识产权的核电技术，必须加强核电标准体系建设。另外为了推动核电技术走出去、参与全球竞争，我国核电技术必须满足国际上的一些用户要求文件，如美国的 URD（Utility Requirement Document）、欧洲的 EUR（European Utility Requirment）等。应结合我国核电技术情况，建立我国核安全法规导则与核电技术标准的有效衔接，制定符合我国实际的设计要求文件。未来我国新一代核电机型在满足国内、国际用户要求条件下，争取最好的经济性。

2. 加快制定具体的核电技术发展战略

主要核电技术国家在核电技术发展道路上采取了不同的发展策略，制定了科学的技术路线，有效地推动了核电技术发展。如美国是唯一对多种堆型进行过最广泛探索的国家，在 20 多种堆型中选择优先发展轻水堆，并输出到全球，而且在明确的核电技术发展

① 董佳，马卫华.《法国核电发展的特色》. 中国电力教育，2010（1）.

路线图指引下始终坚持新堆型开发。[①] 法国、韩国基于各自的发展战略，引进美国核电技术后，在科学的技术发展路线图指导下，通过消化、吸收、再创新，形成了具有竞争力的自主品牌。如今，法国已掌握了较为成熟的第3代先进压水堆型技术EPR，成为核电技术强国和出口大国。[②] 韩国成功地开发了自主产权的OPR1000和APR1400先进压水堆型技术，并在2009年底获得阿联酋核电站建设协议，逐步成为核电技术出口大国。[③] 英国虽为最早发展核电的国家之一，但由于其对核电堆型发展战略的举棋不定，[④] 严重阻碍了核电的发展，目前已沦为核电“三无”国家。因此，对核电技术的选择，各国主要依据本国的铀资源禀赋、核工业基础与设备制造能力、政治经济等状况综合影响决定。[⑤] 我国“热堆—快堆—聚变堆”的三步走战略路线清晰，但在当前热堆阶段，许多方面的技术路线图及实施路线（方案）却是模糊或缺失的，而且随着利益集团的增多和利益之争的加剧，使原本一些清晰的技术路线出现“执行软约束”。[⑥] 核电技术发展路线的明晰性不足是我国核电发展中出现选择的诸多争论问题的主要原因。[⑦] 因此，我国在坚持核电三步走战略下，需要制定更为清晰、具体的核电技术发展路线。

3. 坚持安全性和经济性的价值导向

安全、高效给核电带来经济性的提高，可提高电站可靠性、效率和容量，延长运行周期，减少维修费用，杜绝事件和事故的发生，避免经济损失。[⑧] 提高安全性、改善经济性是世界核电技术发展永恒的主题。第二代核电技术在提高第一代核电技术安全性基础上，同时也提高了核电的经济性，即可与水电、火电竞争。美国三里岛核电站事故和苏联切尔诺贝利核电站事故催生了第二代改进型核技术，其主要特点是增设了氢气控制系统、安全壳泄压装置等，安全性能得到显著提升。以满足美国和欧盟第三代核电技术用户要求为标志的第三代核电技术，相比第二代核电技术，更注重增强安全措施，提高单堆容量、简化设计降低单位成本等。其设计关注点包括，进一步降低堆芯熔化和放射性向环境释放的风险，使发生严重事故的概率减小到极致，以消除社会公众的顾虑；进一步减少核废料的产量，寻求更佳的核废料处理方案，减少对人员和环境的剂量影响；降低核电站每单位千瓦的造价和缩短建设周期，提高机组热效率和可利用率，提高寿期，以进一步改善其经济性。[⑨] 第四代核电技术性能要求，也贯穿这一主线，即在满足更高安全要求的条件下，争取最好的经济性。

---

① SAVAGE Buzz. Nuclear Energy Research and Develop - ment Roadmap. http://www.ne.doe.gov, 2009 - 10 - 18.

② 赵鸣.《法国核电工业成功发展的经验》. 全球科技经济瞭望，1999（7）.

③ 陈观锐，邹树梁.《韩国核电产业“走出去”战略启示》. 南华大学学报（社会科学版），2010，11（4）.

④ 英国1956年建成45兆瓦原型天然铀石墨气冷堆型核电站，首先选择气冷堆和快堆，1965年转向重水堆，1978年又回到改进型气冷堆，1981年又改为引进压水堆，抉择的反复是其核电技术“三无”的重要原因。

⑤ 曾建新，王铁骊.《基于技术轨道结构理论的核电堆型技术演变与我国的选择》. 中国软科学，2012（3）.

⑥ 陈玲，薛澜.《“执行软约束”是如何产生的？揭开中国核电迷局背后的政策博弈》. 国际经济评论，2011（2）.

⑦ 曾建新，杨年保.《我国核电技术发展的路线选择问题演变与启示》. 学术界，2013（2）.

⑧ 任德曦，胡泊.《关于我国核电安全、高效发展与经济发展相均衡的探讨》. 中外能源，2013，18（3）.

⑨ 欧阳予.《世界核电技术发展趋势及第三代核电技术的定位》. 国防科技工业，2007（5）.

4. 坚持自主创新的技术发展道路

在引进国外先进技术路线时，必须仍要坚持自主创新的道路。引进技术只是手段，自主创新才是我国核电技术发展的根本目的。从日、法、韩等国核电技术自主创新发展道路的经验来看，这些国家核电技术不是靠买核电容量的方式得以发展的，而是采用对引进技术消化吸收，同本国科研开发结合起来。这些国家在制度上以企业作为承担技术转移的主体，尽管由政府牵头统一对外引进核电技术，却避免了权责分离的困境，真正走上"引进—吸收—再创新"的道路。因此，应避免简单的出让市场换取规模的思路，借助国内核电发展市场规模优势，大力促进国内核电自主创新技术发展。杜绝我国沦为国外多国核电技术的试验场。

二、我国核电技术争议及原因

（一）主要争议

目前业界核电技术争议主要有以下几方面。一是技术路线的实质是什么；二是怎样认识能动非能动安全系统；三是 AP1000、CAP1400 与"华龙一号"性能孰优孰劣；四是我国发展核电技术的具体做法；五是在核电发展中国家与市场定位（见表 3）。

目前争议的焦点看起来是技术路线（机型）之争，其实是利益之争。引发争议是为了抢占未来核电技术路线发展权，即统一采用国家核电技术的 AP1000 或者 CAP1400 还是采取兼顾"华龙一号"两种路线并存？总体来看，目前影响决策的最大争议仍属核电行业内部的争议。如果一旦争议扩大化，扩散到民众，后果是严重的。

表 3　　主要争议观点梳理

对　象	国家核电技术	中国核电和中广核
技术路线的实质什么	我国确实存在核电技术路线之争，并且这种争论已影响了核电产业发展。"每次临近核电政策出台之际，总会出现路线之争，这受部门利益主体驱使，并不是纯粹的科学之争"	目前根本不存在所谓的技术路线之争，中国走的是压水堆路线，堆型才是技术路线。所谓的技术路线只是炒作的一个概念而已。同一堆型下的机型差别是必然存在的，不能称为技术路线

续表

对　象	国家核电技术	中国核电和中广核
怎样认识能动非能动安全系统	“非能动”是第三代核电技术的标志。目前国际上无论是压水堆还是沸水堆，第三代技术都是采用非能动安全系统装置。国际主流第三代核电技术都推崇先进非能动安全系统，我国也应顺应	“能动、非能动”都是保证核电安全的一种措施。非能动安全系统更不应绝对化。作为一种技术手段，无论是能动还是非能动，只要能达到核电安全标准要求，效果都一样的，两者更不能对立来看
AP1000、CAP1400 与“华龙一号”性能孰优孰劣	AP1000 无论从技术先进性还是经济可行性及安全性等方面都要领先“华龙一号”。AP1000 综合性能领先“华龙一号”至少 6 年	“华龙一号”才是我国目前真正具备自主知识产权的第三代核电技术，综合性能更好。满足国际上第三代压水堆核电技术要求，同时具有完全自主知识产权、具有高度安全性。满足国家核安全局发布的“十三五”核安全标准要求。同时从核电产业发展历史继承性、工业体系、燃料体系、军民的兼顾性等方面来看，“华龙一号”都要优于 AP1000
我国发展核电技术的具体做法	我国应该统一技术路线，一定不能搞多元的技术路线。即应该坚定不移的搞 AP1000 自主创新道路，尽快实现 CAP1400 开工。AP1000 已经具备了大批量建设的条件，我国未来坚持这一技术路线，尤其是在国内不能再搞多元化	我国应在确保“安全高效”发展核电前提下，坚持以一种堆型为主，发展两到三种机型的技术路线是正确且可行的。这样不但能够更好地兼顾核电技术发展、满足电力市场需求和公众安全，同时也符合我国核电走出去、开拓国际市场的需要。片面强调要将我国核电统一到某种机型，不利于我国核电技术的自主健康发展，也不利于保障我国核能供应安全
在核电发展中国家与市场定位	鉴于我国核电的体制机制问题，技术路线不能放到市场去选择，国家不但不应放权，还应进一步集中。国外如美国业主多个，业主多，可以交给市场自己选择。而我国核电厂址资源已经基本被中广核和中核集团瓜分完毕，所谓的市场基本由这两家公司决定	机型选择应交由市场选择、业主选择，即机型选择应遵守市场的选择、遵守业主的选择。机型技术路线是个复杂性、系统性的问题，让政府去选择具体机型是不科学的。国家做好核电安全监管，市场（业主）能够选好适合自己发展的机型

资料来源：作者据调研材料整理。

（二）争议产生的原因

1. 利益主体不同

目前，核电发展进程中出现的技术路线选择本质上是利益相关方矛盾的表现。根据国家赋予的定位，国家核电技术是典型的 NSSS（Nuclear Steam Supply System，核蒸汽系统供应商）和 AE（Nuclear Power Architect Engineering Company 核电工程公司），在产业链上，位于中游位置。国家核电技术公司期望未来依靠 CAP1400，通过“统一图纸、统一标准”，从技术上实现对我国现有核电产业秩序整合，这样能够实现其利益最大化。而中广核和中核在产业链上处于中游和下游位置，不但是 NSSS（核蒸汽系统供应商）和 AE（核电工程公司），同时还是业主（见图 2）。两家公司已拥有自主核电技术，并具有较强工程建设、运行管理能力，又不愿在技术上受制于人，以影响其自身利益。因此，受自身利益主体限制，争议双方各不相让。

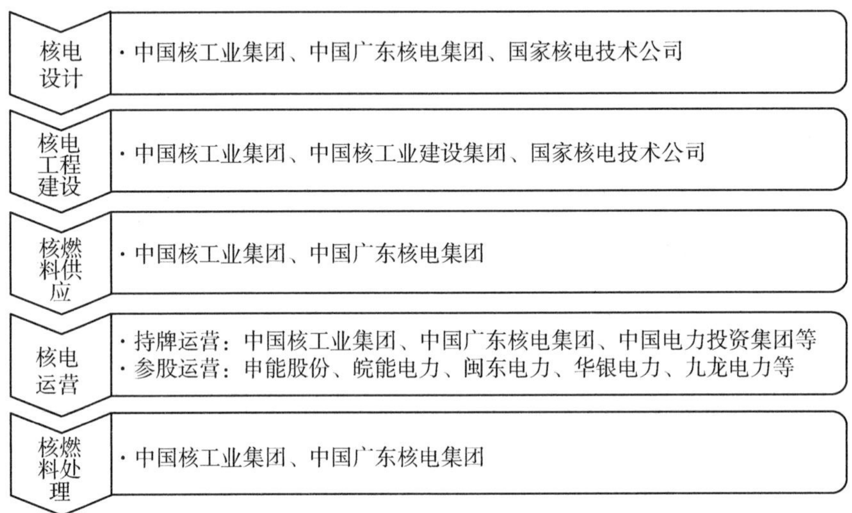

图 2　我国核电工业体系示意图

2. 科学决策机制缺乏

由于目前的核电管理体制机制及核电产业发展尚有问题，真正科学决策机制尚未建立，导致核电技术争议不能及时解决。尽管核电技术早期引进过程中也进行了专家论证，但在具体项目实施中，由于缺乏独立的第三方评估，导致目前争议一直不能平息。目前争议着重安全性分析，经济性和技术可行性分析不够。对安全性分析，也多是对技术上的安全性指标分析，缺少对安全运行能力、工程施工保障能力、核电技术燃料体系供应等方面的论证。

3. 分析标准不一

争议双方比较的标准，提供论据都不一样。争议双方多“以己之长，比人之短”。在论证自己观点的时候，往往提供一些对己方有利的信息。如在论证 AP1000 和华龙一号性能的时候，国家核电技术强调 AP1000 技术先进性，其非能动系统能够在故障发生 72 小时内，不用采用人工干扰。而中广核和中核集团等方则强调“能动与非能动”结合的理念、设备成熟及完善的超设计基准事故、严重事故应对措施等一系列指标。但对两者差距尤其是共同指标存在的差距却缺乏分析。

4. 政治历史影响严重

我国核电从起步开始就存在着多国引进、多种堆型、多类标准和多种技术共存的局面，应当看到这种状况是与我国特殊国情相适应的。后来由于我们核电技术已具备一定的基础，国外也愿意与我们合作，为了加快我国核电技术的进步，采取“引进吸收再创新”和“自主创新”的并重的路线。但在引进决策过程中，受政治、外交等多种因素影响，除了发电外，核电技术承载了太多了其他使命。

（三）争议的不利影响

1. 对政府宏观决策与管理造成了一些不利影响

从目前关于核电的争议来看，当前的核电发展阶段出现技术路线的争论，可能不利于核电新项目的审批。本应通过国家综合部门解决的问题，却由于争议的扩大化，逐步上升到必须要经过国家领导层决策。调研中，许多行业内部人士反映，“尤其是面临决策的关键关口，个别经“特殊通道”的意见已严重干扰了核电发展的正常秩序”。

2. 不利于营造核电技术创新氛围

核电技术的争议影响了核电科技界踏踏实实搞创新的氛围。近年来随着核电科研经费投入的增加，核电技术创新环境得到了一定的改善。但由于核电技术的“争议过多，杂音太大”，严重干扰了核电科研工作者的创新热情。工程的延期或研发过程中出现了一些问题，就被媒体炒作为“项目失败”。应当科学看待核电技术创新，核电科技的创新不可能一蹴而就，也不会一帆风顺，而需要长时间累积，出现个别问题甚至倒退都是无可非议。不能因为出现一些问题或者计划的延期，就把核电科研工作者的成果“一棍子”打死。因此，应创造核电技术创新宽松的氛围，宽容过程中的挫折和失败。

3. 引起了公众一些不必要的担心

片面的争议造成了舆论负面影响，加剧了公众的担心。公众态度对一个国家核能发展的政策、技术、经济性等问题都会产生影响。如果公众对核能及技术产生十分担心或畏惧，核电建设将会增加沉重的社会成本。如目前行业内部核电技术安全性片面的技术指标比较，不但不可能缓解公众对核电风险的担忧，反而会增加公众对其安全性的质疑。

4. 影响了核电产业发展

争议久而不决最终延缓了核电建设步伐。核电技术争议不断影响了政府决策，进而不利于核电建设项目的推进。由于核电技术争议“内斗不止”，许多力量都浪费在了如何平息“内斗”，而推进核电建设的工作被耽误了。核电技术无休止的争议，导致核电建设的延迟，对我国核电发展产生了巨大的损失。由于核电项目推迟，影响了核电产业体系，尤其对核电装备产业影响较大。同时，由于核电发展的不足，干扰了能源产业发展。

三、我国核电技术的技术经济评价

从国际经验来看，科学的技术路线是推动核电技术发展的重要保障。从国内核电发展来看，技术路线选择更为迫切。一是就国家发展战略层面而言，为了保障国家安全，提升大国地位，解决能源危机、雾霾等环境污染问题，当前亟须科学选择核电技术路线，加快推进核电发展。二是从核电技术升级进程来看，目前我国正处于三代核电技术向四代核电技术过渡时期，为了维持核电强国地位，亟待选择合适的核电技术发展，与核电工程建设有效衔接。三是从核电技术路线现实争议来看，当前技术路线之争实质是利益之争，为了平息利益纷争，迫切需要进行技术经济综合比选。因此，本文尝试通过定性分析和模糊层次定量分析相结合的方法，对当前我国两种核电技术路线进行综合评价。

（一）评价思路与方法

核电技术是系统性综合集成技术，其技术路线优劣是技术经济性的问题。某些方面（或单个指标）的优势并不能代表其他方面都优于其他路线。同时，某一技术路线理论上的优势，还应有待工程运行检验。因此，为了系统而全面地评价两者优劣，需要采用多个评价指标，从多个方面对两者综合性能进行比较分析。结合 AP1000、CAP1400 和“华龙一号”实地调研情况，构建技术经济评价的指标体系（见图 3），针对综合评价过程中，信息不完全和不确切的特点，采用模糊层次综合评价法对所构建的指标进行定性和定量分析，对两种技术方案进行综合比较。

具体方法如下：首先采用 Delphi 法，邀请专家针对评价核电技术最重要的因素作为定性分析的信息基础。然后将各组因素建立比较矩阵，请专家进行两两比较打分，在符

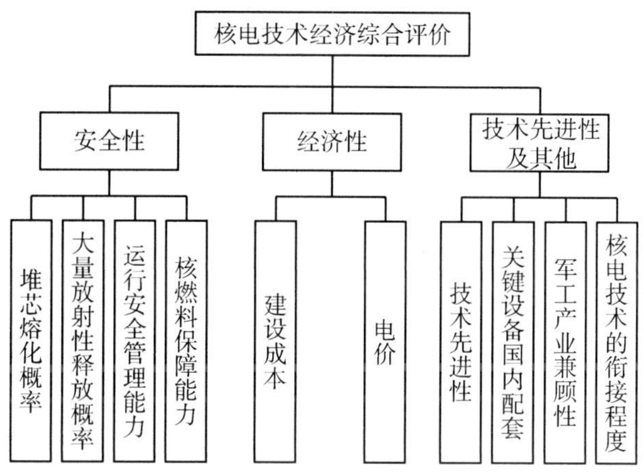

图3　核电技术经济综合评价层次结构图

合一致性的条件下计算出核电技术各因素的权重。其次，再请专家对各组因素进行评价，建立模糊评语集。最后根据模糊评语集及各因素评价权重，确定两个方案的最终评价结果。

（二）对两种方案的比较

CAP1400 是国家核电技术公司在消化、吸收、全面掌握我国引进的第三代核电 AP1000 先进技术的基础上，通过再创新开发形成具有我国自主知识产权的、功率更大的大型先进压水堆核电技术品牌。相比 AP1000，CAP1400 在安全性、非能动系统、技术先进性等方面是一脉相承的，不同之处在于 CAP1400 装机容量为 140 万千瓦级并具有完全自主知识产权。① “华龙一号”是中核集团和中广核集团在融合各自百万千瓦级三代压水堆核电技术 ACP1000 与 ACPR1000 + 技术方案的基础上，联合开发的具有完全自主知识产权、具有高度安全性、适合我国电力发展需要的自主创新三代核电技术。② 鉴于目前 AP1000 核电资料相对丰富，本章通过比较 AP1000 与“华龙一号”两种技术方案，也能较好反映 CAP1400 与“华龙一号”两者综合性能的差别。从判断矩阵计算可得，安全性、经济性、技术性三级指标和二级指标 CR 值分别为 0.08、0.06、0.05 和 0.04，都小于 0.10，均满足一致性检验。从二级指标权重来看，安全性为 0.73，经济性为 0.18，技术性为 0.09，进一步验证了安全性在核电技术经济评价占有较大的权重。鉴于核电技术的安全敏感性，安全性更被专家看重，因此经济性权重远小于安全性。技术是核电提高安全性和改善经济性的手段，并不是核电技术本身追求的价值导向，因此在整个综合评价体系中，不像其他两个指标被专家特别看重。

---

① 作者根据国家核电技术调研资料整理而成。
② 根据中广核和中核等调研资料整理而成。

1. 安全性比较分析

安全性是核电技术的生命保障，我国核电发展的前提是必须具有严格的安全保证。核电技术的安全性，并不仅是理论上的各个安全性指标及安全性标准的体现，理论上的安全性指标有待工程运行来检验。同时，核电技术的安全性还与核电燃料体系供应、核废料处置能力、核电运行管理能力等相关。通过模糊层次分析计算，AP1000 安全性指标值为 84.2，优于“华龙一号”（81.3），都处于“优”状态。从核安全验证方面来看，AP1000 及 CAP1400 领先于“华龙一号”。[①] 总体来看，AP1000 已通过了国家核安全验证，且具有完全自主知识产权的 CAP1400 于 2013 年也通过了国家核安全验证，示范工程开始实施，而“华龙一号”尚未通过核安全验证。具体从堆芯熔化概率、大量放射性释放概率等安全性理论设计指标来看（见表 4），都满足三代核电用户要求（EUR、URD），两者并无太大差距。从设计理念上看，AP1000 和 CAP1400 安全性优势主要在于采用非能动安全系统，发生事故后 72 小时内，不需要操作员采取任何手动干预动作，大大减少人因错误；将堆芯熔融物滞留在压力容器内，避免了堆芯熔融物和混凝土底板发生反应，使 LRF（Large Release Frequency）降到最低。[②] 另据调研专家反映，“华龙一号”由于历史传承性较好，将会在核燃料保障、运行安全管理等方面具有一定的优势。但这些性能的优劣只能在核电技术运行才能得以验证，因此仅从此类指标不足以断定“华龙一号”一定优于 AP1000。

表 4　　安全性理论设计指标比较分析

	AP1000	华龙一号
堆芯熔化概率	5.081×10^{-7}/堆年	1.70×10^{-7}/堆年
大量放射性释放概率	5.95×10^{-8}/堆年	$<1.0\times10^{-7}$/堆年

资料来源：国家核电技术公司、中广核和中核等调研资料；缪鸿兴，《AP1000 先进核电技术》。

2. 经济性比较分析

核电技术的最终目的在于发电，因此发电效益及其经济性是核电技术的生命力。核电技术的经济性不仅与投资成本有关，而且还受运行维修成本、核燃料成本及核废料处置费等因素影响。通过模糊层次分析计算，AP1000 经济性指标值为 73.6，稍优于“华龙一号”（72.1），都处于“良”状态。从设计理念上看，AP1000 由于简化了安全系统配置，采用模块化的设计与建造技术等，使得建设造价降低；其中，阀门、泵、安全级管道、电缆、抗震厂房容积分别减少了约 50%，35%，80%，70% 和 45%。另外，由于提

① 作者根据国家核电技术公司调研资料整理而成。
② 缪鸿兴．《AP1000 先进核电技术》．自动化博览，2009（8）.

高了燃料的燃耗深度，延长了换料周期和设计寿命等，使燃料费用和运行费用降低，在经济性性能上具有较强的竞争力。①② 从换料周期、电站设计寿命等设计指标来看（见表5），两者都满足美国和欧盟第三代核电技术标准，其中 AP1000 在堆芯热工裕量、发电机输出功率和电厂平均可利用率等方面稍优于“华龙一号”。另据调研专家反映，“华龙一号”与我国已有核电产业体系衔接较好，在运行维修成本、核燃料成本等方面具有一定优势。但总体来看，无论何种核电技术，只有在具有一定规模的条件下，即在商业化推广阶段，才能更好体现其经济性。

表 5　　经济性理论设计标准比较分析

	AP1000	华龙一号
换料周期	18 或 24 个月	18 ~ 24 个月
电站设计寿命	60 年	60 年
建设成本/kw	1 117 美元	—
电价/kwh	3.5 美分	—
堆芯热工裕量	>15%	≥15%
发电机输出功率	1 250MWe	≥1 160MWe
电厂平均可利用率	93%	≥90%

资料来源：国家核电技术公司、中广核和中核等调研资料。

3. 技术先进性及其他比较分析

技术先进性是安全性和经济性的重要保障。技术性评价对核电技术实施的可行性进行分析评价，不仅与国内关键设备配套能力和核电技术自身成熟性相关，同时还与军工产业兼顾性和核电技术的衔接程度等因素相关。通过模糊层次分析计算，AP1000 技术性指标值为 75.6，优于“华龙一号”（71.0），都处于“良”状态。从设计理念看，AP1000 采用非能动安全系统和模块化建设理念，安全系统装置、分析设计程序都具有很高的科技含量。同时，非能动专设安全系统及 AP1000 先后获得了欧盟、美国、英国和我国核安全监管部门的认可，③ 具有很好的成熟性。从关键设备国内配套情况来看（见表6），两者关键设备在国内都已具备设计能力和制造能力，“华龙一号”稍优于 AP1000。总体来看，AP1000 经过我国科研人员的大量科技攻关，总体运行较好，一些重大装备已经可以国产化。另据调研专家反映，“华龙一号”在军工产业兼顾性、核电技术的衔接程度都较好，首堆建设国产化率不低于 85%，批量化建造后设备国产化率不低于 95%。

---

① 刘志弢．《非能动先进核电厂 AP1000（上）》．中国能源报，2010 年 11 月 15 日，第 019 版．
② 缪鸿兴．《AP1000 先进核电技术》．自动化博览，2009（8）．
③ 崔绍章．《世界核电：巨头衰落，新人上位》．中国能源报，2014 年 1 月 6 日，第 021 版．

但由于目前“华龙一号”首堆尚未投产，这些指标仍待进一步检验。

表 6　AP1000 和“华龙一号”关键设备国内配套情况

设备名称	AP1000		华龙一号	
	设计能力	制造能力	设计能力	制造能力
堆内构件	具备	具备	具备	具备
反应堆压力容器	具备	具备	具备	具备
蒸汽发生器	具备	具备	具备	具备
控制棒驱动机构	具备	具备	具备	具备
主泵	—	—	具备	具备
稳压器	具备	具备	具备	具备
主管道	具备	具备	具备	具备
DCS 数字化仪控设备	具备	具备	具备	具备

资料来源：国家核电技术公司、中广核和中核等调研资料；陈肇博，《亲历中国引进第三代核电技术始末》；安信证券研究中心。

（三）结论

依据调研材料，结合专家意见，通过模糊层次分析方法，对 AP1000 和“华龙一号”进行综合评价。主要结论包括：（1）具体来看，从模糊层次分析、核安全验证及设计理念等方面来看，AP1000 安全性能优于“华龙一号”，而从堆芯熔化概率、大量放射性释放概率等安全性理论设计指标来看，两者差距不大；总体来看，安全性比较，AP1000 略胜一筹。经济性相比，两者相差无几；技术性对比，AP1000 优势突出。综合来看，AP1000 综合评价指数为 81.6，稍优于“华龙一号”（78.7）。（2）尽管“华龙一号”综合性稍逊于 AP1000，但也是一种具有竞争力的技术。尤其在理论设计上，安全性、经济性各参数指标完全满足美国和欧盟第三代核电技术标准。因此，同为压水堆型的技术，两者都不具备完全排他性的优势。（3）如上文所言，核电技术一些指标信息存在很大的不确定性，这些指标性有待未来规模化、商业化运行方能检验。另外，知识产权、工程施工保障等一些问题对核电技术发展影响也比较重要，本文未能详细分析。因此，针对上述问题，仍须进一步研究。

四、政策建议

(一) 进一步明确我国核电发展定位，促进核电安全、有序、规模化发展

1. 要将国防、外交、贸易、宣传等工作与国家能源战略协调统一

为了维持我国大国地位，需要发展核电，保持完整的核产业链，以此提高核技术，提升我国核威慑能力。另外，作为高技术产业，核电对其他行业的带动作用强，也需要积极抢占技术战略的制高点。因此，需要明确发展核电的国家意志，坚定业内、地方领导发展核电的决心，提升公众核电接受度。

2. 积极促进核电安全、有序、规模化发展，带动核电技术自主创新能力提升

业内外很多专家认为，我国核电安全保障、人才储备、研发能力、设备制造能力、建造安装能力以及管理能力已经可以支撑核电的快速规模发展。同时，为了应对雾霾，满足清洁能源的需要，核电若想成为能源的一部分，必然要大规模发展。应充分利用我国核电发展的市场规模优势，坚持依托核电项目工程建设，解决制约我国核电发展的重大关键技术问题，促进我国核电技术不断进步。

(二) 坚持“三步走”路线不动摇，在统一堆型下，保持机型发展的必要灵活性

1. 要坚持“三步走”路线不动摇

我国核电技术“三步走”战略的堆型技术转换路线，与世界核电堆型技术发展趋势是一致的。当前，我国重要任务是加快推进我国自主核电技术创新品牌的商业示范应用，为大规模商业推广打下基础。同时，加快第四代两种自主研发堆型的建设和开发进程，在研发战略性新堆型方面抢占先机。此外，积极推进聚变堆的前期基础研究，为建设聚变工程试验堆提供技术支撑。

2. 在统一堆型下，保持一定的机型灵活性

在三代技术向四代技术过渡时期，要在满足三代堆核电标准下发展核电技术，保持两到三种机型并行发展。不能“独选一种”，完全统一技术，建设一种堆型，对核电而言风险更大一些。但也不能“百花齐放”，不应所有技术路线都要推进，避免我国沦落为各种技术的试验场。

3. 坚持核电技术创新与核电建设的有效衔接

从核电技术发展的特殊性上看，必须依托相应的核电工程项目，才能通过解决堆型技术和工程技术难题以达到不断技术创新的目的。因此，为了维持核电强国，一定应在战略规划上，合理安排核电技术发展和核电工程建设有效衔接。同时，在实际操作层面，始终坚持安排适当的核电建设项目，同时坚持核电重大关键技术的研发，绝不轻易停止和间断。

（三）政府需要适度下放技术路线决策权，逐步实现企业的权责利统一

1. 应发挥市场机制配置资源的决定性作用，完善政府决策机制

在满足国家统一堆型战略的基础上，逐步下放具体机型路线决策权，政府进一步简政放权，通过完善法规，制定标准，建立市场准入门槛，更好发挥政府在事中、事后的监管作用。按照“发挥市场对技术研发方向、路线选择、要素价格，各类创新要素配置的导向作用”的精神，由企业自主选择拟建的机型，只要通过国家和安全部门的审查，符合国家核电发展规划的要求，政府不必干预。

2. 逐步实现核电技术企业权责利统一

为了避免资产同质、重复建设、资源分散，需要明确核电技术企业权责。加强核电产业，厘清核电技术供应商、核电工程建设单位和核电运营商权责边界，重点明确核电安全的责任主体。根据我国的实际情况，借鉴国外的一些有益做法，探索建立一套行之有效的核电技术决策失误的责任永久追究制度。企业对选择权带来的不良后果应当承担责任，以此约束其慎重决策。由于核电项目建设时间跨度大，因此对造成决策失误的当事人，不管他是否调任或离任，都要追究其终身责任。

（四）避免门户之见，营造核电有序发展大好局面

1. 统一内部认识，避免门户之见，集中精力做好核电技术自主创新

坚持核电技术“三步走”的共识，统一机型选择的认识。避免门户之见，站在国家战略利益的高度，共谋核电发展大局。加强合作，集中精力做好自主创新，提升我国核电技术的竞争力。一方面，整合科技资源，加大突破制约核电发展卡脖子技术，为我国未来核电发展提供支撑。另一方面，加强统筹协调，建立我国核电走出去的沟通协作机制，依托国内核电优势，积极抢占开辟国际市场。

2. 做好公众的核电接受度工作

不断采取有效措施来提高核电技术的公众接受性，促进和增强社会公众对核电技术

的认识、理解、信任和接受。尊重公众的知情权，加强沟通，消除公众对核电的疑惑和畏惧心理。加强核电技术的宣传工作，使公众有机会了解核能利用、核污染控制以及核废料处置等技术的新进展。加大对核废料处理技术的攻关，提高核废料的处置水平，开发对环境更友好的核废物处置方式，也能提高公众对核电接受度。

（五）建立独立的科学评估机构，有效解决核电技术争议

1. 建立核电技术独立的第三方评估机构

改革核电技术评价和评估的体制和机制，建议由独立的第三方组织核电技术评价和评估职能。推动健全决策、执行、评价相对分工、相互制约的核电技术管理机制，推进管、办、评相对分离、相互制约的核电技术管理机制。核电技术决策和管理部门主要负责制定规划、安全及标准监管，委托独立的第三方机构依法依约履行评价与评估职责。

2. 促进评估决策过程公开、透明

第三方机构组织专家独立完成委托事项，确保核电技术评价评估客观、公正、科学和公开。建立开放、多元的国内外专家数据库，供核电技术评价与评估机构共享和遴选。依法规范核电技术评价制度，明确评价机构权利和法律责任，以及评价委员会的任期、评价报告的公布。建立核电技术政策执行的相关约束和监督机制，政策制定者和执行者的界限应明确区分，减少政策执行中利益相关者的不良影响，以保证政策的有效执行。

（六）加强国内核电技术资源统筹发展，促进自主核电技术国内示范，促进核电技术走出去

1. 加强国内核电技术资源整合，提高自主创新能力，为核电“走出去”战略提供技术支撑

积极推进核电企业改组改革，减少核电技术资源内耗。重点发挥市场机制在核电技术创新资源的决定性作用，促进核电技术创新要素合理流动，建立宽松的核电技术创新氛围。加强核电研发力量、人才和经费等资源统筹利用，优化资源配置，提升关键设备国产化能力，形成了完整的自主知识产权体系。

2. 积极推进自主知识产权的核电技术国内示范工程

针对三代核电技术走出去的现实需求，推动我国自主知识产权的核电技术示范堆、试验堆建设。利用国内核电规模建设的契机，加快促进自主知识产权的核电技术发展，为促进核电技术走出去创造条件。

（执笔人：杨　威、曾智泽、李红宇）

主要参考文献

[1] 曾建新，王铁骊：《基于技术轨道结构理论的核电堆型技术演变与我国的选择》．中国软科学，2012（3）．

[2] 孟凡生．《我国核电技术发展与创新能力探析》．科技管理研究，2008（12）．

[3] 刘兵，汪昕，王铁骊，陈甲华．《湖南战略性新兴产业集群发展的组织模式研究——关于湖南核电产业集群供应链发展的思考》．南华大学学报（社会科学版），2012（2）．

[4] 张国宝．《转变能源发展方式，加快发展核电产业》．中国核电，2010（2）．

[5] 董佳，马卫华．《法国核电发展的特色》．中国电力教育，2010（1）．

[6] 赵鸣．《法国核电工业成功发展的经验》．全球科技经济瞭望，1999（7）．

[7] 陈观锐，邹树梁．《韩国核电产业“走出去”战略启示》．南华大学学报（社会科学版），2010，11（4）．

[8] 陈玲，薛澜．《“执行软约束”是如何产生的？——揭开中国核电迷局背后的政策博弈》．国际经济评论，2011（2）．

[9] 曾建新，杨年保．《我国核电技术发展的路线选择问题演变与启示》．学术界，2013（2）．

[10] 任德曦，胡泊．《关于我国核电安全、高效发展与经济发展相均衡的探讨》．中外能源，2013，18（3）．

[11] 欧阳予．《世界核电技术发展趋势及第三代核电技术的定位》．国防科技工业，2007（5）．

[12] 缪鸿兴．《AP1000 先进核电技术》．自动化博览，2009（8）．

[13] 刘志弢．《非能动先进核电厂 AP1000（上）》．中国能源报，2010 年 11 月 15 日，第 019 版．

[14] 崔绍章．《世界核电：巨头衰落，新人上位》．中国能源报，2014 年 1 月 6 日，第 021 版．

[15] 刘兵，汪昕，王铁骊，陈甲华．《湖南战略性新兴产业集群发展的组织模式研究——关于湖南核电产业集群供应链发展的思考》．南华大学学报：社会科学版，2012（2）．

[16] 李小萍．《我国核电产业发展政策分析》．企业经济，2012（5）．

[17] 雷润琴．《我国核电站建设的舆情分析与对策——对〈核电中长期发展规划（2005－2020 年）〉的舆论学思考》．环境保护，2008．

专题九

前沿重大储能技术发展现状、问题与政策研究

内容提要：本章从国内外储能产业发展态势出发，对比分析各国重点储能技术与产业发展现状与经验，总结我国前沿重大储能技术发展趋势及主要问题，并对我国储能产业的持续健康发展提出政策建议。

一、前　言

储能是智能电网、可再生能源接入、分布式发电、微网以及电动汽车发展必不可少的支撑技术，其应用贯穿了电力系统的发电、输配电、用电等多个环节。电力长期以来以一种简单、单向的方式从生产端输往用户端，导致电力系统的经济性、效率和安全性受到很大的限制。储能技术将帮助可再生能源和分布式能源大规模接入，提高常规能源发电与输电效率、安全性和经济性，也是智能电网建设的重要组成部分，对电力系统现有五个价值链带来深刻影响，并将极大改善电力系统运行和管理模式，开拓电力行业发展的新增长点。

然而在我国储能市场的发展刚刚起步，在技术研发和产业应用方面还存在一些问题。大规模储能技术在全球还处在发展初期，目前市场上约有十几种储能技术，其中重点代表性技术包括抽水蓄能、锂离子电池、全钒液流电池、超级电容储能等，但每种技术都有各自的优缺点，并没有形成主导性的技术路线。虽然国内形成了多种技术路线并存的局面，但都缺乏大规模应用实践，成熟技术并不多。目前储能领域缺少示范应用，特别是在电力领域，对产品可靠性要求高，至少需要 5 年以上的实际可靠性测试和试用才能通过电力用户的最低标准，但大部分储能技术在电力系统中应用时间短，导致产品规模生产前定型周期长，产业化速度缓慢。与国际先进国家相比，我国储能市场还未建立起全产业链，关键储能产业市场占有率及应用范围不平衡，对上游的材料和装置研究较多，但某些关键的技术和材料尚未突破，主要依赖进口，缺乏自主知识产权；下游市场仍处于培育期，相关行业对储能产业的接纳程度有限；对电力系统应用管理及辅助服务研究

不足，没有针对产业链的“一揽子”解决方案。此外，我国政策法规与产业发展不协调，由于我国电力市场化改革尚未完成，还未真正形成具有市场化运作模式的电力体系，在目前的电力运行模式下，无法确定储能成本分摊机制，储能设施的投资与运行成本无法得到合理回报，因此政府鼓励扶持仍需进一步完善。

本报告从国内外储能产业发展态势出发，对比分析各国重点储能技术与产业发展现状与经验，总结我国前沿重大储能技术发展趋势及主要问题，并对我国储能产业的持续健康发展提出政策建议。

二、国外前沿重大储能技术发展态势

（一）国外前沿重大储能技术发展现状和趋势

从全球储能项目的国家分布上看，美国和日本依然居领先地位，并且制定了专门的储能发展规划，将其列入国家战略。此外，德国、英国、西班牙、韩国、澳大利亚、智利等国家相继开展储能项目投入，特别是在可再生能源、分布式微网以及家用储能领域，颁布了相关政策法规，开展示范项目。

从全球储能的应用领域上看，储能项目应用领域主要包括：可再生能源并网、分布式发电、微网及离网、电力输配、建筑、社区及家用储能、电力调峰/调频辅助服务、电动汽车、轨道交通等。

（二）国外前沿重大储能技术发展政策

根据与储能相关性分类，可将国际上现有的储能政策分为直接政策和间接政策。直接政策指针对储能专门制定政策或包含储能内容的政策。间接政策指储能相关领域制定的并对储能产生影响的政策。通过对国内外政策的统计，目前直接政策包括：储能产业发展规划、计划和方案、储能电价激励政策、储能设备投资激励政策、储能示范项目激励政策等；间接政策包括可再生能源发展政策、分布式能源发展政策和智能电网发展政策等。以下对美国、日本、德国和韩国的储能政策分别进行回顾。

1. 美国

美国储能产业发展较快，相应政策配套比较完善。美国政府从 2009 年开始就逐步出台各类与储能直接相关的政策，如《美国能源部 2011 – 2015 储能计划》对研发、示范项目及商业化进行调查并制定相应的短期、长期目标；《AB2514》号法案明确了使用储能系统在电网调峰、可再生能源接入、降低供电成本和减少温室气体排放方面的重要作用；

《联邦能源管理委员会745号令》对美国电力供应批发市场需求响应资源进行补偿；《联邦能源管理委员会755号令》要求ISO（International Organization for Standardization）和RTO（Regional Transmission Organization）对能提供迅速和准确调频服务的供应商进行补偿，而不仅仅按基本电价付费；《加州自发电系统激励计划》为安装在客户端的分布式发电技术提供补贴；《2009年可再生与绿色能源存储技术法案（S. 1091）》规范电网端和用户侧储能设备的投资减税政策；《联邦政府复兴与再投资法案》以1.85亿美元资助16个储能技术示范项目。

2. 日本

日本由于能源匮乏，发展可再生能源和储能的时间较早。日本政府1974年便颁布了《日光计划》着手新能源技术开发，并在1978年出台了《月光计划》针对储能技术的发展投入了大量的研发经费。2011年福岛核事故之后，民众弃核呼声使日本政府不得不重新调整核能在能源结构中的比例，日本能源政策大幅向可再生能源倾斜，储能作为可再生能源和分布式发电的支撑技术得到财政支持。此外，日本也是全球抽水蓄能规模最大的国家，日本政府通过租赁制和内部核算制，给予抽水蓄能电站资金支持。

3. 德国

2011年中期德国政府决议“弃核”后，以风电、太阳能为主的可再生能源发展步伐不断加快，储能也受到更多关注，政府出台《最新上网电价政策（“自消费”）税》规定所有2011年开始投入运行的光伏系统都将面临13%的补贴削减，对于安装储能设备的家庭自消费税大幅下降。此外，《可再生能源法案》进一步提高了可再生能发电在发电结构中的比重目标，计划在几十年内通过绿色技术替代四分之三传统能源。2013年德国复兴银行联合德国联邦环境、自然保护和核反应堆安全部推出分布式光伏储能补贴政策，针对光伏发电配置的储能设施给予补贴，标志着德国的分布式光伏政策从仅补贴发电单元扩大到了补贴保障光伏发电的储能单元。

4. 韩国

虽然储能技术起步较晚，韩国政府也把储能的发展融入到能源发展和电力发展政策中。韩国政府出台了《能源存储研发和产业化战略计划》以加大能源存储系统项目建设力度，重点研发和发展韩国国内的储能技术和产业；《2011绿色能源战略路线图》目标使绿色能源在全国市场中的份额从目前的1.2%增加到18%，到2015年发展到480亿美元的电力存储市场规模。

此外，英国、法国、西班牙、意大利等国家也制定了储能规划或相应电价机制，通过采取峰谷电价和可再生能源上网电价等方式，直接和间接地支持了储能的应用和发展。

三、我国前沿重大储能技术发展现状及存在的主要问题

（一）我国前沿重大储能技术发展现状及趋势分析

不同应用领域对储能的技术要求不同，导致各种储能技术在不同应用领域的应用规模与潜力的差异。目前，铅酸电池技术为应用范围最广、技术成熟度最高的储能技术。钠硫电池在电网调峰、负荷转移和备用容量（旋转备用等）领域和可再生能源并网领域的应用比例最高。锂离子电池技术除在这些领域占相当比例外，在电网频率调节方面的表现最为突出，是电力系统调频的主要技术选择。飞轮储能和液流电池同样具备瞬时响应的能力，在调频领域也有一些应用，但鉴于其产量及成本限制，其应用规模较小。在用户侧方面，铅酸电池仍被视为主流的储能技术，这主要与铅酸电池的应用历史和成本优势有关，但随着家庭储能的兴起，锂离子电池的容量及性能优势将逐渐体现。

在超高大容量大规模储能技术中，抽水蓄能和压缩空气技术相对成熟，适合100MW以上规模的储能系统。钠硫电池、钒电池、锂电池、铅酸电池和飞轮储能已经开始运用于兆瓦级可再生能源并网、分布式微网及离网项目，以及充放储换一体化电站等领域。我国现已开展多个可再生能源并网项目，如张北风光储输项目、敦煌风光储储能示范项目、辽宁省锦州市黑山塘坊风电场工程、龙源法库卧牛石风电场项目等。鉴于我国正在不断调整能源结构，并制定了积极的可再生能源发展目标，未来储能项目在这一领域的应用将保持快速发展的趋势。

受政策推动，可再生能源分布式发电也是近期的一个发展重点。中国在2012年期间建设和规划了较多应用于分布式微网及离网的储能项目，例如新疆吐鲁番微电网示范项目、南麂岛（风光柴储综合系统）、鹿西岛微电网示范工程、陈巴尔虎旗分布式电源/储能及微电网实验研究项目、烟台长岛太阳能光伏发电及储能项目和海南三沙永兴岛多能互补型微型电网等项目。

储能项目在我国输配电领域也有一些应用，如南网10WM电池储能站项目、甘肃省白银市超导储能变电站、安溪移动式锂电池储能电站以及莆田湄洲岛储能电站。但与可再生能源并网及分布式发电储能相比，目前输配侧的储能项目数量较少，装机规模也不大。

随着电动汽车规模的日益提高，我国也建设了多个充放储换一体化电站项目，如高安屯电动汽车充换电站、西安电动汽车充电站，以及青岛薛家岛电动汽车智能充换储放一体化示范电站等。

总而言之，储能技术仍保持多元化的发展格局，市场上约有十几种储能技术，每种技术都有各自的优点和缺陷。当前并没有一种技术在成本、安全、稳定性等各项指标上

占明显优势。此外，由于不同应用场合对产品的性能、寿命、可靠性要求不同，且技术更新加快，目前哪些技术更适合哪种应用也没有形成最终结论，而关键材料、制造工艺和能量转换效率是各种技术面临的共同挑战。因此，未来将仍然保持多种储能技术竞争式并存，在不断提高性能和降低成本的基础上，扩大各自在适用领域的应用。

（二）我国前沿重大储能技术发展存在的主要问题

从技术角度来看，关键材料、制造工艺和能量转化效率是各种储能技术面临的共同挑战，在规模化应用中还要进一步解决稳定、可靠、耐久性问题。一些重大技术瓶颈还有待解决，比如大型抽水蓄能机组国产化程度较低，关键核心技术仍然掌握在外国厂商手中；压缩空气储能中高负荷压缩机技术，我国尚未完全掌握，系统研发尚处在示范阶段；飞轮储能的高速电机、高速轴承和高强度复合材料等关键技术尚未突破；化学电池储能中关键材料制备与批量化/规模技术，特别是电解液、离子交换膜、电极、模块封装和密封等与国际先进水平仍有明显差距；超级电容中高性能材料和大功率模块化技术，以及超导储能中高温超导材料和超导限流技术等尚未突破。目前各类储能技术都有各自优点和缺陷，并没有一种技术在成本、安全、稳定性及适用性等各项指标上占明显优势，还没有形成明确的技术路线。我国虽然已形成多种技术路线并存的格局，但都缺乏应用实践，迫切需要开展技术发展路线的研究，对储能产业的发展提供指导。

在推广应用方面，储能在电力系统主要应用主要包括削峰填谷、调峰调频和备用容量、缓解尖峰供电紧张、延缓新建机组的投资、输配线路投资、提高供电质量和可靠性、降低用户用电成本、实现可再生能源接入等。但目前大部分储能项目仍为示范应用，运行时间短，成本高，缺乏清晰的应用方向，尚不能进行完善的经济性分析。虽然储能系统可以实现多重应用，但由于应用场景的复杂性，多重效益的量化目前很难界定，增加了其商业推广的难度。

在政策制定方面，美国、日本、欧洲等国都有较成熟的峰谷电价政策，有效体现了储能应用的价值，此外美国政府出台了“按效果付费（Pay for Performance）”和“自发电激励”政策使储能服务能够参与到美国电力市场特别是调频服务运行中，实现了储能在部分领域的商业化运行。在我国，发改委、科技部、工信部和能源局等政府部门已在关注储能产业的发展，普遍将储能确定为重点支持的技术领域。但我国尚未出台独立的储能支持和产业发展政策，竞争型电力辅助服务市场尚未形成，影响了储能技术的商业化运营和推广速度。

产业推广方面，美国、日本等国过去20年来，各自因地制宜建立储能产业发展机制。日本属于资源缺乏国家，由于NGK公司的钠硫电池技术因钠和硫在海水中就可提取，没有资源限制，而受到重视。美国因其资源丰富、电力市场化程度高，采取了从应用领域加大支持力度，多种技术共同发展，强调互补性，特别是电力辅助服务与分布式发电应用领域成为了政策支持的重点。我国储能产业化正在起步，示范项目数量少，规模有限，应用时间短且应用场景不够丰富，缺乏对储能经济性的论证。此外，我国电力系统改革尚未完成，在现行电力体制下难以界定储能在发电、输配电、用电环节的应用会给参与方带来多少效益，因此也无法确定谁来承担储能系统成本。虽然我国现已公布一些分布式储能的示范项目，但主要通过光伏发电服务于工商业和居民的用电、解决无电人口、边防、特殊作业的供电为主要出发点，且大部分项目还在规划和建设中，与规模产业化发展仍存在一定差距。

标准是技术实现产业化的基础，也是支持行业健康发展的重要因素。储能是一个新兴的产业，国内外储能方面的标准尚处于探索阶段，标准数量很少，标准体系的建立刚刚起步。当前各个国家都在积极制订储能标准，我国也应加快储能方面标准的制定工作，紧跟国际标准的步伐，在国际标准中争取更多话语权的同时，争取将我国的技术纳入国际标准中，避免出现标准滞后于市场的现象。

四、政策措施建议

我国的储能产业需要政府在管理机构设置、开展示范项目、扶植重点企业、建立产业机制、发展产业联盟等方面进行部署，协调好储能产业技术、政策和资本三者的关系，促进中国储能产业健康、可持续地发展。

（一）管理机构设置

建议建立国家级储能组织机构，直接规划和管理储能行业。储能是美国大力发展新能源国策的四大支柱之一，在美国能源局设有专门的储能管理部门。建议我国相关部委成立直接管理机构、成立有关储能技术的专业技术委员会，如储能技术标准委员会。支持专门机构建立储能技术的检测中心。

（二）加强研发投入

储能已经成为未来能源体系的关键技术，建议国家加大在储能领域的科研投入，超前于需求开展研究工作。储能技术涉及材料科学，其基础性强，在研发、验证、示范项目和配套工程、市场推广等过程中都需要加大资金投入力度。除国家财政增加投入外，也需要调动企业投入的积极性。实施国家重点工程，以企业为主体，广泛吸引社会资金投入，运用现代金融手段拓宽资金来源，国家在财税政策上给予必要的支持。

（三）开展示范项目

着手部署储能技术试点和示范项目。建议从以下几个储能技术应用重点领域进行示范性项目：电网系统验证试点；边远地区独立供电系统示范项目，如边远山区、海岛；可再生能源试点项目。

（四）扶植重点企业

目前我国还不具备对在前沿领域技术有优势但不盈利的公司在公开股票市场募集资金的证券市场，对于储能这种现阶段基本不能盈利的行业公司，可以一方面鼓励风险投资的参与，另一方面，鼓励储能技术企业走出去，在海外市场IPO，并支持中国企业收购国外技术。

（五）建立产业机制

加强政策引导，将新能源产业政策延伸到储能环节。建议相关部委在国家的中长期规划中把储能技术列入规划和发展目标之中。储能技术对于新能源发展的重要性毋庸置疑，在国家即将颁发的新能源发展政策中，应该从系统的角度考虑，加入对储能技术的支持政策和相应的管理办法。此外，还需理清储能技术的主要应用市场的困惑，尤其是机制上的困惑。储能技术的主要应用领域，如电网，在技术路线和管理机制上都有限制先进储能技术发展的不合理的因素，亟须理顺体制机制，针对储能的应用领域计算系统的综合效益，并且根据储能的技术路线图的成本下降曲线设定类似风能/光伏的补贴电价，保障市场的长期繁荣发展。

（执笔人：刘　坚）

专题十

借鉴国际经验改善我国汽车产业的技术经济政策研究

内容提要：发达国家政府促进汽车产业发展的技术经济政策特点体现在，以相关法律体系为管理基础，以技术法规为管理手段；实施严格的产品认证制度，以技术标准推动技术创新；财税支持偏重产品消费环节，创造宽松金融和创新环境；组织协调共性关键技术研发，改善公共基础设施和服务条件；采取部门集中式管理体制，避免产业交叉重叠管理。比较而言，我国汽车产业技术经济政策的问题主要包括，以行政法规为管理主导，相关法律体系不健全；产业准入管控严格，产业退出机制不完善；财政支持政策具有事前倾斜性，支持技术研发的金融环境有待优化；汽车共性技术研究平台有待完善，政府对基础设施建设支持不足；部门多头管理，职能交叉重叠。为此建议，加强汽车行业立法，健全技术法规体系；放松产业准入管制，强化产品认证制度；强化事后竞争性财税支持政策，优化支持创新的金融环境；加强基础和共性技术平台建设，着力解决配套基础设施瓶颈；实现主管部门集中化管理，简化行政管理程序。

当前，我国经济增速呈现阶段性下移趋势，产业发展进入由规模扩张型向质量提升型转变的关键时期，提升企业技术创新能力、实现重大技术突破是实现产业转型发展的核心要素。面对经济发展的阶段性变化和市场化改革的迫切要求，积极改善宏观管理，创造更加完善的技术创新环境成为重要课题。汽车行业是国民经济的支柱产业，是典型的技术和资金密集型产业，也较典型地反映了我国技术创新和行业管理的具体特征，因此，本章拟以汽车行业为例，在总结国际经验的基础上，实证分析我国汽车行业技术创新的现状及问题，结合我国具体国情提出以技术经济手段和政策改善行业管理的相关建议。

一、发达国家政府在汽车技术创新中的作用

美国、欧洲、日本等发达国家是世界汽车强国，多年来依靠持续的技术创新和技术

进步长期保持汽车产业的生命力和竞争力，尽管各国政府引导和推动本国汽车技术创新的具体政策措施不尽相同，但其作用机制和形式却表现出一定的共性特征。总体来看，在发达国家汽车技术创新过程中，市场机制发挥着核心的决定性作用，政府则一方面通过构建法律法规体系和实施产品认证管理来维护市场竞争秩序，另一方面通过组织或参与共性技术研发、提供必要的公共服务和设施、提供财税金融支持和政府采购等方式来弥补市场失灵，由此使市场机制的优胜劣汰效应得以更有效地发挥，从而不断给企业带来技术创新的压力和动力，实现产业技术进步和整体竞争力的提升（见图1）。

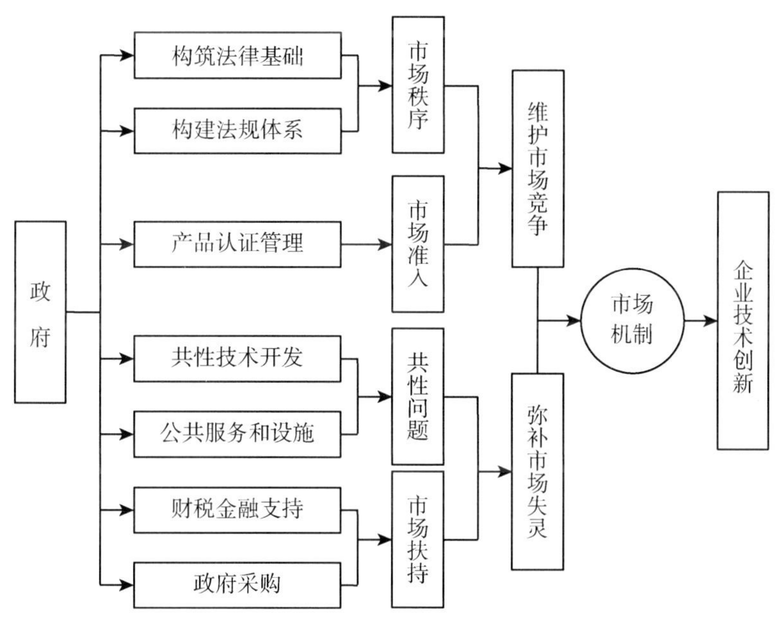

图1　发达国家政府在汽车技术创新中的作用机制

发达国家政府在汽车技术创新中的作用主要体现在以下几个方面：

（一）以相关法律体系为管理基础，以技术法规为管理手段

发达国家汽车行业管理普遍遵循法制化原则，即由国家最高权力机关（一般是国会）制定、批准法律，再由法律授权的执法部门依据法律制定一系列技术法规，然后通过型式认证、车辆注册、年检、车辆维修保养认证等管理形式实施管理。其中法律是管理的基本依据，技术法规是管理的具体手段。

1953年，美国颁布“联邦车辆法”，由此开始对车辆进行有法可依的管理。欧洲、日本也先后制定了一系列相关法律作为管理汽车行业的基本依据。1986年，韩国政府也颁布“机动车车辆管理法”，对机动车辆的注册、技术法规等事宜都做出规定。发达国家直接管理汽车产品的法律主要包括：一是管理汽车安全的法律。如美国的“国家交通与车辆安全法”，日本的“道路运输车辆法”等。二是节约汽车燃料的法律。如美国的

“机动车情报和成本节约法”、“能源法”，日本的“能源合理消耗法”等。三是控制汽车对环境污染的法律。如美国的“大气清洁法”、“噪声控制法”，日本的“噪声限制法”、“大气污染防治法”等。此外，与汽车产品管理相关的其他法律还有“公路法”、“公路运输法”、“道路交通法”等。法律制定和贯彻的全民化赋予汽车行业管理工作很强的社会性。由于法律制定和实施一般需要取得全社会公众广泛参与和认可，从而带有无可争议的权威性并具有普遍的约束力，在法律基础上实施汽车行业管理能尽可能避免部门权力交叉、条块分割，执行偏差较少且管理效率较高。

围绕汽车行业相关法律，发达国家政府往往通过制定一系列技术法规①对汽车行业实施具体管理，管理范畴贯穿从设计、生产、销售到使用、修理直至报废的全过程。一般而言，由于汽车销售之前的环节是最基本、最重要的阶段，各国技术法规主要针对这一阶段的管理而制定。管理的对象是汽车生产厂和与管理范围有关的总成、零部件厂（如灯具厂、发动机厂等），管理的要求是规定产品必须达到技术法规的要求，管理的形式是按型式认证制度实行型式认证。技术法规将技术规范和部门规则综合为一体，具有较强的可操作性，成为管理部门行动的重要依据。

（二）实施严格的产品认证制度，以技术标准推动技术创新

发达国家对汽车产业往往采取“宽进严出”的管理模式，政府一般对前期的企业设立、投资项目和技术研发活动审核较少，而通过产品认证制度对后期的产品生产、销售和服务进行严格把关。

目前发达国家对汽车产品的认证管理大体包括自我认证和型式认证两种方式。其中，美国对汽车业实行自我认证管理，即汽车制造商按照联邦汽车法规的要求自行进行检查和验证，符合法规要求后即可投入生产和销售。政府主管部门通过产品抽查监督的方式来保证车辆性能符合法规要求。与美国不同，欧洲各国实行型式认证制度，即各国按照欧洲统一标准由本国的独立认证机构负责汽车型式批准。日本也采用汽车型式批准制度，根据《汽车型式指定制度》、《新型汽车申报制度》、《进口汽车特别管理制度》等三个认可制度，汽车制造商在新型车的生产和销售之前要预先向运输省提出申请以接受检查。发达国家的汽车产品认证重点关注与汽车产品相关的社会公共利益，包括保护人身安全、保护环境、节约资源等，这将汽车产品管理从产业管理范畴扩展到广义的经济和社会管理领域，使政府的管理从局部的微观调控上升为社会全局性的宏观调控。在产品认证管理制度下，政府调整产品认证标准即意味着市场准入门槛发生变化，可以起到倒逼汽车企业技术创新的作用。近年来，为推动节能和新能源汽车技术发展，美国、欧盟和日本纷纷提高汽车燃油经济标准。2007 年，美国小布什政府要求到 2020 年乘用车和轻型卡车

---

① 技术法规和标准在法律上是分属不同属性的文件，二者在制定的目的、服务的对象、制定和批准的程序、批准的机构甚至在文体上都有本质上的差别。发达国家政府在管理汽车产品时都是依据技术法规而非标准实施管理的。

燃油经济性标准从平均25英里/加仑提高至35英里/加仑；2010年，奥巴马政府又将这一目标提前至2016年。以产品认证制度主导市场准入而较少干预企业和项目运行的管理方式，既可以体现政府引导产业发展的基本要求，也给企业提供了发挥主观能动性的空间。实践证明，尽管发达国家政府对汽车产品的管理重点不是直接为了提高汽车产品的技术水平和调整汽车产业结构，但在严格的产品准入管理下，技术标准和要求的不断提升却对汽车技术水平和产品质量提高起到持续有效的推动作用。

（三）财税支持偏重产品消费环节，创造宽松的金融和创新环境

对具有发展前景但尚难实现经济性运营的重大技术，发达国家还适当地运用财税和金融手段予以支持。

发达国家政府普遍运用财税政策支持和引导汽车技术创新，支持方式主要包括税收优惠、产品补贴、政府采购等。美国国内收入局（IRS，Internal Revenue Service）于2007年规定，消费者购买符合条件的混合动力车可享受到250～2 600美元不等的税款抵免优惠。“美国创新战略”提出，为鼓励消费者购买电动汽车，美国政府将提供总额高达7 500亿美元的税收抵免。日本于2009年4月起实施了“绿色税制”，购买纯电动汽车、混合动力车、清洁柴油车等“下一代汽车”，可以享免多种赋税优惠。法国政府从2008年起对汽车补贴累计达到23亿欧元，扶持购买了万辆新产低污染汽车。2012年，法国政府为每辆低碳汽车提供2 000～5 000欧元的激励补贴支持。德国政府规定，2015年年底之前购买的纯电动汽车免交车辆税，且期限从5年延至10年。英国交通部2010年发布私人购买纯电动汽车、插电式混合动力汽车和燃料电池汽车补贴细则，单车补贴额度约为车辆推荐售价的25%，但不超过5 000英镑。向消费者提供税收优惠和补贴的方式属于“事后”激励，这样能够将政府支持与消费者选择有机结合，加入消费者因素可以较好地降低单纯由政府“事前”选择激励对象带来的失误和偏差，同时也有利于更好地发挥市场机制对技术创新的方向指引和选择作用。

发达国家对汽车技术创新活动的金融支持采取“点面结合”的策略，即一方面通过低息贷款等方式对部分企业和项目进行适当地直接支持，另一方面，通过营造宽松的金融和创新环境对各类创新主体进行广泛的激励，为众多中小企业开展技术创新提供发展机会和成长空间。2009年5月，美国设立了一个250亿美元的基金，以低息贷款的方式支持厂商对节能型汽车的研发和生产。为了解决新能源汽车企业创业初期的融资瓶颈，美国能源部已经提供了数十亿美元担保贷款。值得一提的是，美国在支持大企业的同时，其较完善的金融市场和宽松的创新环境为众多中小企业开展技术创新提供了机会和空间。当前众多传统汽车企业仍处于艰难探索阶段，一些电动汽车公司甚至陷入困境，硅谷的特斯拉公司经过激烈竞争开始崭露头角，为美国电动汽车产业发展带来新的希望，并可能开启新的局面。特斯拉现象再次成为美国式创新的典型代表，虽然这一模式在我国难以简单复制，但却再次说明，容忍创新的宽松环境和完善的金融环境对新兴技术突破和

新兴产业培育发挥着不可替代的重要作用。

(四) 组织协调共性关键技术研发，改善公共基础设施和服务条件

针对技术创新过程面临的共性技术、公共服务、配套基础设施等共性问题，由于投资风险较高或投资回收期较长，单纯依靠企业和市场的力量难以实现自主发展。为此，发达国家政府往往通过直接组织或参与的形式调动多方资源予以解决，从而降低企业技术创新的风险和成本，从而为产业技术整体突破创造条件。具体包括组织共性技术开发、提供检验检测、支持配套基础设施建设等途径。

在具有战略意义但风险较大的新能源汽车技术领域，发达国家政府先后组织和参与了一系列联合攻关的共性技术研究计划和项目。美国在 20 世纪 90 年代为了应对来自日本汽车的强劲挑战，加强在汽车技术方面的领导地位，由联邦政府与三大汽车公司合作开展了新一代汽车合作伙伴计划（PNGV）。① PNGV 计划联合了商务部、国防部、能源部、运输部、环保署、国家航空航天局及国家科学基金会等 7 个联邦政府机构、10 个联邦政府的实验室、三大汽车公司以及一些美国大学和系统供货商，由商务部代表政府负责 PNGV 计划的组织协调。2002 年布什政府取代 PNGV 计划制订了新的国家及企业合作研究项目 Freedom CAR 计划，由美国汽车研究理事会协调，并吸收燃料供应商参与，以开发经济性的氢燃料电池汽车技术。德国于 1992 年政府拨款 2 200 万马克，在吕根（Rugen）岛建立欧洲电动汽车试验基地，用以组织各类电动车的运行试验。法国政府与法国电力公司、标致—雪铁龙汽车公司和雷诺汽车公司共同合资组建了萨夫特（Saft）公司来承担电动汽车高能电池的研究和开发工作。日本通产省 1965 年就正式把电动车列入国家项目，之后成立了日本电动汽车协会以促进电动汽车事业发展。2009 年，日本建立一个开发高性能电动汽车动力蓄电池的最大新能源汽车产业联盟，由政府、企业和研究机构共同实施“革新型蓄电池尖端科学基础研究专项”，日本政府计划 7 年内对此项目投入 210 亿日元，开发高性能电动汽车动力蓄电池。总体看，发达国家政府着力点主要集中在非竞争性的基础和共性技术、竞争前应用技术开发等方面，而在竞争性技术的研发、产业化和市场运营环节，仍然主要发挥企业作用；尽管政府组织和协调的研究项目最终效果有所不同，但其客观上为行业前沿技术发展做出了有益的探索。

除协助企业开发共性技术之外，发达国家政府还通过提供基础设施及其他公共服务，力求降低新技术开发和产业化风险和成本，为新技术开发和应用创造必需的外部条件。充电设施是电动汽车产业化的必要条件，但充电设施建设所需投资较大且直接经济效益不明显，因此企业投资意愿不足。为降低企业投资成本和风险，发达国家政府和企业共同推动充电设施建设。美国于 2009 年 10 月正式启动了“EV Project”项目，计划在全美部署近 15 000个充电站和 310 个直流快充站。日本计划 2020 年建设家庭式一般充电器 200 万个，

---

① The Partnership for a New Generation of Vehicles.

快速充电站5 000座。德国政府在“国家电动交通发展计划”中安排5亿欧元用以建设充电站。

（五）采取部门集中式管理体制，避免产业交叉重叠管理

为了保障政府各部门、中央和地方政府的协调与衔接，发达国家一方面在制定法律时特别注意避免法律重叠混乱的情况发生外，另一方面尽量杜绝执法主体多元化的现象，往往采用部门集中式方式管理汽车行业。一般国会负责法规的制定、批准，具体的管理工作由法律授权的一个或两个政府部门负责，被授权的相关部门作为执法的主体拥有制定、批准、贯彻技术法规的全部权力。欧洲多数国家对汽车行业采用“一部制”管理模式，即由一个主管部门集中行使与机动车相关的职能。美国则采用“两部制”模式，由运输部（DOT，Department of Transportation）和环境保护署（EPA，Environmental Protection Agency）对汽车行业进行平行管理，其中隶属于运输部的国家公路交通安全署（NHTSA，National Highway Traffic Safety Administration）是汽车安全的最高主管机关，环境保护署（EPA）则负责对汽车环保的监管。日本由国土交通省以省令形式发布日本汽车安全和排放方面的基本技术法规，即汽车安全基准。内容涉及对机动车辆、摩托车、轻型车辆的安全、排放法规要求。只有基本的法规要求，而如何判定汽车产品是否符合法规要求则由主管部门以通知形式下达全国各地方的下属机构，如各地方运输局、日本自动车工业协会、日本自动车进口协会等。在韩国，运输部对机动车辆制定较为完整的汽车技术法规体系，即机动车辆安全标准体系。实践表明，执法主体集中化管理形式能较有效地避免政府各部门对汽车产品管理的争权分治和交叉重叠管理，从而有利于降低管理成本并提高管理效率。

可以看出，发达国家汽车行业管理总体表现为以法制化为基础、以市场化为导向，通过政府和市场分工协作实现企业在竞争中自主有序发展。

二、我国汽车行业管理的现状及问题

近年来，在国内市场快速扩张的拉动下我国快速成长为世界第一汽车消费和生产大国，而相比之下，我国汽车产业技术创新能力却仍与发达国家存在很大差距。一方面，传统汽车的发动机、变速箱等关键技术长期依赖国外，自主研发和自主品牌主要集中在中低端领域；另一方面，新能源汽车技术与发达国家的差距也开始呈现拉大的趋势和风险。未来，随着我国汽车市场由高速增长逐步回落，市场竞争不断加剧，实现自主技术创新能力提升和突破成为紧迫的战略任务，也是决定汽车行业转型发展的核心要素。长期以来，为了实现后起追赶的目标，我国汽车行业管理被赋予了促进行业发展、调整产业结构等经济职能；同时，在计划经济向市场经济转轨的体制下，我国汽车行业管理始

终带有一定的行政色彩（见表1）。现有的汽车行业管理模式和技术创新政策难以适应未来行业发展的需要。

表1　　中国与发达国家汽车行业管理体系比较

管理要素	发达国家	中国
产业环境	产业发展成熟阶段市场机制主导	产业成长阶段计划向市场转轨
管理重点	维护社会公共利益弥补市场失灵	维护社会公共利益促进产业发展
管理导向	法制化市场化	行政性市场化
管理依据	以法律为基础以技术法规为手段	法律体系不健全以行政法规为主导
管理体制	部门集中	部门分散
产业准入	产品认证	企业设立项目核准或备案产品公告
发展支持	市场选择	结构倾斜

与发达国家比较，我国促进汽车产业的技术经济政策存在诸多不足，主要包括，政府较多运用行政手段，而市场机制作用有待加强；较多偏重“事前”选择性支持模式，而“事后”激励方式应用不足；较多参与了竞争性技术创新活动，而对非竞争性的基础和公共技术研发、公共设施和服务重视不够。

（一）以行政法规为管理主导，相关法律体系不健全

关于汽车行业管理，目前我国尚没有一部统领性和系统性的法律文件可供参考，只在道路交通安全法、车船税法等相关法律中部分地涉及相关内容。尤其是诸多关于社会性管理方面的立法仍处于空白状态。如诸多关乎公共利益的领域如产品质量、环境保护、交通状况、能源供给等立法滞后于汽车市场的发展，与汽车行业发展密切相关的城市停车场规划法规空白、二手车交易规则不完善。总体而言，目前我国主要以国务院及相关部委发布的行政法规和技术规范为依据，对汽车生产企业及其产品实施管理。我国汽车行业管理的法规体系大致包括总体政策和专项政策两个方面，其中，总体政策包括2009年国务院颁发的《汽车产业调整及振兴规划》① 和2004年工信部和国家发改委联合颁发的《汽车产业发展政策》;② 专项政策包括行业规划、准入管理、汽车销售、汽车使用及发展支持等多个方面。各部门基于自己的管理职能颁布的各种政策规章，形成了涉及产业政策、汽车产品管理、项目管理、生产准入法规、汽车污染控制标准、汽车税费管理、市场管理、进出口管理、使用维修和汽车报废等内容的政策法规群（见表2）。

比较而言，我国汽车产业政策更加侧重于规范经济主体的市场行为、促进汽车产业

① 规划期为2009~2012年，是国家为应对国际金融危机出台的十大产业调整及振兴规划之一。

② 此产业政策替代了1994年国务院出台的《汽车工业产业政策》，最新修订时间为2009年。

发展、激励企业技术创新和推动产业结构调整等经济性功能，较多地注重对产品供给侧的直接管理，而关于节能、环保、安全间接的社会公共性管理和消费者保护等需求侧和使用环节管理则相对缺失，不仅影响了人民群众的生活水平，也直接阻碍了汽车行业的进一步发展。由于一些行政法规超越了市场化条件的政府作用边界，一定程度抑制和干扰了市场优胜劣汰机制的正常发挥；与具有更高权威性的法律相比，行政法规的制定和实施往往更易于受到来自部门、地方等里主体的主观行政干预，从而导致政策效果偏离既定目标；由于缺乏系统的法律统领和职能部门交叉管理，繁杂的政策法规之间存在诸多交叉重复甚至矛盾的内容，在实施过程中不仅加大了政府的管理和协调成本，也加重了企业的成本，降低了生产经营和技术创新效率。

表 2　　当前我国汽车行业管理的相关法律和法规体系

类型	法规	颁发部门	颁发时间
法律	中华人民共和国道路交通安全法	全国人大常委会	2003 年
	中华人民共和国车船税法	全国人大常委会	2011 年
产业政策	汽车产业调整及振兴规划	国务院	2009 年
	汽车产业发展政策	工信部、国家发改委	2004 年
行业规划	节能与新能源汽车产业发展规划（2012—2020 年）	国务院	2012 年
	电动汽车科技发展“十二五”专项规划	科技部	2012 年
准入退出	乘用车生产企业及产品准入管理规则	工信部	2011 年
	商用车生产企业及产品准入管理规则	工信部	2010 年
	低速汽车生产企业及产品准入管理规则	工信部	2010 年
	专用车和挂车生产企业及产品准入管理规则	工信部	2009 年
	新能源汽车生产企业及产品准入管理规则	工信部	2009 年
	关于建立汽车行业退出机制的通知	工信部	2012 年
汽车销售	关于进一步规范汽车和摩托车产品出口秩序的通知	商务部、工信部、海关总署、质检总局、国家认监委	2012 年
	中华人民共和国车船税法实施条例	国务院	2011 年
	汽车品牌销售管理办法	商务部	2005 年
	车辆购置税征收管理办法	国家税务总局	2005 年
	汽车金融公司管理办法实施细则	银监会	2003 年

续表

类型	法规	颁发部门	颁发时间
汽车使用	缺陷汽车产品召回管理条例	国务院	2012 年
	道路交通安全法实施条例	国务院	2004 年
	报废汽车回收管理办法	国务院	2001 年
发展支持	关于开展私人购买新能源汽车补贴试点的通知	财政部、科技部、工信部、国家发改委	2010 年
	“节能产品惠民工程”节能汽车推广实施细则	财政部、国家发改委、工信部	2010 年
	关于开展节能与新能源汽车示范推广试点工作的通知	财政部、科技部	2009 年
	关于减征 1.6 升及以下排量乘用车车辆购置税的通知	财政部、国家税务总局	2009 年
	汽车摩托车下乡实施方案	财政部、国家发改委、工信部、公安部、商务部、工商总局、质检总局	2009 年
	汽车以旧换新实施办法	财政部、商务部、中宣部、国家发改委、工信部、公安部、环保部、交通运输部、工商总局、质检总局	2009 年

（二）产业准入管控严格，产业退出机制不完善

长期以来，我国通过项目审核、企业和产品公告管理并行的方式，对汽车产业准入采取严格的控制。自 1985 年起，由国家主管部门定期公布国家计划内汽车生产企业目录和产品目录，到 2001 年改为实施《车辆生产企业及产品公告》管理并延续至今。目前，我国公告制度有待进一步完善，具体表现在认证标准较为单一，主要以整车碰撞试验来评价汽车的安全性能，以尾气排放是否达到规定指标来确定汽车产品能否进入市场；并且准入认证之间存在重复的内容。尤其与发达国家不同的是，我国除了通过产品公告方式对整车产品进行强制检验和认证外，还对整车企业的设立进行严格审批，并且通过核

准或备案的形式对企业新建和扩建汽车生产项目实施直接管理。严格准入限制政策的初衷是期望通过对项目投资和产品准入的行政性审批来避免散、乱、低水平重复建设，从而实现扩大企业规模效益和提高产业集中度和竞争力的目标。但依托行政管制形成的选择性准入政策却有违企业成长和市场演化的基本规律，弱化了市场优胜劣汰效应对企业技术实力真正提升的促进作用。多年来，我国在汽车产业采取了“以市场换技术”的方针，客观上对国有和外资企业则形成了一定的市场保护，却对民营资本进入汽车产业形成了过高的门槛，也阻碍了市场机制作用的正常发挥。

与严格的产业准入相应的是，我国汽车产业仍然缺乏有效的退出机制。2012 年，工业和信息化部发布《关于建立汽车行业退出机制的通知》，但其中的退出条件仍过于宽松，仅对已经破产或进入破产清算程序的汽车企业注销其《公告》。而对未获批准文件进行建设，或不能持续满足批准文件、生产准入管理规定等方面要求的企业限期整改，整改后仍不能满足要求的，暂停其产品《公告》，且并未设暂停期限。对于连续 2 年年销量为零或极少（乘用车少于 1 000 辆、大中型客车少于 50 辆等）的企业，实行为期 2 年的特别公示管理。特别公示期满后，未申请准入条件考核或考核不合格的企业，暂停其《公告》，这将有可能导致两年内“壳资源”买卖泛滥。同时，针对现有汽车企业和产品退出市场后所带来的产品服务、消费者权益保护等相关政策仍不完善，关于企业和产品退出所带来的失业、债务以及其他社会问题仍然缺乏有效的援助机制。

由于实施严格的准入管制而又缺乏有效的退出机制，资金、人才等要素资源流入和流出汽车产业受到了很大程度的阻碍，市场竞争机制受到很大扭曲，汽车产业兼并重组进程也受到明显抑制；政策保护使我国汽车市场得以维持较高的价格水平，获得准入的既有企业得以长期享受着一定的超额利润，企业技术创新尤其是自主创新的动力受到很大地削弱。

（三）财政支持政策具有事前倾斜性，支持技术研发的金融环境有待优化

我国政府针对汽车行业发展和技术创新的支持政策偏重于从供给端入手，用“事前”评估的方式选择支持对象和支持力度，然后运用税收优惠、政府补贴、金融支持等方式进行倾斜性支持。出于培育重点龙头企业的主观政策导向，大型国有企业从项目立项、直接投资、技术引进、财税倾斜、银行贷款、公开发行股票融资，到政府出面与外商洽谈合资、政府采购等方面更易于获得政府支持，同时，为引进国外资金和技术，汽车合资汽车企业一直享受着税收优惠有形和无形的倾斜政策，而民营汽车企业则较难得到相应的倾斜政策和金融支持，人为构成了不平等竞争的市场格局。为支持新能源汽车等重大前沿技术的研发和产业化，国务院和相关部委不断加大资金支持力度，通过设立各类专项基金等方式补贴重点企业的技术创新和投资活动。“九五”期间，电动汽车被正式列入国家重大科技产业工程项目，“十五”期间，科技部在“863”计划中设立了电动汽车重大专项。此外，相关部委还有一些其他专项资金直接或间接用于补贴新能源技

术创新活动。但目前政府补贴技术进步的方式仍然带有较强的行政色彩，由于政府难以事前对具体技术创新对象的实力、技术方案的前景做出准确判断，因此难以对补贴对象和力度做出有效的选择；同时，个别企业获取补贴资金的难度较大，但使用补贴资金的成本却很低，企业能否获取补贴资金与是否真正追求技术创新间并未形成直接有效的关联关系，因而难以起到应有的激励效果；而且，当前政府专项补贴资金往往采取点多面广的分散方式，难以形成推动关键技术突破的合力。

与发达国家“点面结合”的金融支持方式相比，我国在汽车生产和技术研发环节上的金融支持则以“点”为主，即较为偏重通过优惠贷款对特定企业和项目进行直接支持，而对营造金融环境以广泛激发技术创新活力则重视不足。2009 年 5 月，国务院决定以贷款贴息方式，安排 200 亿元资金支持企业技术改造，包括“发展新能源汽车，支持关键技术开发等”。贷款贴息也属于事前选择性支持方式，政策执行难免带有主观色彩；而且，贷款贴息一般风险控制较严，有前瞻性但风险高的重大技术创新活动往往难以获得支持。而由于风险投资等其他金融支持体系仍不健全，各类创新主体尤其是中小企业的创新资源并未得到有效整合，产业创新潜力和活力受到很大抑制。同时，在市场销售和使用环节上，我国针对传统汽车的金融服务体系较为健全，而针对新能源汽车的金融支持模式仍在探索之中。当前全国范围的新能源汽车金融支持体系尚未建立，部分地方开始在新能源商用车领域探索融资租赁等金融模式，但在出租车和私人轿车等领域的金融创新则相对滞后，不能适应新能源汽车产业化和规模化发展的要求。

（四）汽车共性技术研究平台有待完善，政府对基础设施建设支持不足

目前，诸如传统汽车的发动机、变速箱和新能源汽车的动力电池等重大关键技术正日益成为制约我国众多车厂升级发展的共性瓶颈问题。在传统汽车的重大关键技术方面，我国各汽车企业、研究机构总体处于单兵作战的状态，缺乏国家级或行业级的重大技术共性研究平台，各类创新资源难以形成合力。近年来，为了实现联合攻关、共同研发，各类新能源汽车产业联盟纷纷成立。2009 年 7 月，中国汽车工业协会牵头国内汽车行业前 10 大车企成立电动汽车产业联盟，2010 年 8 月，国资委也牵头组织几家中央企业成立电动车产业联盟，此外，北京、重庆、吉林、江苏、安徽等地也先后成立了地方性新能源汽车产业联盟。但各类汽车产业联盟仍处于探索阶段，由于缺乏明确的目标和有效的实施机制，多数联盟未产生实质性和突破性合作成果，进一步实施的效果尚有待观察。

与发达国家相比，我国各级政府在新能源汽车充电设施等基础设施方面的投入和支持力度明显不足。2009 年以来，中央财政共拨付资金 30 亿元左右用于新能源汽车的采购补贴，各地方政府用于各种新能源汽车的补贴资金也超过 30 亿元，而其中针对基础设施建设的补贴仅 1.5 亿元左右。当前，我国新能源汽车充电装置等基础设施主要由国家电网公司、南方电网公司和普天新能源公司等企业承建，基本都集中在示范城市，其中深圳等私人购车试点城市在充电桩和充电站建设方面处于领先地位。在新能源汽车尚未实

现规模化运营之前，企业投资充电设施面临较大风险和资金回收压力，单纯依靠企业力量难以快速推进基础设施建设，从而反过来又会对新能源汽车产业规模化发展和技术突破形成制约。

（五）部门多头管理，职能交叉重叠

与发达国家集中式管理不同，我国汽车产业的管理职能被若干部门“分兵把守”，形成多部门分散式管理局面。在生产环节，汽车产业长期规划、产业政策、投资项目审批和产品准入的认证（“公告制”）职能由国家发改委行使；有关汽车企业的国有资产管理职能由各级国资委行使；生产企业所需进口零部件管理职能由商务部行使；国家重大汽车高新技术的研究与开发管理职能由科技部行使。在消费和使用环节，汽车产品的国内贸易流通、进出口贸易、进口配额管理（属于机电产品进口管理范畴）等职能由商务部归口管理；新车注册与上牌、车辆年检、道路交通管理等由公安交通部门行使；养路费等有关道路使用税费的管理职能由交通部门行使；汽车尾气污染和噪声污染防治等由环保部门行使；产品的强制认证、产品质量、标准化管理职能由技监部门行使；汽车维修保养、城市道路基础设施的规划、建设与管理职能由交通部门、建设和城市规划部门综合行使；汽车报废管理职能由各级政府“汽车更新领导小组办公室”行使；保险业务的管理职能分别由中国人民银行和中国保监会行使（见表3）。

表3　　汽车行业管理的相关部门与主要职能

主管部门	主要职能
发改委	新进企业、投资项目、产能扩建项目审批及新产品准入审核，参与产品销售资格管理，制定和监督执行科技进步、节能环保相关项目激励政策措施
工信部	汽车产业长期规划，协助企业、产品准入认证，制定并监督执行科技进步、节能环保相关项目激励政策措施
科技部	国家重大汽车高新技术项目支持政策制定、申报审核及执行过程监督管理
财政部	参与汽车行业相关财税支持补贴政策制定及项目实施审核监管
环保部	汽车产品环保认证，汽车企业、项目立项的环保评价，支持车辆年检
质检总局	负责汽车产品强制性认证、产品质量和标准化管理、支持车辆年检
公安部	新车注册与上牌、车辆交通安全管理、主导车辆年检
交通部	交通运输产业发展规划及协调管理，参与道路建设规划
认监委	汽车产品准入强制性认证（3C认证）
商务部	涉及外资项目审批，进出口汽车及零部件业务审批管理，汽车报废回收、二手车业务管理，汽车经销商准入管理

续表

主管部门	主要职能
工商总局	汽车销售准入及过程管理，汽车租赁行业管理，汽车流通行业管理
税务总局	汽车生产、销售、使用及回收环节税收监督管理
人民银行	汽车金融及保险行业相关政策制定，行业发展规划
保监会	依照相关政策制度对汽车金融及保险行业运行过程进行监督管理

由于存在多头管理、管理职能分割过细，多部门职能交叉、重复管理现象普遍存在，降低了管理效率也无形中对企业技术创新形成抑制。如《车辆生产企业及产品公告》由工信部管理，投资项目核准审批由国家发改委管理，而两部委又分别对投资项目备案要求下达文件。在汽车产品认证中，新车上市要通过国家发改委、国家认证委和国家环保总局的强制性认证，同时受《车辆生产企业及产品公告》、《强制性产品认证标志管理办法》、《3C 认证管理》、《国家环保型式核准》等政策法规的调整。而公告认证、3C 认证和环保认证有许多重复的内容，其中公告认证规定的检验项目总计为 49 项，3C 认证规定的检验项目为 47 项，两者完全一致的项目有 44 项，两种认证的检测项目重复率达到了 90%。

综上来看，我国现行的汽车行业管理体系与国际通行的管理方式还存在较大差距，政府在经济职能上存在一定越位，而在解决共性问题和维护社会公共利益方面则存在一定的缺位，不适应企业技术创新能力提升和产业转型发展的需要，因而法制化和市场化水平均有待进一步提高。

三、改善我国汽车行业管理的建议

从发达国家实践经验和我国汽车产业长远发展的实际出发，未来要实现汽车产业自主技术创新能力的提升和核心关键技术突破，需要实现行业管理模式的战略性转变，积极构建开放有序的市场竞争环境和公平有效的创新支持体系。

（一）加强汽车行业立法，健全技术法规体系

调整汽车行业的政府管理职能，构建完整科学的法律法规体系，不仅有利于促进汽车行业提升技术创新能力，实现由汽车大国向汽车强国转变，也有利于汽车消费者权益保护和建设资源节约型、环境友好型社会。我国汽车行业的法律法规体系建设应从汽车研发、生产、销售和消费多个环节出发，从几个层次入手：一是尽快制定综合性的汽车管理法或机动车辆管理法，就汽车及相关产品的注册、技术法规和标准、产品认证、产

品检修、保养等事项作出明确的法律规定，以此作为行业管理的基本依据；同时，理顺和健全涉及汽车生产和产品管理方面的实施条例和配套政策法规，包括准入认证制度、产品质量标准和汽车安全等方面。二是加强消费者权益保护的立法。包括质量“三包”、汽车召回等内容。三是加强汽车行业社会性管理职能的立法。如环境保护、城市基础实施、道路交通、停车场规划等配套法律法规。

（二）放松产业准入管制，强化产品认证制度

放宽行业准入限制，建立健全产业退出机制，构建公平准入和有序退出的市场竞争环境。逐步减少直至取消汽车行业企业审批和项目投资的审核事项，允许各类投资者，特别是非国有投资者的公平进入，鼓励创新型、有活力的民营科技企业和中小企业参与汽车尤其是新能源汽车技术的开发和产业化活动，以有效竞争和宽松的创新环境激发各类主体的创新动力；从保障安全、保护环境、节约能源和保护消费者利益出发，依照法律法规进一步完善汽车产品准入认证制度，逐步由注重企业资质、投资规模及预期经济收益等经济性的准入管理转向注重安全、节能、环保等社会性准入管理；实现由产品公告制度向遵循国际惯例和规则的产品认证制度转变，合理设置产品认证规范和标准体系，理顺部门分工和管理体制，提高认证管理效率和效果；健全汽车安全法规，结合汽车准入认证、汽车质量法规和汽车召回制度，尽快制定汽车安全标准。

（三）强化事后竞争性财税支持政策，优化支持创新的金融环境

遵循公正公开和市场选择的原则，调整财税激励技术创新的实施机制和操作方式。调整税收优惠和补贴政策，按照特定的技术标准和规范，遵循公平的市场化竞争原则，支持有竞争力的企业开展汽车重大关键技术的工程化和产业化，尽量规避运用行政方式定向选择和指定的目标支持企业；改善税收支持方式，允许有关企业将指定范围的研发支出在税前扣除，对企业研发中心购置先进设备、仪器等实施免税，对企业产品试制和测试发生的费用给予一定的财税支持。改善政府采购激励创新的机制，加大政府采购支持自主研发和自主品牌产品的力度，帮助企业实现重大技术创新和产业化，改变现有人为设定采购目录和采购价格标准的方式，探索按照技术、性能、价格以及社会效应等系列指标设定产品标准，由采购需求方根据市场竞争原则选择有实力的产品和技术。改善支持技术创新的金融环境。强化金融支持，引导金融部门特别是政策性金融机构加强对汽车重大技术创新活动的金融服务，支持符合条件的企业建立新能源汽车金融公司。优化金融创新环境，引导各类金融企业参与研发和推广新能源汽车金融产品，创新发展新能源汽车电池和整车融资租赁、购车贷款等多种金融模式。健全风险投资体系，通过立法和税收优惠等形式为社会资本进入汽车行业创造条件，引导风险投资基金支持中小企业的参与汽车产业技术创新活动。

（四）加强基础和共性技术平台建设，着力解决配套基础设施瓶颈

建立国家技术创新平台，培育共性技术创新能力。选择制约我国汽车产业发展的若干重大关键技术，由政府和企业共同出资组建国家级和行业级共性技术研发联盟，构建以专业研发机构为主导、企业广泛参与的产学研用合作新机制，联合攻关新能源电池等共性关键技术。支持建立保护专利和突破专利联盟，构建汽车行业关键技术专利的共享机制，促进企业间技术交流与合作。改善公共基础设施和服务，加强对汽车产业发展所需共性基础设施建设的支持力度，降低企业投资成本和风险。研究制定新能源汽车充电设施设计、安装、运行的标准体系及规范，引导各级政府把充换电设施建设纳入城市建设和土地等相关规划，明确新建各类建筑中车用充电设施配建标准及相关建设要求。对新能源汽车充电设施实行适当的优惠电价，探索通过税费减免等政策支持充电站（桩）建设和运营。打破少数企业对充电设施等配套设施建设和运营的垄断，创造条件引导民营企业、投资机构各类社会资本参与投资、建设和运营新能源汽车充电设施建设和运营。

（五）实现主管部门集中化管理，简化行政管理程序

理顺汽车行业管理体制逐步实现行业集中化的纵向管理模式。借鉴发达国家经验并结合我国实际，按照“一部制”或“两部制”模式，通过削减、整合职能逐步实现主要由一个或两个主管部门集中进行汽车行业管理；将汽车管理纳入整个国家交通管理体系当中，基本实现事前、事中、事后管理的有机结合。如在汽车产品认证中，可将公告认证、3C认证和环保认证统一起来，实行检验项目互认，减少重复的检验项目。按照市场化原则，简化行政管理程序。如针对年检费、年票费、保险费、养路费等汽车使用税费管理实行一站式收费制度。

从汽车行业的例证可以看出，我国实现技术能力持续提升的核心是营造有利于企业技术创新的宏观环境，关键是改善宏观和行业管理模式，政府需摒弃针对企业微观投资经营的不当干预和主观倾斜的支持政策，而着眼于通过维护市场竞争秩序和弥补市场失灵来实现有效的市场竞争。

（执笔人：付保宗）

我国重大技术发展战略与政策研究

综述报告

重大技术经济政策研究文献评述

内容提要：为厘清重大技术经济政策研究课题研究重点，本章对“技术经济”、“技术经济政策”和“重大技术”相关文献进行综述。研究发现，技术经济学研究对象不断广化与泛化，研究方法较为庞杂，导致以“技术经济”为主要研究对象的课题研究指向不明晰；技术经济政策的定义并不明确，范畴和边界不清晰，目前我国有关“技术经济政策”的措施主要是“技术政策”、“财税政策”、“金融政策”、“价格政策”、“投资政策”、“人才政策”等现有政策体系的内容，并非专门的“技术经济政策”，导致“技术经济政策”的内容与其他政策措施交叉重叠，并无多少新意和实质性的政策措施；重大技术选择是主要发达国家明确发展重点、促进重大技术突破的重要举措，在实践中逐渐形成了较为规范的程序和方法，值得我国学习借鉴。然而，目前国内外有关重大技术选择的研究较多，制定和出台的重大技术选择计划也比较多，但与之相配套的各种法规和鼓励政策却不多见，难以统筹规划、合理调配、正确引导重大技术发展。需要在深入的理论分析和广泛的实证分析中进一步厘清不同重大技术的属性和政策支持的思路，将课题研究的重点聚焦到促进重大技术发展的政策措施上，并根据我国现实国情和重大技术发展中存在的问题，制定有针对性的重大技术扶持措施。

重大技术经济政策研究，顾名思义，可以有两种理解，一是“重大技术”的“经济政策”研究，主要研究对象是“重大技术”，主要研究内容是如何促进重大技术发展的技术经济政策；二是“重大”的“技术经济政策”研究，主要研究对象是“技术经济政策”，侧重重大的，而非一般的、普通的技术经济政策研究。为了明晰课题研究的要旨，有必要从“技术经济”、“技术经济政策”和“重大技术”的概念和定义出发，分析其内涵外延、具体内容和作用范围，厘清课题研究的思路与主要方向。

一、关于技术经济的研究对象和范围

（一）技术经济学科创立时期的研究对象和范围

技术经济学诞生于20世纪60年代初（徐寿波，2012），是具有中国特色的跨技术学科和经济学科的一个交叉学科。其创立的直接动因是对“大跃进”时期割裂生产技术和经济规律关系、不讲经济效果的反思（徐寿波，1988；郭树声，2009）。为此，当时担任中央科学领导小组成员的著名经济学家于光远便提出，技术发展及其政策制定要讲求经济效果，技术与经济要结合，并指定徐寿波等就国外专门研究技术与经济结合的学科进行调研。可以说，“一五”时期（1953～1957年）比较注意技术与经济结合积累的有益经验和“二五”时期（1958～1962年）技术发展违反经济规律的教训，是“技术经济”学科产生的根本原因和主要历史背景（徐寿波，2009）。

因此，这一时期的技术经济学的研究目的和对象都较为清晰，其主要目的是克服计划经济条件下存在的，割裂技术规律与经济规律关系、忽视经济效率（效果）等倾向，更好地服务于当时的社会主义经济建设。正如徐寿波（1998）所总结的，技术经济是“以马克思主义和毛泽东思想的经济理论为指导；以社会主义基本经济规律、有计划按比例发展规律和价值规律为依据；以多快好省建设社会主义的要求为目标；以定性和定量相结合的方法为手段；以结合中国的社会主义四化建设的具体实际为基础；以认识和正确处理技术同经济之间的实际矛盾关系为目的”。技术经济学的研究对象也是比较清晰的工程项目的技术经济问题，包括“合理利用土地”、“农、林、牧、副、渔综合经营”、“农业技术改革”、“食物营养构成”、“燃料动力”、“原料和材料选择”、“采用新工艺、新装备和发展产品品种”、“建筑工业”、“综合运输”、“工业生产力的结构、布局和生产规模”等十个方面的技术经济研究（徐寿波，2009）。

（二）技术经济研究对象的广化与泛化

改革开放以后，中国经济社会发展进入到一个全新的阶段，工业化快速推进，基础设施和重大工程项目纷纷上马，建设规模不断扩大，对外经贸合作和技术引进增多，经济体制也加速转型。这些实践的变化大大拓展了技术经济学的研究范围，为学科的发展提供了更为广阔的舞台（蔡跃洲，2011）。学科的研究对象不再局限于初创时期的技术方案经济效果评价，而是更多地考虑技术发展与经济发展之间的相互关系，研究如何通过技术进步促进经济发展以及技术本身的开发、应用、转移等规律。

从“六五”时期到“九五”时期相继完成了“中国能源发展战略”、“技术进步与产业结构变化”、“产业结构与经济增长”、“国家产业政策与技术政策”、“生产率与经济增长”、“技术创新经济运行机制”、“转变经济增长方式”、“高新技术发展战略”等一系列重大应用经济学课题的理论与实证研究。上述研究不仅促进了本学科的发展，同时对推动科学地选择技术和项目投资、促进以经济效益为目标的价值工程和设备的更新和技术改造，建设国家技术创新体系和制定积极的技术政策都起到了积极的支持作用，也为政府决策提供了重要的理论支持（中国社科院数量经济与技术经济研究所，2012）。可见，这一阶段技术经济学研究范围和研究对象的拓展主要体现为以下几个方面：第一，技术进步与经济增长关系；第二，技术进步与产业结构升级；第三，生产率测算；第四，经济发展过程中的技术开发、应用、扩散、转移等规律的研究；第五，超大型工程项目的技术经济评价（蔡跃洲，2011）。

进入 21 世纪以后，转变经济发展方式，建设创新型国家，节能减排、环境保护、循环经济以及国际技术壁垒日益提升背景下如何提升国家整体技术水平等问题日益成为国家关注的焦点和经济社会发展的主要特征，对这些问题的研究和关注成为技术经济学进一步拓展发展空间的重要方向，也成为技术经济学的重要研究内容和对象。

在技术经济学研究对象不断拓展的基础上，一些专家和学者常常希望在搞清问题的基础上提出一些“解决问题的思路与办法”，这就使得技术经济学科又有了一些“管理学”的特征，这或许是 1997 年国家学位主管部门将“技术经济”学科改名为“技术经济及管理”学科的一个重要原因（雷家骕、程源，2004）。

伴随着研究对象的拓展，技术经济的研究内容被大大地广化与泛化，与此同时，也出现了三个争议广泛的问题。一是研究对象不明确、学科边界不严格（雷家骕、程源，2004）。1986 年技术经济研究会在吉林省兴开湖开会，与会学者对技术经济学的定义就有明显的分歧，大学的代表基本坚持技术经济学是“技术的经济学”观点，少数学者认为技术经济学就是西方的工程经济学；科学院派认为是技术经济学技术与经济的最佳结合。会后有专家总结以上各流派的观点，将技术经济学的研究对象观点的分歧，归纳为以下六个流派：效果论认为技术经济学研究技术活动的经济效果，即技术经济是研究技术方案、技术政策、技术规划、技术措施等的经济效果的学科，通过经济效果的计算以求找到经济效果最好的技术方案；问题论认为技术经济是研究生产、建设中各种技术经济问题的学科；关系论认为，技术经济学是研究技术与经济的相互关系以达到两者最佳配备的学科；因素论认为，技术经济学是研究技术因素与经济因素最优结合的学科。问题论、关系论和因素论的提出与 20 世纪 80 年代以来引进技术和加大建设项目投资的时代要求有关。动因论认为，技术经济学是研究如何合理、科学、有效地利用技术资源，使之成为经济增长动力的学科。它反映了随着经济和技术的发展变化，深入研究技术进步和技术创新理论的客观需要；综合论（系统论）认为，技术经济学是研究技术、经济、社会、生态、价值构成的大系统结构、功能及其规律的学科。这反映了希望在更广泛的人类社会大系统中研究技术问题的愿望（中国社科院数量经济与技术经济研究所，2012）。齐建国（1997）也曾根据学科发展过程，将技术经济学划分为三个学派：(1) 以徐寿波为代表的“计划—效果”学派。（2）以李京文、郑友敬为代表的“关系—效果”学派。（3）以傅家骥为代表的“技术资源最优配置”学派。蔡跃洲（2011）则将技术经济的研究分成四类：（1）将技术经济学看做对技术活动进行经济分析和评价，包括对技术措施、技术方案、技术政策进行经济评价和论证的学科，代表性学者包括李京文院士、龚飞鸿教授等。（2）强调技术经济学是应用经济学的分支学科，运用经济学的理论方法研究技术问题，代表性学者有陶树人教授和郭励弘教授等。（3）在主张研究技术活动经济规律的同时，也强调研究技术与经济的互动关系，代表性学者包括李平教授、郭树声教授。李平教授提出，技术经济学狭义讲是运用经济学的理论方法研究技术的形成、扩散、应用和发展，广义讲包括技术变化所引起的相应经济后果及其作用形式，即生产率研究、技术进步研究等；郭树声（2009）认为，技术经济学是关于技术的经济学研究，它以当代经济学的理论为指导，研究技术活动的经济规律以及技术与经济的互动关系。（4）在研究技术领域中的经济活动规律和经济领域的技术发展规律之外，还强调研究技术发展的内在规律，主张这类观点的代表性学者包括傅家骥教授、雷家骕教授等。由此可见，技术经济的研究内容十分庞杂，过于泛化，已经失去作为独立学科应有的边界。对此，清华大学雷家骕等（2004）指出，技术经济研究内容要收敛、要聚焦、要集中。二是技术经济学的理论体系比较发散，尚未形成有自身特色的理论体系。技术经济学在发展之初，是以马克思的剩余价值理论和扩大再生产理论作为其理论基础，对国民经济发展中涉及的技术与经济问题进行研究。当时的技术经济的理论主要是指微观的应用理论，如经济效益理论、时间价值理论等。随着西方经济学思想和成果在中国的传播，技术经济学者不仅积极吸收西方经济学中的微观经济理论，而且也吸收了大量的宏观经济理论，不断丰富技术经济学的理论体系。如微观经济学中的边际效用理论、边际生产力理论、产权经济学理论、厂商定价理论、项目评价理论、经济预测方法和价值工程等理论；宏观经济学中的经济增长理论、收入、就业与价格理论等。在吸收宏观经济理论探索的同时，技术经济学者在中观（产业和区域）和宏观经济领域的应用研究也取得了重要的理论成果，如技术进步、生产率和技术创新理论都大大丰富了技术经济学的内涵。进入20世纪90年代以后，技术经济学界更多地将注意力转移到应用研究领域，而且所涉猎的领域越来越广泛，包括人力资源开发、环境保护、信息化、高新技术产业化以及资本市场等都是技术经济应用研究的范围。上述现象虽然表明技术经济研究的对象范围不断拓宽，但从另一个角度表明技术经济的理论研究和应用研究还处于一种发散的时期，尤其是近年来理论研究的比重日益减少。学科的基础理论体系建设还需进一步明确方向，以使尽早形成有自身特色的理论体系。三是技术经济学科的学科归属存在较大争议。技术经济学是属于技术学、经济学、管理学、还是技术管理学，目前还存在很大的争议。目前争议的焦点是技术经济学是属于经济学还是管理学。由于技术经济学在研究中通常是采用定性与定量方法相结合，实证研究与规范研究相结合的方法，并为实际决策提供合理的建议，因此有的学者认为技术学具有管理学的特征。1997年国家学位主管部门将“技术经济学”改名为“技术经济及管理学科”，并将其归为管理学科。但仍有多数学者（如傅家骥，2004；雷家骕，2004；蔡跃洲，2009、2011 等）坚持认为，从技术经济学的理论基础、研究对象和研究方法上看，技术经济学仍属于经济学特别是应用经济学的分支学科。此外，还有人认为技术经济学学科目标分散、缺乏自然辩证法指导、对技术的本质、属性、特征、结构、类型等研究不足（张文泉，2010）。

简要小结之，技术经济学科是为了研究技术与经济相结合问题而产生，是一个具有中国特色的研究范畴，在国外没有与之完全对应的学科，较为接近的是苏联运用经济性指标比较技术的优劣的方法，与西方经济学（如熊彼特等）的技术创新经济学既“对技术的变化进行经济分析”，也“从技术的角度分析经济变化”等研究内容有较大差异。但随着经济社会的发展，技术经济的研究对象被泛化，没有找到自己的学术体系，应用领域广泛，学科理论研究呈发散状（王金菊、闫雪晶、陈戈止，2006），同行中出现“能研究什么就研究什么”的现象，一些人甚至将“技术经济”理解为“技术”与“经济”，或者“技术”加“经济”，扭曲了技术经济学的本源（雷家骕、程源，2004）。目前，从学科体系看，技术经济学被异化为技术经济及管理，从属于管理学科，经历了“技术与经济相结合的学科”—“应用经济学”—“管理学”的嬗变，研究对象飘忽不定，研究内容没有真正聚焦，学科体系建设也不具备系统性。

二、关于技术经济的主要评价方法

由于技术经济学主要是对重大技术或项目开展技术经济分析、论证、比选和评价的学科，因此，技术经济评价方法在技术经济学科体系和应用中的地位和作用十分突出。

（一）重大技术项目评估方法

技术经济学在创立初期，以工程项目的经济评价、投资项目的技术经济分析、价值工程的应用为主要研究对象（王金菊、闫雪晶、陈戈止，2006）。在方法体系上主要吸收苏联及东欧国家部门经济学、投资经济效果计算、技术经济论证等相关方法基础，逐步形成了以国民经济评价为核心，以技术方案的社会纯收入—社会全部消耗费用分析为评判标准，考虑时间价值因素的技术经济方法体系（蔡跃洲，2011）（见图 1）。

之所以对重大项目进行国民经济评价，主要是因为计划经济体制下，作为微观主体的企业，其账面盈亏并不能反映其真实的经济效益状况，而在宏观层面，国家实行统收统支的财政体制，确保能从国家整体核算出总的经济效益。因此，必须从国民经济评价的角度，从技术方案能够带来的“社会收入”以及“社会全部消耗费用”的核算出发，才能得出客观的经济效果评价结果（李京文，1995）。

随着市场经济体制的逐步完善和超大型工程项目的出现，重大技术项目评价中，除了原有的财务评价和国民经济评价外，还增加了区域评价、社会评价、不确定性评价等方面的内容，相应的综合指标评价、盈亏平衡分析、敏感性分析、概率分析等方法对原有方法体系也是一种补充（郑友敬等，1994）。

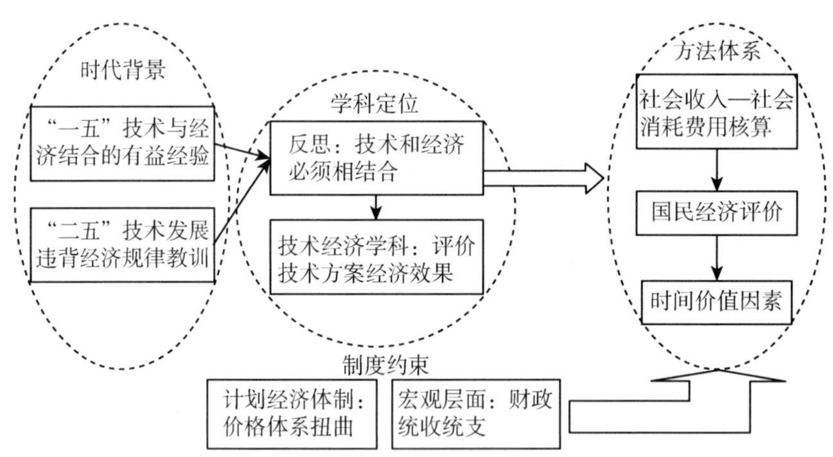

图1　技术经济学初创时期的方法体系形成

资料来源：蔡跃洲，《技术经济方法体系的拓展与完善》. 数量经济与技术经济，2011（11）：141.

（二）主流经济学分析工具的引入

随着研究范围和研究对象的调整扩大，相应的技术经济学方法体系也得到进一步的丰富和拓展。调整后的技术经济学，其研究对象和范畴开始与西方主流经济学的相关领域交叉，包括经济增长理论、产业经济学等（雷家骕、程源、杨湘玉等，2004）。西方主流经济学的研究范式、方法工具开始逐步引入到技术经济研究中，为丰富完善技术经济学方法体系提供了新的养分。在拓展后的技术经济方法体系中，主流经济学的定量分析工具已经成为最重要的组成部分。研究技术进步与经济增长关系，涉及经济增长理论，必然使用到最优化方法、最优控制理论等主流宏观建模方法；进行生产率测算，需要使用经济计量分析、数据包络分析等实证工具；分析技术进步与产业结构变化时，投入—产出分析也是必不可少的数量分析工具；分析技术发展规律时，除了数理模型分析和计量实证外，还可能使用到数值模拟等方法（蔡跃洲，2011）。技术经济学的方法体系也被拓展至数理分析类、运筹规划类、概率统计类、均衡模拟类以及成本收益类等5大类（见表1）。

表 1　　计量分析等主流经济学方法在技术经济学中的应用

	技术进步与经济增长	生长率测算	技术进步、扩散、转移规律	技术进步与产业升级	超大型工程项目评价
数理分析类	增长模型、欧拉方程、最优控制	—	动态建模	—	—
运筹规划类	—	DEA 非参数	—	—	AHP
概率统计类	计量分析	计量分析	计量分析	计量分析	概率分析
均衡模拟类	—	—	数值模拟	投入产出分析	—
成本收益类	—	—	—	—	盈亏平衡分析、敏感性分析

资料来源：蔡跃洲.《技术经济方法体系的拓展与完善》. 数量经济与技术经济，2011（11）：142.

（三）方法体系的拓展与完善

进入 21 世纪以后，随着能源、资源、环境等问题日益突出，技术经济学关注的焦点也逐步转向绿色经济、低碳经济、创新体系等方面。包括环境经济学、制度经济学、演化经济学、创新经济学等相关学科的研究方法和研究范式被吸收到技术经济学中。包括采用数学规划、计量分析等经济学分析中常用的数量工具以及系统论等非主流经济学工具和方法，对创新能力和创新效率的测度；应用演化经济学对创新政策和创新行为的评估；应用能源物质流分析手段和绿色经济核算等方法对绿色创新和循环经济开展研究；应用系统论对国际技术转移扩散的分析等，应用绿色经济核算、社会福利分析等方法对项目的环境影响和社会成本收益进行分析等。随着技术经济研究范畴的扩大、研究对象复杂程度的提高、与经济学前沿学科的不断融合交叉，数理建模分析、运筹规划、经济计量学、概率统计、经济模拟仿真等定量方法已经成为技术经济研究的必备工具（蔡跃洲，2011）（见表 2）。

表 2　　技术经济学评价方法的拓展

	国际创新体系与创新激励政策	绿色创新与循环经济	国际技术转移与扩散	工程项目生态环境及社会评价
数理模型类	欧拉方程、最优控制	数理建模	动态建模	

续表

	国际创新体系与创新激励政策	绿色创新与循环经济	国际技术转移与扩散	工程项目生态环境及社会评价
运筹规划类	综合评价、AHP、EDA	综合评价、AHP、EDA		综合评价、AHP
概率统计类	计量分析（微观）	计量分析、绿色经济核算	计量分析	绿色经济核算、概率分析
均衡模拟类	CGE、基于主体的微观模拟仿真、系统动力学	能源物质流平衡分析、实物投入产出	数值模拟	实物投入产出
成本收益类		盈亏平衡分析、敏感性分析		盈亏平衡分析、敏感性分析、社会成本收益分析、福利分析
制度分析类	制度分析	制度分析	公司理论、产业组织、价值链分析	
演化博弈类	演化分析	演化分析、博弈分析	博弈分析	

资料来源：蔡跃洲.《技术经济方法体系的拓展与完善》. 数量经济与技术经济，2011（11）：142.

综上所述，技术经济评估的方法体系十分庞大，但这些方法本身并非专门用于技术经济评估，是技术经济评估借用了各个学科的方法体系，因此，也很难说是技术经济学的方法体系。如蔡跃洲（2009）认为，随着技术经济学的不断发展，技术经济研究对象所涵盖的内容早已超出创立之初的工程项目技术经济评价，在研究对象扩展与丰富的过程中，研究方法更是兼收并蓄、博采众长，借鉴和使用了很多其他相关学科的分析工具，但由于研究方法涉及学科较多，加上在方法体系方面所做的系统性梳理相对不足，因此，研究方法体系总体显得有些庞杂。学界关于技术经济学研究方法缺乏系统性和自身学科特色的批评也不绝于耳。

三、具体的技术经济政策措施

（一）关于技术经济政策的定义

目前，国内关于“技术经济政策”定义的描述并不多见，国家发改委宏观经济研究

院白和金研究员（2014）认为，“技术经济政策”从字面上看有两种解读，一种是有利于促进技术进步的经济政策，一种是有利于经济发展的技术政策，其重点应该是经济政策，包括两个方面：一是面是从供给层面，能够有效增加技术供给的政策设计或政策方案，另一方面是从供给和需求相结合的维度，能够促进技术供给更有效地转化为现实生产力，发挥技术效果的政策设计。

百度百科（2014）给出的定义则是：“一定时期内政府对国民经济各部门规定的技术发展的经济准则”，并认为技术经济政策是保证技术发展获得最佳经济效果、实现技术与经济最佳结合的重要前提。技术经济政策规定在一定经济条件下的技术发展方向、重点与途径，并运用价格、税收、利率等经济手段来促进新技术的发展和落后技术的淘汰，调节技术发展与经济发展的关系，以达到采用新技术、开发新产品、合理利用能源和其他资源、取得最佳经济效果的目的。技术经济政策的制定依据一般包括三个方面：(1) 国家的经济发展方针与战略目标；(2) 国情、国力的状况和各地区、部门的自然资源、经济条件；(3) 技术发展的客观要求。

（二）关于国外技术经济政策的介绍

伴随着技术经济学的发展，国内出现了一些关于国外技术经济政策的介绍和研究文章，比如宏观经济研究杂志社（1987）选编了一组关于美国、联邦德国、苏联煤炭工业技术进步和技术经济政策的文章，美国的经济政策包括提供优厚的工资吸引人才、鼓励出口赚取利润、放开煤价保证盈利、政府拨款资助煤炭科研等；联邦德国的技术经济政策包括财政补贴、限制进口保护国内煤炭工业、成立煤炭研究中心等；苏联则通过突出重点领域技术开发、建立大型燃料综合体、推进矿石机械研发制造、提供煤矿职工福利待遇、改革管理体制和价格体系、扩大企业经营自主权等技术经济政策促进煤炭工业技术进步和发展。邓玲（2012）等介绍了美国、加拿大、澳大利亚、俄罗斯等国家促进矿产资源的综合利用的技术经济政策，例如，通过加强立法工作，制定矿产资源综合利用相关的规章制度；设立资金，建立专门机构，保障相关技术经济政策顺利实施；完善制度管理，加强技术创性，提高矿业开发各个环节的集约化和科学化水平，通过管理完善和技术创新，不断提高资源综合利用水平。但总体看，由于国外特别是除苏联以外的西方国家没有与“技术经济政策”概念完全相对应的概念或提法，因此，很难做文献上的归纳与总结，国内关于国外技术经济政策这方面的研究和资料还不多见，对国外整体技术经济政策缺乏系统的梳理，对其概念范围和政策边界的认识还不清晰，这方面的研究还很不成熟。

（三）关于我国技术经济政策的研究

技术经济学诞生以后，随着工程建设和国民经济建设产业技术领域的需求增多，国内关于我国技术经济政策的研究形成一股热潮，特别是在20世纪70年代末到90年代初，涉及农业、林业、化学、化肥、陶瓷、煤炭、轻工业、纺织、资源综合利用等多个方面。如毛炳森（1979）有关纺织工业几项技术经济政策的探讨。印德林（1981）对我国合纤工业发展方向和技术经济政策的几点意见。高御臣（1982）研究了我国陶瓷工业发展中有关原料、节能、产品结构、企业规模、专业化与协作、技术改造的方向、彩绘装饰与节约贵金属、综合利用、加强科教工作、政策与经济干预等技术经济政策问题。杨纪珂（1982）对我国农业生产中的科学和技术经济政策问题进行了研究，认为技术经济政策的研究不但要看到近期的，而且还要看到长远的效益。要改变过去农业生产中的"以粮为纲"，搞单打一的做法，加强对生态平衡、耕作制度、农林牧副渔多种经营等方面的研究。孙品华、杨同兴（1983）对发展磷、硫化学矿技术经济政策的研讨，认为应该采取大中小结合、缩短矿山建设周期、重视用户对生产的反作用、提高磷矿价格、征收磷矿出省费等技术经济政策。曹美真（1985）在分析世界化肥工业现状和我国化肥工业发展方向的基础上，提出实行土壤普查、调整原料路线、产品结构和布局、外贸结构、价格政策、节能措施、技术改造和企业管理、控制污染、加强智力投资等11个方面的技术经济政策。刘世荣（1990）提出加大林场投资、保持林场体制长期稳定、充实林场技术力量并长期稳定、增加林场自我积累、加强森林资源动态监测等林业技术经济政策。刘光玉等（1992）则分析了科技兴农战略中的技术抉择与技术经济政策问题。凌霄云、余贻骥、丛国滋等（1995）对我国轻工业资源综合利用及环境保护的技术经济政策问题进行了系统的研究，提出了16个方面54条技术经济政策建议。

20世纪90年代中期以后，有关技术经济政策的研究便不多见，并且其研究领域相对较为具体，而非像20世纪90年代之前主要针对某个行业。如刘维城（1999）从管理体制、技术政策、经济政策等三个方面论述了我国城市水污染控制技术经济政策。吴滨，杨敏英（2012）对我国粉煤灰、煤矸石综合利用技术经济政策的分析。李连成（2013）对我国目前城市轨道交通发展技术经济政策的评析和建议。齐建国（2014）对雾霾的技术经济学分析等。

由此可见，国内关于技术经济政策的探讨在20世纪90年代以前相对较多，之后只有一些零星的讨论，但对于究竟哪些政策属于"技术经济政策"并没有做详尽的分析，对于"技术经济政策"的范畴认识仍不统一，部分研究提出的"技术经济政策"措施中的"技术政策"和"经济政策"截然分开，对于到底哪些政策属于技术经济政策，仍有较大争议。

（四）部分政府层面出台的技术经济政策

从政府层面看，新中国成立以来，我国专门出台以"某某技术经济政策"为名的文件、规章制度非常鲜见。应该说在计划经济时期，我们很难谈得上有技术经济政策，更多是用计划经济的方式，把宏观管理、中观管理的微观化，把技术经济指标下达到企业，来体现政府某种技术经济政策的取向，包括一些产业发展计划、规划，带有一定政策含义，更谈不上技术经济政策体系（白和金，2014）。

改革开放以后，我国逐渐探索有关行业发展的技术经济政策，如1991年，原国家计委制定了针对“八五”期间粉煤灰综合利用的《中国粉煤灰综合利用技术政策及其实施要点》，明确了粉煤灰综合利用的技术发展方向和重点。1994年，原国家经贸委等六部门联合下发了《粉煤灰综合利用管理办法》，对于粉煤灰从产生到综合利用整个过程的管理和相关优惠给予较为详细地规定，成为指导我国粉煤灰综合利用的重要文件。1997年，原国家计委、中国轻工总会关于印发《轻工业资源综合利用技术政策》，强调优化原料和产品结构、推行经济规模鼓励综合利用、重点研究开发应用技术等。1998年，借鉴粉煤灰综合利用的经验，原国家经贸委等八部门联合颁布了《煤矸石综合利用管理办法》，强化对煤矸石综合利用的政策指导和全面管理；1999年，原国家经贸委和科技部联合印发了《煤矸石综合利用技术政策要点》和《煤矸石综合利用技术要求》，成为我国煤矸石综合利用技术的重要指导性文件。这些政策的特征是比较综合性，并不是专门的技术经济政策，有关技术经济指标和政策的要求都是散落在有关条款和文本里。此外，在国家一些综合性的发展计划、规划、产业政策、投资政策中，也要部分带有技术经济意味的举措，比如说，我们在税收政策上，长期实行对新产品的优惠税收政策，20世纪90年代以后出台的促进技术进步、节能减排、更新改造的税收政策等，但没有形成完整的政策设计，比较零碎（白和金，2014）。

2002年，国家经贸委会同国务院有关部门共同研究制定了《国家产业技术政策（2002）》。《国家产业技术政策》是一个包括工业、农业和国防科技工业的技术政策纲要，是引导市场主体行为方向的指导性文件。这也反映出我国技术经济政策方式的重要变化，即由过去条条框框式的硬性规定转变为引导市场主体行为的指导性文件，政府引导市场主体行为的方式更趋于市场化和规范化。2009年，工业和信息化部、科技部和财政部等部门又联合印发《国家产业技术政策（2009）》，作为国家产业技术发展的纲领性政策文件，用于调动社会资源，引导市场主体行为，指导产业技术发展方向，促进产业技术进步。

总的来看，目前我国很多“技术经济政策”措施主要是分散于“财税政策”、“金融政策”、“价格政策”、“投资政策”、“人才政策”等现有政策体系，而针对技术发展本身，主要是缺“经济政策”，即“技术如何和经济结合的政策”，而非概念内涵都不甚清晰的“技术经济政策”。因此，很难说存在所谓独立的“技术经济政策”体系。

四、关于重大技术的选择方法及实践

近年来，随着我国转型发展对重大技术发展的需求日益迫切，重大技术选择问题成为重要的议事日程，并引起各方的广泛关注。科技界、学术界和舆论界都对此展开广泛的研究和讨论，已有的研究成果主要集中在重大技术的概念和内涵、重大技术选择的必要性、主要选择方法及其实证研究等方面。

（一）重大技术的概念、内涵和特征

1. 重大技术的概念和内涵

关于什么是“重大技术”，从本义来看，其定义相对比较明确，即“对经济社会发展和人们生活有重大影响或至关重要的技术”或者如国际技术经济研究所课题组（2002）所言，“重大技术是指一定的社会主体基于特定的价值准则判断的，对其生存、竞争和发展具有决定意义的技术”。但是出于研究目的不同，学术界仍然存在多种不同的阐释。第一种观点是从国家角度理解“重大技术”。如美国白宫科学技术政策办公室发布的《国家关键技术》中，将国家关键技术定义为：对美国的经济繁荣和国家安全至关重要的技术。德国技研部提出的《21 世纪初的德国关键技术》报告中将关键技术定义为：对国家经济有决定性影响，而且考虑到技术发展的趋势并可在 10 年左右有重要的商业应用的技术。欧盟制定的《第四次研究、技术开发示范活动总体规划》中，将关键技术定义为：能提高产业竞争力、提高生活质量、增加就业机会、增强社会凝聚力的跨部门、跨行业的通用技术。韩国政府则认为，关键技术是能给经济带来最大潜力，并对社会有综合效益的基础性通用技术和应用性产业技术。第二种观点是从产业发展角度理解“重大技术”。如李远远（2010）认为关键技术主要是行业关键性技术，是指对行业科技进步有重要影响的共性技术，能催生新的产业或者技术成果转化后能对其他产业带来关联效应的技术，是行业科技创新战略的重要内容。

2. 重大技术的特征

由于重大技术发展在国民经济中的突出作用，学者们对其特征作了较丰富的研究，主要总结出如下特征。

战略性或关键性。如《90 年代我国经济发展的关键技术选择》课题组（1994）认为关键技术最重要的特征是重要性，即对国民经济发展和国家安全至关重要，技术突破或创新对经济发展有决定性作用。秦喆等（2005）也认为，国家关键技术应是超越技术本身，从国家经济、社会、科技、军事、公众需要的全局出发，打破科技和经济的界限，从国家对技术的全面需求中选出的，具有创新性和突破性的技术。国家只要抓住这些关键技术，就可以基本满足各主要领域对技术的总体需求。重大技术对国家科技、经济等目标的影响至关重要。

综合性或集成性。如蒲勇健（1999）、[①] 徐仁璋（1999）认为，重大技术从技术经济发展进程趋势看应该是高新技术，从支持产业技术应用的幅度看应该是通用技术，从技

---

① 蒲勇健.《经济发展中的产业关键技术选择研究》. 科技与管理，1999（1）：14－18.

术系统的组成结构看应是基础技术，从技术成果转化角度看应是成熟技术，从技术产品市场竞争角度看应是商用技术，从技术系统的技术包容性看应是集成技术，显然，重大技术常常是高新技术、通用技术、基础技术、成熟技术、商业技术和集成技术的集合。[①]表明重大技术具有比较复杂的属性，是多种属性技术的综合和集成。

技术经济属性。美国《国家关键技术报告》（1991）强调重大技术的技术经济属性，指出一项技术如果仅局限于技术本身，则没有什么价值，必须结合技术应用的实际环境和经济价值来评价关键技术。《90 年代我国经济发展的关键技术选择》课题组（1994）认为，国家关键技术是技术和经济联结的纽带，通过与其他技术配套，最终能形成市场需求的产品、设备、系统或工程。

动态性。美国、欧盟、日本等在重大技术选择时都强调重大技术的动态性，即一般认为重大技术是 5 ~ 10 年之内有重大影响的技术，并根据经济社会发展需求和科技发展态势定期开展重大技术的遴选。李远远（2009）认为随着行业科技水平的发展和在国家科技创新体系中的地位的变化，行业关键性技术会发生调整和转移。

（二）重大技术选择的必要性

关于重大技术选择必要性的分歧无外乎有两种观点。一种观点认为，重大技术发展有其自身规律，具有突变性、跳跃性等特征，简单靠选择或预测难以把握。[②] 另一种观点认为，重大技术选择是 20 世纪 90 年代以来各国技术政策的重点和政府宏观调控的重要手段，通过国家级关键技术的选择和有关计划的实施，能为政府制定科技发展战略和科技政策提供依据，为产业界和广大社会公众提供未来科技发展信息，并更有效地促进技术成果商品化，因而非常有必要（李思一，1994；崔志明，2002；黄春兰、胡汉辉，2004；黄茂兴，2009；许端阳、徐峰，2011，等）。部分学者针对我国重大技术选择进一步指出，如何积极选择和培育国家关键技术，并努力实现产业化，是事关中国经济长期发展的一个基本战略问题（崔志明，2002）。秦喆、王成鑫（2005）认为，我国实施重大技术计划能促进科技与经济紧密结合，有助于政府加强科技宏观调控，促进官产学研合作和科技计划模式改革，推动实现国家整体目标。黄茂兴等（2009）认为，技术选择决策对一个国家的生产发展和社会进步的影响已越来越大，已经成为国家发展战略的体现，是技术政策的核心，是夺取国际竞争优势的关键要素。

综合来看，尽管重大技术选择存在一定的风险和缺陷，但认为有必要进行重大技术选择仍是国内外学术界和有关政府部门的主流观点。

---

① 徐仁璋.《关键技术计划与政府宏观指导行为》. 中南财经大学学报，1999（4）：39－43.

② “技术预测与国家关键技术选择”研究组.《从预见到选择——技术预测的理论与实践》. 北京出版社，2001：120.

（三）重大技术的选择方法

最近几十年来，由于科技管理日益受到许多国家政府、科研机构和企业的重视，加上一些科技管理工具的发展成熟，主要发达国家在重大技术选择上逐渐形成了较为规范的程序，并引入了一些方法和工具。有关重大技术选择方法的研究也日益增多，主要讨论集中在以下三个方面：即重大技术选择的形式、具体的选择方法和选择方法的拓展。

关于重大技术选择的形式，一般认为主要有以下三种：技术预见、国家关键技术选择和技术评估（任中保，2009）。其中，主要的形式是技术预见和国家关键技术选择。

从选择方法看，一般认为重大技术选择方法的主要包括以技术为导向的专家咨询法，以需求为导向的需求调研法，以及同时注重技术推动和需求拉动的战略工具法（蒋玉涛、招富刚等，2009）。具体操作方法包括德尔菲法、层次分析法、专利分析法和技术路线图等。研究者在这几种方法的基础上对选择方法进行不断的改进和创新。德尔菲法最早由兰德公司的 Dekey 和 Helmer 在 20 世纪 40 年代提出，目前在技术选择等方面已经得到非常广泛的应用。德尔菲法采用匿名的方式，对专家进行多轮咨询调查，上一轮的调查结果会反馈给各位专家，这个过程不断进行，随着反馈次数的增多，专家最终的意见将会趋于一致。但德尔菲法也存在成本高、周期长、存在一定主观性等问题。后续学者发展出模糊德尔菲法（Ishikawa，1993）、德尔菲层次分析法（Khorramshahgol & Moustakis，1988）、市场德尔菲法等。这些方法不断完善和改进了德尔菲预测的方法理论体系，也为重大技术选择提供了更有效的手段。

层次分析法（AHP，Analytic Hierarchy Process）由美国匹兹堡大型运筹学教授 Saaty 在 20 世纪 70 年代提出，主要分为五个步骤：建立层次分析结构模型，构造判断矩阵，层次单排序，一致性检验和层次总排序。Saaty 还提出了 1 ~ 9 标度法来构造判断矩阵。运用层次分析法能够更系统性地看待问题，同时把定性与定量的问题有机地结合起来，将复杂的系统分解进而解决问题，但它存在着一致性检验比较困难、特征向量和特征根精确求法比较复杂等缺点。针对层次分析法的缺点，许多学者提出了模糊层次分析法（FAHP，Fuzzy Analytic Hierarchy Process）。与层次分析法步骤基本相同，模糊层次分析法在构造判断矩阵时使用了模糊一致矩阵。模糊层次分析法与普通层次分析法相比，一致性检验更加方便容易，同时将不一致矩阵调整为一致性矩阵更加简单。目前层次分析法在重大技术选择中的应用也比较广泛。

Seidel 于 1949 年提出专利引文分析的概念，他提出专利引文是后续专利基于相似科学观点而对先前专利的引证，其引用频次决定了技术的重要性。直到 20 世纪 90 年代，随着信息技术、网络技术和专利数据的不断发展、完善，专利分析法逐渐受到重视并应用。专利分析法包括定量和定性两种分析，定量分析主要是通过统计专利文献，从专利数量、引文数量等方面来进行分析，得到技术动态发展的趋势；定性分析是通过技术特征，从专利说明书等技术内容等方面获得技术的动向信息。其不足是时滞性比较强，从专利的申请到专利的公开，间隔较久，影响到技术预见的时效性和准确性。

技术路线图是一个过程工具，用以帮助识别未来所需的关键技术，以及获得这些技术所需的项目或步骤。技术路线图可分为三个层面：企业层面、产业层面和国家层面。20 世纪 70 年代，摩托罗拉公司最早将技术路线图方法应用于该公司的电子产品规划。此后，技术路线图方法的应用超出了企业界的技术规划，在产业层面和国家层面的科技规划领域得到了广泛应用。

由于单一方法不可避免存在一定的局限性，在实际进行技术预见时，常常集成使用多种方法，进行综合。如 Chan 等人（2000）提出了在模糊环境下基于模糊集合理论和层次结构分析法的重大技术选择方法。李毅、余锦凤等（2009）综合运用语义分析、文本挖掘和技术路线图等方法拓展了技术预见的方法。Shen 等人（2010）综合运用了模糊德尔菲法、层次分析法和专利共引分析法提出了一种新兴技术选择的混合模型。这也促进了技术预见方法的不断创新，使技术预见的准确率进一步提高。

归纳而言，重大技术的选择方法从最初单一地运用某种理论方法、对理论方法的改进，到如今多种方法的综合运用，已经有了很大的发展，但仍有改进的空间。几种常用的理论方法中，德尔菲法和层次分析法及其改进方法在选择过程中的应用仍旧最多。从重大技术选择方法的发展过程来看，它正在向着准确性、时效性、自动化和利益最大化方向不断地发展，如何更加准确快速地选择重大技术仍将是其发展的大方向，同时越来越多的研究者正通过研发一些软件来完成选择方法的某个步骤甚至整个过程，选择方法的自动化也将成为今后研究的热点。

（四）有关实证研究

随着重大技术选择重要性的日益增强和重大技术选择方法的不断改进与丰富，全球范围内兴起一股重大技术选择和预测的潮流，主要发达国家和部分发展中国家纷纷开展与重大技术选择有关的技术预见活动。

1. 国外相关研究

美国较早地开展了重大技术选择等相关活动。美国国会早在 1976 年就成立了“国会未来研究所”，对科技、经济和社会发展等方面的问题进行预见。1983 年美国提出的“星球大战”计划是重大技术选择的突出表现，该计划希望通过发展军工技术进一步推动经济的腾飞，与“星球大战”相关的激光技术、非核截击技术、红外探侧技术、信息处理技术、航天技术等被选作优先发展的技术领域，其选择依据是在未来美苏战争中能确保美国取胜的关键技术。

1991 年 3 月，美国白宫科学技术政策办公室发布了《国家关键技术》报告，确定了材料合成加工、软件、应用分子生物学等 22 项美国国家关键技术。选择依据主要是能够提高市场竞争力的技术、对国防产生重大影响的技术、对人们生活质量有重大改善的技术，其目的是保证美国经济繁荣和国家安全。联邦政府其他部门也积极开展技术预见相关的研究活动，并出台了一系列重大技术发展计划。如美国商务部（1990）依据到2000年对研制新产品或改进老产品的贡献能力大小来选择新兴技术，发布了《新兴技术：技术和经济机遇调查》报告，选出了先进材料、先进半导体设备、数字图像技术等12项民用技术。2012年，美国国家情报委员会在《全球趋势2030：可能的世界（Global Trends 2030：Alternative Worlds)》中，聚焦于未来15～20年内有望取得重大突破并能产生广泛影响的少数关键技术，通过对技术与经济、社会、政治、军事等多方面关系进行综合分析后认为，2030年前技术创新的4大关键领域是信息技术、自动化和制造技术、资源技术和医疗技术。

美国重大技术选择的另一个重要特点是研究机构的广泛参与，甚至发布相关重大技术选择报告影响和参与决策。如全球著名的美国巴特尔研究所在一项研究报告中列出10个2020年前最具战略意义的技术趋势，这些趋势将决定着未来一个时期的社会发展特征。选择依据是技术发展趋势和人类即将面临的挑战。美国知名智库兰德公司于2006年研究发布了题为《面向2020年的全球技术革命》的报告。报告指出，科学技术将继续呈融合发展的态势，并将对社会产生深远的影响。报告构建了“技术成熟度”、“潜在市场规模”以及“影响范围”的评价模型，对全球科技发展的进行了技术预见。报告认为在2006～2020年期间，生物技术、纳米技术、材料技术和信息技术的集成发展将对全球经济社会产生重大的、革命性的影响，并提出了16个最有可能实现产业化的集成应用技术。2013年5月，美国知名咨询公司麦肯锡发布了题为《2025年将改变人们生活、生产方式和全球经济的颠覆性技术》的研究报告。报告从技术进步速度、影响范围和经济效益等角度重点分析了22项热点前沿技术，最终遴选了12项最具产业化前景、很可能会大规模改变全球经济格局、影响社会各方面的颠覆性技术。

日本在技术预见和重大技术选择方面都做了大量的研究和促进工作。其中，在技术预见领域，日本是迄今为止从事技术预见工作最系统、最成功的国家。从1971年起，日本科学技术厅利用德尔菲法组织实施了一项关于未来科技发展的重大研究，旨在确定日本的未来科技发展方向，为科学技术政策制定做出贡献，并为私营部门的技术战略制定提供基本参照点。① 其后，每隔五年实施一次技术预见德尔菲调查，迄今已完成9次大规模的德尔菲调查，确保了技术预见活动的连续性，为相关科技政策和战略制定提供了重要参考。在具体技术选择方法上，除了德尔菲调查外，日本第八次、第九次技术预见还增加了引文分析、社会经济需求调查分析、情景分析等方法的应用。

英国政府于1993年首次制定了一项到2010年的技术预测计划，目的是为了选择对英国经济发展非常重要的通用技术，即关键技术。该计划于1995年4月完成15个专业的技术报告，将通信与计算机技术、生命科学、医疗保健与生物技术、交通运输、航空

---

① 日本科学技术厅，科学技术政策研究所，未来工程学研究所编，辽宁省科技情报研究所编译．《2025年的科学技术：日本第六次技术预测调查报告》．东北大学出版社，1999.

航天、新材料、环境保护等视为建立和保持英国经济实力的关键技术领域。2010 年，英国政府科学技术办公室又在和来自产业界、学术界、国际机构和社会企业的 80 名代表进行访谈和研讨的基础上，根据英国的比较优势、未来需求以及潜在的市场规模，对未来 5 ~ 15 年内对英国最为重要的技术，特别是能带来经济利益、有可能发展成为重大新兴产业并有望支撑英国经济发展的一系列技术进行了分析和展望，并发布《技术和创新：2020 年代英国的增长机遇》报告，明确提出按需制造、智能基础设施、第二次互联网革命、未来可能经历的能源转型、有助于实现低碳经济的新材料、再生医学、知识产权等七大潜在增长领域，涵盖了 55 项重要技术的 28 个技术群。

韩国于 1992 年 6 月提出了科技发展的《高级先进国家计划》（简称 G7 计划），G7 计划追求获得面向产品的技术和基础技术，通过跟踪科学技术的发展，最终选出 11 项技术。这 11 项技术包括半导体存储芯片、综合服务数字网、高清晰度电视、新药和新农业化学用品、柔性自动化制造系统等 5 项面向产品的技术和电子信息及能源用新材料、包括机器及零部件的下一代运输系统、新型功能生物材料、环境工程技术、新能源、先进原子能反应堆等 6 项基础技术。

除此以外，德国、法国、澳大利亚、芬兰、新西兰等国家重大技术选择活动也比较系统、连续，印度、泰国、印度尼西亚、南非等发展中国家也陆续开展技术预见活动，其主要方法仍是情景分析、德尔菲调查和专家会议方法。一些国际性和区域性组织也积极组织技术预见研究计划，欧盟、OECD（Organization for Economic Cooperation and Development）和联合国工业发展组织都曾发布过跨国技术预见报告，如《创新与技术政策工作组报告》（1996，OECD）、《纳米路线图》（2005，欧盟）等，亚太经合组织也成立“APEC 技术预见中心”开展了多项跨国技术预见项目。随着经济全球化的发展，技术预见活动的国际交流与合作不断加强，国家之间、区域组织乃至国际组织内部成员之间的合作与交流也日趋广泛和深入。

2. 国内相关研究

在我国半个多世纪以来的工业化进程中，国家关键技术的选择历来受到重视，并在经济发展中起了重大作用。[①] “一五时期”的 156 项重大建设项目，20 世纪 60 年代的“两弹一星”等都是国家抓重大技术的重大举措。20 世纪 80 年代以来，国家相继实施各类科技重大计划，也取得了很大成就。20 世纪 90 年代初，国家计委、国家科委、国家经贸委等部门联合组织了 600 余名专家进行了 2 年多的研究，提出了包括信息技术、先进制造技术、新材料、生物工程四大技术领域的 24 项国家关键技术，并在此基础上，于 1993 年联合发布了《90 年代我国经济发展的关键技术》。之后，国家计委、国家科委、国家经贸委等部门又在总结、分析我国关键技术计划实施效果基础上，根据我国 1995 ~

① 黄春兰，胡汉辉.《发达国家关键技术选择中政府作用及其对我国的启示》. 现代管理科学，2004（11）：20 - 21.

2010 年期间国民经济和社会发展总目标以及世界科技发展的总趋势，研究提出了《未来十年中国经济发展关键技术》。科技部调研室与中国科技促进发展研究中心（2001）联合开展中国战略技术及产业发展研究，并将集成电路、数控基础、大型飞机等战略领域作为重点研究对象。也有专家认为，我国科技发展计划与中长期规划中都包括了技术预见的研究工作。我国科技中长期规划确定了 16 个科技重大专项，其选取的基本原则是：一是紧密结合经济社会发展的重大需求，培育能形成具有核心自主知识产权、对企业自主创新能力的提高具有重大推动作用的战略性产业；二是突出对产业竞争力整体提升具有全局性影响、带动性强的关键共性技术；三是解决制约经济社会发展的重大瓶颈问题；四是体现军民结合、寓军于民，对保障国家安全和增强综合国力具有重大战略意义；五是切合我国国情，国力能够承受。

中科院于 2003 年将《中国未来 20 年技术预见研究》列为知识创新工程的重要方向项目，并于 2006 年和 2008 年出版了《中国未来 20 年技术预见》和《中国未来 20 年技术预见》（续），分析了“信息、通信与电子技术”、“能源技术”、“材料科学与技术”、“生物技术与药物技术”、“先进制造技术”、“资源与环境技术”、“化学与化工技术”、“空间科学与技术” 8 个领域的技术预见成果，对我国产业政策的制定、关键技术的选择以及重大科技决策的制定，具有重要的意义。近年来，中科院相继开展《创新 2050》、《创新 2020》等科技发展态势和关键技术选择研究，在分析中国转型发展对科技的新需求以及可能发生的重大科技突破的基础上提出科技发展战略选择的建议。

北京市、上海市等一些地方政府也相继开展了重大技术选择的技术预见活动，部分学者和研究机构也对有关地方重大技术选择进行了研究。如北京市（2014）发布了《北京技术创新行动计划（2014－2017）》，明确了未来一个时期重点发展的 12 个重大专项，包括若干重大战略领域、关键共性技术或重大工程。蒲勇健、杨秀苔（1999）将层次分析法与模糊综合评价相结合，对重庆市到 2010 年影响经济发展的关键技术进行了研究，选出 18 项产业关键技术。云南省科学技术情报研究所（2007）应用德尔菲法对云南省科技重点领域技术进行了预见。

综上所述，目前关于重大技术选择的研究已经比较成熟，其概念、内涵和外延比较清晰，重大技术的选择方法从最初单一地运用某种理论方法、对理论方法的改进，到目前德尔菲法、层次分析法、模糊分析法等多种方法的综合运用，在理念和方法上都有了很大的进步，可操作性强，许多国家都开展了重大技术选择相关工作。我国可以在借鉴国外重大技术选择方法和实践经验的基础上，更多结合我国实际的发展需求和现实条件，开展重大技术选择研究，明确发展重点并完善相关政策措施，实现重大技术领域的突破。

五、简要结论与评价

（一）技术经济学科研究对象不断广化与泛化，研究方法较为庞杂，导致以“技术经济”为主要研究对象的课题研究指向不明晰

技术经济学自20世纪60年代创立以来，研究对象不断拓展，从最初的重大项目技术经济评估，拓展到技术进步与经济增长关系、技术进步与产业结构升级、生产率测算、经济发展过程中的技术开发、应用、扩散、转移等规律的研究以及循环经济、节能减排、国际技术壁垒等诸多方面，研究对象较为庞杂、且飘忽不定，难以形成独立的学科体系，是一个具有中国特色的研究范畴，在国外也没有与之相对应的学科体系。在研究方法上，技术经济学主要引进和借鉴了财务管理学、计量经济学、演化经济学、制度经济学、运筹学、系统论等学科方法体系，总体显得有些庞杂，研究方法缺乏系统性和自身学科特色。因此，很难将“技术经济”作为课题的研究主要对象。因为，如果仅仅是提“技术经济”，其涉及的研究对象十分庞杂，到底是研究重大项目的技术经济论证问题，还是整个国家重大技术发展的技术经济政策问题，抑或是若干技术领域的技术路线选择问题，都无法明确，容易导致课题研究对象的摇摆不定。

（二）技术经济政策的定义并不明确，范畴和边界不清晰，同时，在市场日益发挥决定作用的大背景下，制定过多过细的技术经济标准规范产业和技术发展，其作用有待论证

如前所述，目前我国有关“技术经济政策”的措施都是“技术政策”、“财税政策”、“金融政策”、“价格政策”、“投资政策”、“人才政策”等现有政策体系的内容，并非专门的“技术经济政策”，导致“技术经济政策”的内容与其他政策措施交叉重叠，并无多少新意和实质性的政策措施。因此，如果把研究重点聚焦到“技术经济政策”，无非是换个概念而已，主要的政策措施仍是过去我国经济发展中所采取的主要政策，给人以“新瓶装旧酒”之感。而且，当前我国正处于转型升级的关键时期，市场在经济发展中的决定性作用将进一步凸显，如果再去制定比较细致具体的技术经济标准和规范引导产业发展，其作用机制将受到质疑。与此同时，新一轮技术革命正在孕育兴起，电子信息、生物、新能源等领域技术发展加快，技术更迭周期缩短，技术发展更应该以引导为主。由政府制定过多、过细的技术经济政策和标准，其作用有待论证。

（三）重大技术选择是主要发达国家明确发展重点、促进重大技术突破的重要举措，在实践中逐渐形成了较为规范的程序和方法，值得我国学习借鉴

理论和实践两个方面的经验都表明，开展重大技术选择，明确发展重点，对于加快重大技术发展、促进产业竞争力提高、提高生活质量、乃至促进国家繁荣都具有举足轻重的作用。美国、日本、英国等许多国家都开展了重大技术选择相关工作，并形成了技术预见、重大技术选择等较为规范的程序和德尔菲法、层次分析法、专利分析法和技术路线图等方法。我国可以在借鉴国外重大技术选择方法和实践经验的基础上，开展重大技术选择研究，明确发展重点并完善相关政策措施，实现重大技术领域的突破。与此同时，选择重大技术固然重要，但选择不是目的，更为重要的是开发和应用这些技术，使之迅速有效地转变成为商品。这就需要发挥政策优势，组织协调好企业、科研院所、高等院校等各方面的力量，逐渐形成系统的科研开发、工艺设计、产品制造、经营销售等各个环节的技术创新体系。然而，目前国内外有关重大技术选择的研究较多，制定和出台的重大技术选择计划也比较多，但与之相配套的各种法规和鼓励政策却不多见，难以统筹规划、合理调配、正确引导重大技术发展。需要在深入的理论分析和广泛的实证分析中进一步厘清不同重大技术的属性和政策支持的思路，提高科学性和可操作性，制定有针对性的重大技术扶持措施。因此，可以将课题研究的重点聚焦到促进重大技术发展的政策措施上，并对我国重大技术选择过程中的重大技术选择目标多元化、主攻方向和突破口不明确、组织松散等问题进行系统梳理，提出有针对性的重大技术经济政策建议。

（执笔人：盛朝迅）

主要参考文献

[1] Bartelmus, Peter, 2008, Quantitative Economics: How Sustainable are our Economics? [R] Springer.

[2] Chan F T S, Chan M H, Tang N K H. Evaluation methodologies for technology selection [J]. Journal of Materials Processing Technology, 2000 (107): 330 – 337.

[3] Dalkey N, Helmer O. An experimental application of the Delphi method to the use of experts [J]. Management Science, 1963, 9 (3): 458 – 467.

[4] German Federal Ministry of Education and Research, High-Tech Strategy 2020 for Germany, 2010.

[5] German National Acdemy of Science and Engineering, Recommendations for implementing the strategic initiative INDUSTRIE 4.0, April 2013.

[6] Godin, Benoit, 2007, National Innovation System: the System Approach in Historical Perspective, Project on the History and Sociology of STI Statistics [R], Working Paper No. 36.

[7] Gregory M. Technology management: A process approach [J]. Journal of Engineering Manufacture, 1995 (209): 347 – 356.

[8] Huang L C, Li X, Lu W G. Research on emerging technology selection and assessment by technology foresight and fuzzy consistent matrix [J]. Foresight, 2010, 12 (2): 77 -89.

[9] Khorramshahgol R, Moustakis V. Delphic hierarchy process (DHP) : A methodology for priority setting derived from the Delphi method and analytical hierarchy process [J]. European Journal of Operational, 1988, 37 (3) : 347 -354.

[10] Klusacek, K. Selection of research priorities: Method of critical technologies [EB/OL]. [s. l.] http: // www. technology - centre. cz / dokums_novinka/ unido_course_critical_technologies_1029_1. pdf.

[11] Lai K K, Wu S J. Using the patent co - citation approach to establish a new patent classification system [J]. Information Processing and Management, 2005, 41 (2): 313 -330.

[12] Lamb M, Gregory M. Industrial concerns in technology selection [C] // Innovation in technology management: The key to global leadership. PICMET97: Portland International Conference on Management and Technology, 1997: 206 -208.

[13] Lucas, R. E. , On the Mechanism of Economic Development, Journal of Monetary Economics, 1988 (1) : 3 -42.

[14] Martin, B. R. Foresight in science and technology [J]. Technology Analysis & Strategic Management, 1995, 7 (2): 139 -168.

[15] Matthews W. Conceptual framework for integrating technology into business strategy [J]. International Journal of Vehicle Design, 1992 (13): 524 -532.

[16] McKinsey Global Institue, Disruptive technologies: Advances that will transform life, business, and the global economy, May 2013.

[17] Naional Economic Council, Council of Economic Advisers, and Office of Science and Technology Policy, A Strategy For Amecican Innovation, February 2011. Caselli, F. and W. J. Coleman II, 2000, The world Technology Frontier, NBER Working Paper No. 7904.

[18] Nelson, Richard, 2008, Economic Development from the Perspective of Evolutionary Economic Theory [J], Oxford Development Studies, Vol, 36, No, 1, 9 -21.

[19] Noordin S, David P, Robertp. From theory to practice: Challenges in operationalsing a technology selection framework [J]. Technovation, 2006 (26) : 324 -335.

[20] OSTP. National critical technologies report 1995 (Appendix A) [R/OL]. [s. l.]. http: //clinton2. nara. gov /WH/EOP/OSTP/CTIformatted/AppA/appa. html.

[21] Rand Corporation, The Global Technology Revolution 2020, In-Depth Analyses, 2006.

[22] Romer, P. M. , "Endogenous Technological Change", Journal of Political Economy, 1990 (5) : 71 -102.

[23] Romer, P. M. , Increasing Returns and Long-run Growth, Journal of Political Economy, 1986 (5): 1002 -1037.

[24] Shen Y C, Chang S H, Lintr, et al. A hybrid selection model for emerging technology [J]. Technological Forecasting and Social Change, 2010 (77) : 151 - 166.

[25] Shikawa A, Amagasa M, Shiga T, et al. The max—min Delphi method and fuzzy Delphi method via fuzzy integration [J]. Fuzzy Sets System, 1993 (55): 241 -253.

[26] Stacey G S, Ashton W B. A structured approach to corporate Technology strategy [J]. International

Journal of Technology Management, 1990（19）：389－407.

［27］Vernon W. Ruttan, Military Procurement and Tchnology Development, March 2005.

［28］《技术预测与国家关键技术选择》研究组.《从预见到选择——技术预测的理论与实践》. 北京出版社，2001.

［29］蔡跃洲，《技术经济方法体系的拓展与完善——基于学科发展历史视角的分析》. 数量经济技术经济研究，2011（11）：138－147.

［30］蔡跃洲.《技术经济学研究方法及方法论述评》. 数量经济技术经济研究，2009（10）：148－156.

［31］曹美真.《我国化肥工业发展方向及技术经济政策初探》. 数量经济技术经济研究，1985（3）：30－36.

［32］崔毅.《德尔菲调查方法在科技重点领域技术预见中的应用研究》. 云南科技管理，2007（1）：29－31.

［33］傅家骥等.《技术经济学前沿问题》. 经济科学出版社，2003.

［34］高御臣.《发展陶瓷工业的技术经济政策问题》. 中国陶瓷，1982（3）：27－29.

［35］郭树声.《技术经济学的研究对象》. 中国社会科学院数量经济与技术经济研究所内部讲座，2009年1月6日.

［36］国际技术经济研究所课题组.《国家关键技术战略》. 科学决策，2002（3）：48－56.

［37］国家计划委员会，国家科学技术委员会，国家经济贸易委员会.《九十年代我国经济发展的关键技术（第一版）》. 科学技术文献出版社.

［38］国家计划委员会科技司编.《未来十年中国经济发展关键技术》. 石油工业出版社，1997.

［39］国家科委课题组.《科技成果转化的问题与对策》. 中国经济出版社，1994.

［40］黄春兰，胡汉辉.《发达国家关键技术选择中政府作用及其对我国的启示》. 现代管理科学，2004（11）：20－21.

［41］黄茂兴，李军军.《技术选择、产业结构升级与经济增长》. 经济研究，2009（7）：143－151.

［42］雷家骕，程源.《技术经济学科发展述评与展望》. 数量经济技术经济研究，2004（8）.

［43］雷家骕，程源，杨湘玉.《技术经济学的基础理论与方法》. 高等教育出版社，2004.

［44］李京文.《论技术经济学的理论来源、研究对象与研究方法》. 社会科学文献出版社，1995.

［45］李连成.《城市轨道交通技术经济政策的若干思考》. 综合运输，2013（11）：36－40.

［46］李思一.《我国关键技术选择——政府促进技术创新的手段》. 科技政策与管理，2009（11）：33－38.

［47］李雪凤，仝允桓，谈毅.《技术路线图：一种新型技术管理工具》. 科学学研究，2004，22（z1）：89－94.

［48］李远远.《基于技术预见的行业关键性技术选择方法研究》. 科技管理研究，2010（3）：119－121.

［49］凌霄云，余贻骥，丛国滋，张珂.《轻工业资源综合利用及环境保护的技术经济政策建议》. 环境保护，1995（8）.

［50］刘光玉，宋佩琴，马康贫.《试论科技兴农战略中的技术抉择与技术经济政策问题》. 农业技术经济，1992（4）：8－12.

关键核心技术如何突破？
——对我国10项重大技术的调查

内容提要：本章通过对中央处理器（CPU）、操作系统、云计算、汽车发动机、新能源汽车、高效太阳能电池、特高压电网、核电、转基因育种和先进机器人等10项重大技术的调查，客观分析这些技术领域与发达国家的差距和存在问题，提出下一步技术突破的方向和措施建议。

为全面准确了解我国重大技术发展现状与差距，我们对中央处理器（CPU）、操作系统、云计算、汽车发动机、新能源汽车、高效太阳能电池、特高压电网、核电、转基因育种和先进机器人等10项重大技术进行了调查，发现我国重大技术与发达国家存在很大差距，有的领域差距甚至在不断拉大，值得高度重视。现将有关情况报告如下。

一、“中国芯”之痛

多年来，“缺芯少肺”一直是困扰我国IT界的突出问题，对此，从中央领导到社会各界都很重视，也做出了许多努力。从21世纪初开始，以中科院计算技术研究所为代表的一批科研机构和企业在国家“863”等科技计划的支持下，就致力于国产CPU的开发和生产。2002年，中科院计算所“龙芯1号”研制成功，打破了跨国公司的垄断，结束了中国信息产业“无芯”的历史。之后，又陆续研制了“龙芯2号”和“龙芯3号”等产品。此外，清华大学、浙江大学、国防科技大学、上海高性能集成电路中心、北大众志、苏州国芯等单位也开发和生产了一些CPU产品。但总体看，没有达到预期目标，与发达国家相比还存在很大差距，有的人甚至认为差距拉大了。据中科院院士李国杰介绍，目前国产CPU（中央处理器）性能只有世界先进水平的1/5 ~ 1/10，相当于奔腾3和奔腾4的水平，约为Intel（英特尔）公司2000年左右水平，国内市场占有率不到5%。

为什么会出现这种状况呢？其原因是多方面的。一方面，发展自主知识产权的CPU确实存在很多客观上的困难，主要是要面对跨国公司的知识产权和市场壁垒。除此之外，发展CPU需要巨大的资金投入，需要上下游、软硬件的支持。这些都为我国发展国产

CPU 筑起了一道很高的门槛，对于后发国家是很难跨越的，使许多国家都望而却步。正如有的专家指出的，“目前在发展 CPU 方面，日本、欧盟等国家基本都放弃了，只有中国还在干”。李国杰说，“这就像一场比赛，应该说在 CPU 领域的游戏已经结束了”。另一方面，也与我们的发展模式和政策环境不完善有很大关系。比如，有专家指出，长期以来我国在 CPU 发展方面主要采取“计划经济 + 科研机构和国有企业 + 封闭发展”的模式，重点不突出，投入少而且分散，上下游、软硬件缺乏协作。另外，在财税、金融等方面的政策支持也严重不足。

针对过去发展中存在的问题，近年来我国对国产 CPU 发展模式进行了调整，其中一个重大改革是改变过去主要支持科研机构的方式，而采取龙头企业牵头、政府支持、开放创新的模式，如支持联想公司牵头在收购 AMD 公司技术的基础上发展 CPU。同时，国家设立了 1 200 亿元的集成电路产业专项资金，并在财税等方面制定了专项税收优惠政策。这些举措势必对推动国产 CPU 发展发挥重要作用。特别是，许多专家指出，当前随着移动互联网时代的到来，信息产业生态系统正在重构，世界半导体产业正在进入“后摩尔时代”，我国拥有全球规模最大的集成电路市场，具有向各类应用平台进一步拓展进而在新的分工格局中占据有利位势的潜在优势和重要机遇。

但同时也要清醒地看到，面对跨国公司的先发优势和市场垄断，国产 CPU 要实现突破仍然面临巨大困难。对 CPU 的发展前景，最近网上有个调查：认为我国 CPU 能取得突破、具有良好发展前景的，有 31 791 票；而认为国产 CPU 发展只是一个美好的梦想，很难看到国产 CPU 有多大发展前景的，有 51 493 票。可见，许多人对我国国产 CPU 发展前景并不看好。对此，一些专家认为，对国产 CPU 而言，可能的目标与定位只能是在涉及国家安全的领域，而要在短时间内在民用领域大规模实现商业化是不现实的。

二、自主操作系统（OS，Operating System）迎来曙光

从 2014 年 4 月 8 日起，微软公司宣布正式停止对 Window XP 操纵系统提供支持服务，这意味着该操作系统不再得到微软公司提供的系统补丁和安全更新，使我国信息网络安全形势更加严峻，发展自主知识产权的操作系统（OS）迫在眉睫，是大势所趋。国产操作系统是否已经成熟？与国际先进水平差距有多大？国产操作系统能替代 Windows XP 吗？这是当前大家普遍关注的问题。

据了解，目前国内有多家公司从事操作系统的开发与生产，主要产品有红旗 Linux、深度 Linux、银河麒麟、中标麒麟 Linux 等。与国际先进水平相比，目前的主要差距不在操作系统本身，而是缺乏应用软件和用户的支撑，关键是缺乏良好的生态链。因为目前大量的应用软件如办公软件等都是基于微软的 Windows 平台的，而在国产操作系统上不能用。这就像只有汽车发动机，而没有相应的零部件和车身，汽车就没用使用价值一样。总的来看，无论是在知名度，还是市场占有率，国产操作系统都显得微不足道，市场占有率不到 1%。

其实，多年来我国就一直试图打破跨国公司对操作系统的垄断，但由于种种原因，这一目标没有实现。中国工程院院士倪光南指出，过去国产操作系统搞不出来不是因为缺人才、缺市场、缺资金，而是没有形成国家意志，缺乏顶层设计。中国智能终端操作系统产业联盟秘书长曹冬说，这些年国家对操作系统也投入了大量资金，但主要还是通过“863”、“985”等重大攻关科研项目支持传统科研机构和国企的方式进行，投入分散，对应用软件的开发投入不足，缺乏有效的组织，这是国产操作系统没有发展起来的主要原因。

现在，微软公司停止对 Windows XP 技术支持，国家明确要求中央国家机关禁止采购 Windows 8 操作系统。而且，在吸取过去的教训基础上，目前成立了由中国电子信息产业集团公司、中国电子科技集团公司、中国软件行业协会等领衔的中国智能终端操作系统产业联盟，成员包括产学研用各界 80 余家单位。同时，中央网信办加强了统筹协调和领导。这些都为国产操作系统发展提供了难得的契机。倪光南认为，Windows 8 因为安全问题未能入围政府采购，国产操作系统迎来历史上最好的发展机遇。如果政府、央企等部门的电脑总量为 1 亿台，仅仅替换 XP 操作系统就可能是一个规模达 1 000 亿元的市场。但也有专家指出，国产操作系统要实现“替代”仍然是一个漫长而艰巨的过程，因为“微软的应用软件都是十几万或者上百万级别的，我们短时间努力可能做出来几百款，但是距离市场丰富还有很大的距离”。

专家建议，应在政府采购中进一步加大对国产操作系统的支持。同时，必须认识到，营造一个能够与谷歌、苹果、微软相抗衡的生态环境，才是国产操作系统能否成功的关键。要支持发展产业联盟，大力发展应用软件，打造良好的生态链，加强顶层设计。曹冬建议，推进国产操作系统发展要坚持“三步走”战略：第一步是建设支撑国产操作系统发展的应用商店，组织开发 30～50 个常用的应用软件；第二步是小范围选择一些政府机关进行示范应用，逐步完善之后，然后在党政机关和事业单位推广；第三步是逐步在国内广大用户中推广应用。总的发展目标是：建立继微软 Windows、谷歌的 Android、苹果的 IOS 之后世界第四大操作系统。他认为，只要组织有力，措施得当，是完全可能的，因为中国的市场体量完全可以支撑这么一套操作系统发展。

三、云计算如何从“云里雾里”落地?

云计算是指通过网络将计算机软硬件资源进行集中管理和调度，按需、实时为用户提供计算服务的全新计算模式。它是移动互联网、物联网、智能制造等发展的平台技术，将会对经济社会产生重大影响。有专家将其称为继互联网之后的又一场信息技术革命，是未来信息化发展的主要方向。麦肯锡公司报告指出，到 2025 年，云计算技术所影响的经济规模将达 17 亿～62 亿美元，将成为未来深刻改变人们生产生活和全球经济格局的 12 项颠覆性技术之一。这给我国信息技术发展提供了难得的机遇，也带来严峻挑战。赛迪软件所所长安晖指出，我国传统信息产业的关键核心技术长期以来就受制于人，而云计算是信息技术的演进，与传统信息技术有一定的相关性和连续性，未来很可能再次陷入被动。另外，据了解，目前以 Win8 为代表的系统已升级为云操作系统，系统底层软件更加依赖云端服务器，包括邮件、文档和通讯录在内的所有应用信息都会同步到微软在美国的服务器上，这将使我国信息安全“雪上加霜”。

面对新的机遇和挑战，我国该怎么办？如何才能在新一轮竞赛中避免再次落伍？业内专家普遍认为，推进云计算发展关键在于通过拉动需求来促进技术创新，要从支持技术创新的模式、政府采购办法的完善、法规标准的建立和发展理念和方式的转变等四个方面来找到突破口，切实破解云计算发展存在的问题，使其从“云里雾里”落地。

一是要支持以企业为主体的技术创新模式。企业是云计算技术创新的主力，也是拉动云计算需求的重要推动者。国内互联网巨头企业对我国云计算的技术发展作出了巨大贡献，如“BAT”（百度、阿里巴巴和腾讯）。赛迪软件所陈光博士表示，目前，我国在公有云先关技术领域已处于世界主流水平，与除美国谷歌公司之外的其他国家和企业水平相当，处于第二梯队前列，但私有云相关技术领域的差距还比较大。这与我国拥有巨大的公有云市场有着很大的相关性。为此，专家建议，应以云计算创新服务试点城市为重点，进一步扩大云计算专项支持范围，加大对企业的政策支持，鼓励企业创造适合我国国情的商业模式。

二是要抓紧完善和落实政府采购云计算的具体办法。从国外经验看，政府采购是拉动云计算需求的重要举措。近年来，我国也逐步推进云计算列入政府采购目录，目前，财政部已正式将云计算列入政府集中采购目录。但从具体实施效果看，仍然还存在很多内在的制约因素。调研显示，党政机关、企业一把手对云计算仍持怀疑态度，多数均认为云计算对组织的作用不大，而且还可能引发新的泄密问题。此外，各部门基于自身利益，主观上不愿意与其他部门共用一个数据中心来实现信息资源共享。这导致党政军系统采购云计算的原生动力不足。同时，我国现行对党政军的考核体系将安全保密放在首位，实行一票否决制，而信息公开共享、提高办公运行效率、建设绿色政府等内容并未纳入考核体系。这造成云计算政府采购的外生动力也不足。为此，要加强云计算政府采购办法的顶层设计，通过“自上而下”统筹协调的模式，完善具体的采购办法，真正使政府采购成为支持云计算发展的重要力量。

三是要加快建立云计算国家标准，制定云计算相关的法律法规。不少专家指出，国家标准的建立和法律法规的健全是拉动云计算需求的保障，对提升用户信心、保障用户利益、确保信息安全具有重要作用。目前，我国云计算还处于无法可依、无标准可用的情况，特别是在知识产权保护、数据及隐私保护、网络犯罪治理和反垄断等方面的法律法规还有很大的缺失，这在很大程度上阻碍了公众使用云计算的步伐。为此，专家建议，应加快制定数据安全、个人隐私保护、数据跨境流动等方面法律法规建设，完善云计算相关技术标准体系。

四是转变地方政府发展云计算的理念和方式。调研中，几乎所有专家都指出，云计

算的核心是服务，圈地建设数据中心并不是云计算。只有加快推动云计算服务发展才是拉动需求的关键一招。当前，我国各级政府，尤其是地方政府，试图通过“喊口号、抓基建”的思路来推进云计算产业化发展，各类云计算数据中心和产业园区遍布全国，建设目标雷同，区域竞争白热化，造成不必要的资源浪费。针对这种不理性和炒作的局面，专家强烈呼吁，要加强国家层面云计算发展统筹规划和布局引导，尽快出台国家云计算产业发展规划或指导意见，确立云计算产业宏观管理部门和统筹协调机制，避免一哄而起和重复建设，防范地方政府以“云计算”名义大搞土地开发。

四、汽车发动机如何实现突破

当前，我国已无可争议地成为世界汽车大国，但汽车发动机自主研发能力明显滞后于整车发展，成为我国汽车产业大而不强的重要标志之一。调研显示，我国在中重型汽车柴油发动机方面已经跻身世界先进行列，占全球的份额超过了1/3，拥有一批具有核心技术的优势企业，如玉柴、潍柴、一汽等。而在技术含量较高的乘用车尤其是轿车发动机领域，我国自主开发能力仍然十分薄弱。我国轿车发动机大多是改革开放后从引进、合资开始起步的，如一汽大众、上汽通用、北京现代等。尽管一些合资项目在引进整车的同时引进发动机，但一般只在国内生产一些低端零部件，多数核心零部件还要从国外引进；有的外资企业为保障技术控制权，还把发动机制造厂单独拿出来进行合资。而自主开发和生产轿车发动机则起步较晚，如奇瑞、吉利、华晨等企业，基本都是21世纪以来才发展起来的。与外资、合资品牌相比，自主开发的乘用车发动机无论从技术性能还是规模方面都存在明显差距，一些关键核心技术如涡轮增压技术、燃油电喷技术、高压共轨技术等仍主要掌握在外资企业手中，而且一些核心零部件也主要依赖国外。目前，外资、合资品牌的轿车发动机占国内市场的份额高达70%以上，国内销量最大的前3家汽油发动机企业全部为合资企业，前10家企业有8家是合资企业。

为什么经过多年发展我国仍然造不出像样的汽车发动机？一些专家认为，由于自主研发汽车发动投资大、风险高、见效慢，在我国目前的市场环境和产业政策导向下，汽车企业普遍存在急功近利的思想，对长期研发投入和技术积累重视不足。近年来国内汽车市场快速扩张，国有汽车企业通过合资项目取得较好的经济效益，因此缺乏自主研发汽车发动机的压力和动力；而民营企业受到高产业进入壁垒限制，缺乏自主研发汽车发动机的活力和能力。对于企业而言，合资生产或者利用现成的进口发动机省时省力，更符合企业获得经济效益的短期经营目标。同时，由于汽车发动机研发生产是一项涉及多个产业链供应环节的系统工程，生产线涉及的工艺、检测、标准化流程等都需要专业技术和长期积累，很少有一家公司可以做到从发动机本体到电控系统全产业链的完全自主生产。但我国与汽车发动机相关的材料、机械加工、零部件等配套供应链很不健全，产业支撑能力不足。或许我们可以花钱买到设计图和生产流程，却很难买到整个供应链。

专家认为，要推动国内汽车发动机发展，关键在于加强核心技术研发，如缸内直喷、发动机热效率提高、能耗降低等技术。这不仅需要支持重点企业开展自主研发，更需要改善汽车产业技术创新的软件环境，广泛激发企业技术创新活力。为此，建议降低汽车产业准入门槛，逐步减少直至取消汽车企业设立和项目投资的审核事项，允许各类投资者，特别是非国有投资者的公平进入，鼓励创新型、有活力的民营和中小企业参与汽车发动机等关键技术研发和产业化活动。一些专家认为，考虑到新能源汽车将成为未来汽车的发展趋势，中国如果想超越国际汽车企业，也要另辟蹊径，积极争取在新能源汽车关键零部件领域的技术地位和话语权。

五、新能源汽车路在何方

我国新能源汽车经过多年的研究开发和示范运行，基本具备产业化发展的基础，一些车型产品已经投放市场，一些关键技术取得重大进步。但是，由于传统汽车及相关产业基础薄弱，我国新能源汽车整车和部分核心零部件关键技术尚未突破，已开发的整车产品在可靠性、安全性和节能减排指标等方面与国外先进产品差距较大，产业化和市场化进程受到较大制约。中国汽车技术研究中心副总师侯华亮认为，我国新能源汽车在“十五”时期整体上与国外处在同一水平，进入“十一五”以来与国外的技术差距则在逐渐拉大。根据罗兰贝格咨询公司发布的“2014 电动汽车指数”报告，综合考虑产业发展、技术进步、市场拓展等不同方面，我国电动汽车综合指数为 3.7，远落后于日本（11.0）、法国（8.5）、美国（8.4）、德国（6.2）、韩国（6.0）等国家。从产品来看，2013 年，我国销量最高的比亚迪 e6 年销售 1 544 辆，仅有美国市场销量最高的通用沃蓝达（销售 23 094 辆）的 6.69%，如果放在美国市场仅排在第 8 位，产业化水平差距明显。

我国新能源汽车发展缓慢、与发达国家差距不断拉大，首先是因为新能源汽车设计理念和产品技术存在依赖外部舶来的现象。新能源汽车起源于国外发达国家，1977 年，东京车展就展出了采用燃气发动机和电动机的丰田混合动力汽车。1996 年，通用公司生产了第一辆真正意义上的电动汽车。工信部产业政策司司长冯飞指出，由于技术的不确定性，跨国车企前几年还处在观望期、探索期、技术储备期，现在这个时期已经过去，进入加速产业化阶段，奔跑能力远高于国内企业，导致差距拉大。其次，关于技术路线的巨大争议和频繁转换带来发展困扰。天津大学汽车战略研究中心副主任郭焱认为，我国新能源车路线图一直摇摆不定是其发展缓慢的重要原因。调研发现，我国企业和科研单位在新能源汽车发展方向上的研发投入相当分散且混乱，“村村点火”、“户户冒烟”的冒进式繁荣脱离了行业发展本应遵循的技术路径。最后，核心技术制约成为发展瓶颈。罗兰贝格管理咨询公司大中华区执行总监张君毅指出，电动汽车研发并没有完全抛弃传统动力汽车的核心部分，由于我国汽车产业的技术掌握程度不高，在传统燃油汽车研发上尚处于起步阶段，寄望于通过克服技术更高的电动汽车技术实现与国际车企抗争的想法是不现实的。北京理工大学电动车中心教授林程认为，我国在电池产业化方面与国外还有十多年的差距，电机、电控领域稍微好一点，也有五到十年的差距。

此外，发展环境欠优也阻碍了新能源汽车发展。从基础设施来看，冯飞认为，基础设施建设是我国新能源汽车发展一个先天的、比较大的劣势。美国以分散居住为主，每家有固定停车位，中国则以聚居为主，面临停车困难。从产业标准来看，中国汽车标委会主任赵航认为，我国新能源汽车标准化工作不能满足科研、产业化和产品管理的需要，对一些新技术和新产品覆盖不全面。从产业补贴和激励政策来看，清华大学蔡继明教授认为，现有补贴政策没有重点鼓励新能源汽车关键核心技术创新，而是诱导汽车企业去争抢补贴“蛋糕”，这很容易造成产业的表面繁荣，使支持资金打水漂。从准入政策来看，目前的准入标准基本上阻碍了新的社会资本和资源进入这个领域的可能性，很多业外企业即使对新能源汽车前景看好，也很难进入。中国汽车工程学会理事长付于武认为，新能源汽车产品应该由市场来检验，不一定非要登记和国家批准。

针对这些问题和原因，未来我国新能源汽车发展，首先要放开市场准入，鼓励技术和产品创新，让市场在新能源汽车发展中发挥决定性作用。新能源动力电池领军企业天能集团董事长张天任认为，一定要让市场决定新能源汽车的技术路线，而不是市长说了算。否则，即使是政府选定的方向，市场不认可，产业也会发展很慢。其次，制定切合我国实际和技术进步趋势的产业发展路径。国家 863 计划节能与新能源汽车重大项目专家组组长王秉刚认为，具有实用性的、新体系的动力电池开发不是短时间能够实现的，在相当长时间里，电动汽车不具备全面替代燃油汽车的可能，应该扬长避短，根据各种汽车的特点，构建出一个协调发展的格局。再次，针对制约发展的关键领域和瓶颈，整合优势资源，创新组织方式，实现重点突破。世界电动车协会主席陈清泉、长安汽车党委书记朱华荣等认为，如果政府在关键技术研发中起到牵头作用，实现平台化运作和联合研发，改变现在“做电池的不懂汽车，做汽车的不懂电池”的两张皮研发模式，电动车关键技术的提升就会快很多。最后，完善相关建设规划及标准，适度超前地加快基础设施建设。中国汽车工业协会副秘书长叶盛基指出，加快新能源汽车产业化，必须统筹规划基础设施建设，出台扶持充电基础设施建设的政策。

六、发展高效太阳能电池迫在眉睫

发展太阳能、风能等新能源，实现能源转型，是人类持续发展的必然要求。但目前太阳能电池的光电转换效率较低，且成本较高，因此发展高效太阳能电池成为当前国内外研发的热点和重点。据了解，目前普通太阳能电池产业化水平的光电转换效率大致为：单晶 18% ~19%、多晶 17.3% ~17.8%、非晶硅薄膜 8% ~9%。高效太阳能电池是指光电转化效率更高、成本更低、能耗排放较少的电池。

近年来，我国太阳能电池产业快速发展，产量占全球的2/3左右。但薄膜电池等生产设备主要依赖进口，在国际产业链分工中处于较低地位。同时，在基础研究、前沿技术研究方面与发达国家存在较大差距。据了解，目前绝大部分国内企业都在使用同一种已经应用了长达15年的主流晶硅电池技术，仅仅是采用了渐进式的技术改进而无变革，而在薄膜电池技术和新型高效电池领域，我国还缺少“革命性的技术”。一旦主流的晶硅电池技术被替代，届时我们经过十几年发展再硅片、晶硅电池和组件方面形成的国际竞争力和光伏产业所取得的成绩可能会瞬间坍塌。

为此，发展我国高效太阳能电池，振兴光伏产业已迫在眉睫。专家建议：一是要大力推进太阳能电池重大装备研发和产业化。由于太阳能电池装备是整个产业链的核心，附加值很高，装备和设备技术制约整个产业的发展水平。因此，建议政府在企业设备制造完成后，加大对设备工艺验证、调整测试和材料耗费等的支持，加快产业化、市场化推广。调研中，一些企业强烈呼吁国家在调整产业结构、制定政策和战略规划时，要以鼓励、激励发展重大装备制造业为导向，重点支持符合要求的高效太阳能电池产业链发展，淘汰低效落后产能。二是要强化企业技术创新主体地位。有专家提出，企业是技术和市场的领舞者，科研院所重点是基础研究，而非工程类研究。要通过制定产业规划、政策导向和扶持，推动企业技术进步，积极培育市场。三是要加强统筹规划和布局。要吸取过去传统晶硅太阳能电池遍地开花的模式，制定有的放矢的战略规划和重点布局，避免重蹈覆辙。四是政府政策支持要体现公平性，避免政策跟利益集团绑定，破坏了市场发展规律。

七、特高压输电技术在争议中发展

我国具有能源资源与需求呈逆向分布的国情，随着国民经济社会发展，能源基地建设西移、北移，能源流和距离有进一步增大趋势，电力输送压力日益加剧，迫切需要满足大容量、远距离输电技术的发展，这成为特高压输电技术发展的主要动力。国际上，20世纪60~90年代，美国、日本、苏联等国曾开展过特高压技术的试验研究，但苏联、日本后期特高压输电工程均处于暂时搁置或延期或降压运行状态。立足国内，攻克世界上一个全新电压等级输电所需的全套技术，挑战是巨大的。我国特高压技术经历了多年的研发与持续投入，坚持“基础研究—设备研制—试验验证—系统集成—工程示范”方针，产学研用协同攻关，在电压控制、外绝缘配置、电磁环境控制、成套设备研制、系统集成、试验能力6大方面实现了创新突破，掌握了特高压交流输电核心技术，研制成功了全套关键设备，建成世界上电压等级最高的交流输电工程。2013年“特高压交流输电关键技术、成套设备及工程应用”获得国家科技进步奖特等奖。我国特高压输电技术的突破与应用已在世界能源、电力输送以及电工制造多个领域引发震动。并且，我国特高压输电技术已经开始走向世界，2014年国家电网获得了承建巴西美丽山800千伏特高压直流 2 092 公里输电线路项目，工程计划总投资约合 18 亿美元。

然而，对特高压输电技术及其应用的争议一直不断，支持者与反对者观点针锋相对，概括起来主要集中在“远距离输煤与输电之争”，“超高压电网扩建与特高压电网新建之争”、“特高压交流输电与直流输电优劣之争”，“‘三华’（华北、华中、华东）特高压交流同步电网建与不建设之争”等。

透过这些争论，反映出重大技术产业化过程中，对投资额高、影响范围大、技术要求高的重大建设项目应用创新技术的必要性、技术的成熟性、经济性、安全性、环保性等缺乏客观、系统的综合论证指标体系与科学的项目决策机制，不同技术方案的比选需要明确统一的目标定位，需要较为透明、完整、具备可比性的数据、资料，需要独立的、抛开部门与企业利益的第三方论证机构。

特高压之争实质上已超出了技术争论的范畴，背后隐含了对我国国民经济发展方式、国家能源发展战略、国际电网发展趋势、我国电力体制改革等方面的不同认识。

我国已开始实行能源消费强度和消费总量双控制，形成倒逼机制，推动发展方式转变、产业结构调整，有专家认为这意味着从过去以 GDP 的增长目标匹配能源供应，向未来以能源供给控制不合理的能源消费，促进高效低能耗的合理消费发展转变，因而过于超前的大容量输电线路和电网建设有可能会造成输电能力的严重浪费，部分专家仍然坚持超前建设的思路。另外，随着我国产业转移的推进，中西部能源资源丰富地区工业化、新型城镇化步伐加快，自身能源消费量增长，不同专家对西电东送输电通道建设规划合理容量也存在不同观点。

我国能源规划已明确大力发展分布式电源，推动能源生产和利用方式变革，分布式电源的发展恰恰是在能源负荷中心、城市、工业园区等能源消费中心满足用户需求，部分专家认为应着力于政策完善、体制创新，推进分布式能源快速发展，而部分专家则认为近期还是要强化集中供能系统、远距离输送能源。

对于国际上电网发展趋势的判断目前也存在不同倾向，如电网是单纯往“大”发展还是往“智能化”发展，未来的中国应该选择超级电网还是智能电网？扩大电网范围、远距离输送与消纳，抑或依托智能电网分布式接入，减少大范围的传输是两种截然不同的战略选择。有专家认为超级电网更加关注传输技术，而智能电网更加关注本地控制与减少外部依赖，超级电网中电力服务商将是赢家，其拥有了更大的市场；而智能电网发展中，用户面临的选择变多，是赢家。部分专家认为发展特高压电网是朝超级电网方向发展而非智能电网方向发展。

特高压电网建设是否有利于电力体制改革打破垄断，优化资源配置存在分歧。有专家认为，当前我国电网存在形式上的拆分，如果通过特高压电网的建设最终形成全国一张网，会从技术上彻底堵死了区域电网公司的发展道路，从体制上巩固了电网企业大一统的垄断地位。

总之，对我国特高压输电技术的应用与发展，还需要冷静思考、科学论证、长远结合地全面考虑。我们是真正从技术追赶者变为技术领先者了，还是选择了其他国家放弃的技术路线，承担了试错的巨大风险？是顺应中国能源生产与消费的特殊国情还是忽视了未来能源供给与消费的变化趋势？是站在企业利益的角度还是国家整体战略的高度统筹考虑？推广应用特高压输电技术的时机成熟了还是非理性的炒作？恐怕只有对上述问题理清思路，再来讨论输煤输电、扩建新建、交流直流、电网连接的同步方案异步方案，才能更好地促进特高压输电技术的发展。

八、核电发展是否要统一技术路线

由于历史、政治和外交等方面的原因，我国核电在长期发展中引进了多个国家的堆型和技术，有人称之为“万国牌”。当前和今后一段时期，我国核电又将进入快速发展时期，究竟该选择何种技术路线？这引发了业界激烈的争论。

目前争论主要集中在以下几方面：一是技术路线的实质是什么？国家核电专家委员会郁祖盛认为，核电技术路线就是核电机型的选择，我国确实存在核电技术路线之争，并且这种争论已影响了核电产业发展。叶奇蓁院士对此并不认同，他认为，我国已经统一了技术路线，即压水堆型，根本不存在所谓的核电技术路线之争，所谓的技术路线只是炒作的一个概念而已，同一堆型下的机型差别是必然存在的，不同的机型不能称为技术路线。

二是怎样认识能动非能动安全系统。国家核电专家委员会林诚格认为，“非能动”是第三代核电技术的标志。目前国际上无论是压水堆还是沸水堆，第三代技术都是采用非能动安全系统装置，我国也应顺应这一先进技术趋势。中国核能行业协会副理事长赵成昆则认为，“能动、非能动”都是保证核电安全的一种措施，非能动安全系统不应绝对化。作为一种技术手段，无论是“能动”还是“非能动”，只要能达到核电安全标准要求，效果都一样，两者更不能对立来看。

三是 AP1000、CAP1400 与“华龙一号”性能孰优孰劣。国核示范电站总经理吴放认为，AP1000 无论从技术先进性还是经济可行性、及安全性等方面都要领先“华龙一号”，综合性能领先“华龙一号”至少 6 年。同时，在 AP1000 先进技术的基础上，通过再创新开发形成的具有完全自主知识产权、功率更大的 CAP1400 综合性能更优。而中广核总工赵华和中国核电总工邢继则认为，AP1000 技术还在示范，不具备大批量推广的条件。“华龙一号”才是我国目前真正具有自主知识产权的第三代核电技术，综合性能更好，满足国际上第三代压水堆核电技术和我国“十三五”核安全标准要求。另外，从核电产业发展历史继承性、工业体系、燃料体系、军民的兼顾性等方面来看，“华龙一号”都要优于 AP1000。

四是在核电发展中国家与市场定位。吴放认为，鉴于我国核电的体制机制问题，技术路线不能放到市场去选择，国家不但不应放权，还应进一步集中。国外如美国业主多，可以交给市场自己选择。而我国核电厂址资源已经基本被中广核和中核集团瓜分完毕，所谓的市场基本由这两家公司决定。赵华则持不同意见，他认为，机型技术路线是个复杂性、系统性的问题，让政府去选择具体机型是不科学的。国家做好核电安全监管，市场（业主）能够选好适合自己发展的机型。

争议的焦点看起来是技术路线（机型）之争，背后实质是利益之争。引发争议是为了抢占未来核电技术路线发展权，即统一采用国家核电技术的AP1000或者CAP1400还是采取兼顾“华龙一号”两种路线并存？国家核电专家委员会陈肇博、沈文权、郁祖盛、孙光弟等人认为，AP1000是国家已经确定的技术路线，已经具备了大批量建设的条件，并且具有完全自主知识产权的CAP1400进展也非常顺利。因此，未来坚持统一采用这一技术路线，尤其是在国内不能再搞多元化。而赵华和邢继对此并不认同，他们认为，统一技术路线应该是“统一堆型”，而不是统一到具体核电站的机型。具体机型选择，不应再片面强调要将统一到某种机型，而应在满足国家核电安全标准的条件下，交由业主企业自己去选择。

为什么出现这些争议？国家发改委能源所周大地研究员认为，核电技术争议不断是多方面原因造成的，其中最直接的原因是争议双方利益主体不同，立场不够中立，分析标准不一，都希望未来核电发展中能够采用自己技术，尽量实现自己企业利益最大化。同时，他还认为，如果能够建立科学决策机制，是可以避免这些无休止争议的。但由于国家核安全局力量薄弱，加之缺乏独立的第三方评估机构，核电技术争议一直未能有效解决。中国核能行业协会副理事长赵成昆认为政治历史因素也是造成核电技术争议的重要因素，除了经济成本外，早期核电技术路线引进决策过程中还兼顾了政治、外交等多种因素，这对后来核电技术发展产生争议产生了一定的影响。

面对这些争议，专家一致认为，当前应避免门户之见，尽快结束核电技术路线争议，大力营造核电有序发展大好局面。尤其是不能被一些被媒体放大的争议干扰，业界一定要保持踏踏实实做事的风气，站在国家战略利益的高度，加强合作，集中精力做好核电技术的自主创新，加快突破制约核电发展的卡脖子技术。周大地研究员认为当前需要进一步明确我国核电发展定位，尤其应明确发展核电的国家意志，坚定业内、地方领导发展核电的决心，促进核电安全、有序、规模化发展。同时在满足国家统一堆型战略的基础上，政府应逐步下放具体机型路线决策权，明确核电安全的责任主体，实现核电技术企业权责利统一。叶奇蓁院士和赵成昆认为应继续坚持核电技术“三步走”路线不动摇，在统一核电技术堆型和满足三代堆核电标准的条件下，应保持两到三种机型并行发展。

九、转基因育种产业化举步维艰

转基因育种技术是当今世界发展最快的农业技术，发达国家正借育种技术更新换代契机，抢占世界种业市场。虽然我国在转基因抗虫水稻、棉花和转植酸酶基因玉米研究上处于国际领先水平，但在转基因复合性状研究上与被跨国公司差距明显，国内95%以上的种子企业仍停留在传统育种水平，从事转基因育种技术研究的机构多为公共科研机构。第三届国家农作物转基因生物安全委员会委员、中国农业科学院生物技术研究所研究员黄大昉强调，国内转基因科研与产业化脱节，与国外最主要的差距就集中在产业化机制上，产业化滞后已成为国内外差距扩大的核心因素。

当前，阻碍我国转基因育种技术产业化的主要因素即为安全性争议，主要集中在食用安全、生态安全和粮食安全三个方面。食用安全方面争议最大，上海交通大学科学史系主任江晓原认为，到目前为止没有找到转基因食品有害的证据不等于无害，可能吃了之后身体有问题或后代有问题，在实验室里是看不出来的。黄大昉持不同意见，他认为根据现行安全评价标准，依法审批通过的转基因作物是安全的，而且我国转基因食品的安全评价严格遵循国际标准。在生态安全争议方面，中科院植物所研究院蒋高明认为，杂草通过基因逃逸携带了外源基因，产生更难控制的“超级杂草”，转基因作物推广会加速害虫对抗能力，借助协同进化成长为“超级害虫”。黄大昉基于现有研究认为，转基因只改变农作物的一个基因，即便出现基因漂移，新生种子也无法长时间存活，而且一个物种是有群体遗传稳定性的，不会轻易发生变异。我国转基因棉花的种植实践也表明，多种作物套种的农业生产模式不利于产生“超级害虫”。粮食安全争议主要集中在转基因育种技术能否增产上。中国农业科学院作物研究所研究员佟屏亚认为，转基因作物增产是一个虚假宣传，目前为止全世界没有任何一项转基因作物是增产的。黄大昉认为这只是对增产概念的理解不同，因为影响增产的因素很多，虽然现在还没找到增产基因，但目前的抗虫转基因作物通过减少虫害也实现了增产。

目前的转基因技术争议已不单纯是科学问题，早已演变为社会公众话题，民众的不支持和担忧成为我国转基因育种技术产业化推进受阻的根源。为何会出现如此局面？黄大昉认为我们的政策法规、研究过程都没有向公众做科普宣传，政府在推广转基因技术上的态度也不够明确，特别是国际相关团体通过网络媒体散布不实言论，最终形成了极为不利的舆论环境。中国农业科学院油料作物研究所研究员卢长明认为，转基因育种技术全面产业化的条件也不成熟，我国目前的转基因生物安全管理标准落实能力差，转基因作物种植监控困难。

为了解决争议和推进产业化步伐，专家建议争议双方需要真正从科学角度讨论转基因育种技术，在做好转基因技术储备的同时，国家应尽早明确支持转基因育种技术产业化，把握好产业化的时机和方式，例如建立转基因育种技术产业化的时间表和路线图，首先推进非粮食转基因作物产业化，然后是安全性控制好、附加值高的转基因经济作物，最后再推广转基因主粮作物。政府和科学界要跟进转基因技术科普宣传，组建更具协调力和执行力的转基因生物安全监管机构。

十、先进机器人在夹缝中迈步前行

机器人被誉为“制造业皇冠顶端的明珠”，其研发、制造、应用是衡量一个国家科技创新和高端制造业水平的重要标志。中国机器人产业联盟专家委员会委员王田苗指出，目前国外工业机器人四大家族处在全球垄断地位，瑞典ABB公司、日本FANUC公司、日本YASKAWA公司、德国KUKA公司占全球市场的份额超过50%。在产品结构上，国家863计划机器人技术主题组组长赵杰指出，国外领先企业主要生产应用于汽车制造、焊接等领域的高附加值机器人，以六轴及以上为主，国产机器人主要应用于性能要求较低的领域（如五金、陶瓷等），以三轴、四轴为主。在关键零部件领域，高精密减速机、高性能交流伺服电机、多轴运动控制器等基本被国外垄断。调研发现，尽管新时达、沈阳新松、南京埃斯顿等国内企业已经实现控制器等核心部件的自主生产，但在产品质量、性能稳定性、使用寿命等方面仍存在很大不足。据王田苗介绍，国产机器人可靠性相比外资品牌仍有很大差距，其寿命只有8 000小时，而外资品牌可以达到5万~10万小时。

更为严峻的是，国外主要机器人制造商已经陆续布局中国，以抢滩国内市场，实现对技术和市场的双重垄断。高工机器人研究所董事长张小飞指出，中国机器人市场已经成为全球竞夺的焦点。2006年，瑞士ABB公司将机器人业务全球总部迁至上海，并在我国设立研发中心。2013年，日本YASKAWA公司在常州设立的机器人工厂投入生产，年产能达到12 000台。2013年，我国市场上外资品牌工业机器人销量超过27 000台，市场份额超过70%。赛迪顾问装备产业研究中心常春等指出，国内机器人企业产品竞争力较弱，用户认可度不高，销售规模远小于外资企业。例如广州数控今年产量预计达到800台，安徽埃夫特今年产量预计达到1 000台，与国外领先企业不在同一数量级别（2013年FANUC公司全球机器人装机量已经超过33万台）。

国内企业与跨国机器人企业存在巨大差距的原因，一是国外机器人企业发展起步早，对关键技术的掌握占据绝对优势，在同一技术方向上给竞争对手留下的发展空间有限。中科院沈阳自动化所机器人学重点实验室研究员赵忆文指出，国外产业链以及升级配套都已经很成熟，而国内企业对于工业机器人的认识仅仅是近几年的事情，还处在产业化起步阶段。因此，国内企业融入全球机器人创新网络，通过干中学、技术外溢等渠道提高自身研发设计和制造水平的机会很少、难度很大。二是核心零部件依赖进口给国产机器人的价格竞争能力带来很大影响。调研企业普遍反映，由于国内尚没有企业能够提供性能可靠且规模化生产的核心零部件产品，导致国内整机企业零部件采购成本明显偏高，减速机、运动控制器购买价格是国外的4倍，伺服驱动器价格是国外的2倍。三是国外企业对市场具有极强的垄断能力，国产机器人进入许多领域的难度很大。工信部装备工业司副司长王卫明指出，国产机器人市场推广应用难度大，很多领域难以进入。例如中德、中日合资车企都采用德国或日本机器人产品，而且生产流水线相当成熟，本土企业很难进入。

推进我国先进机器人发展，一是率先在制约发展的瓶颈领域和关键环节实现突破。从调研企业来看，未来突破的重点是高精密减速机、高性能交流伺服电机、多轴运动控制器等关键零部件，这些领域亟待加快突破核心技术，推进国产零部件示范应用，降低国产工业机器人制造成本，提高产品性能与质量。二是整合国内从事工业机器人研发生产的企业和单位，通过协同合作，形成发展合力，加快相关技术研发和产业化突破。例如机器人制造企业可以与下游汽车制造厂商进行合作，围绕汽车自动化生产工艺及配套环节，研发总装、焊接、冲压、喷涂等机器人，这既能有效地整合资源进行技术攻关，也有利于产品的大规模推广应用，安徽埃夫特就是这一方面的典型。三是推进工业机器人试验检测等公共服务平台建设，开展整机性能、关键零部件、安全性能、工艺性能等检测。上海电器研究院认为，发展第三方检测机构有利于建立市场信用、推广产品、促进行业健康规范发展。

（执笔人：王昌林等）

图书在版编目（CIP）数据

我国重大技术发展战略与政策研究/王昌林等著．
—北京：经济科学出版社，2017.3
ISBN 978 -7 -5141 -7887 -6

Ⅰ.①我…　Ⅱ.①王…　Ⅲ.①科学技术 - 发展战略 - 关系 - 科技政策 - 研究 - 中国　Ⅳ.①G322

中国版本图书馆 CIP 数据核字（2017）第 062731 号

责任编辑：陈　潇
责任校对：辰轩文化
责任印制：王世伟

我国重大技术发展战略与政策研究
王昌林　等著
经济科学出版社出版、发行　新华书店经销
社址：北京市海淀区阜成路甲 28 号　邮编：100142
总编部电话：010 -88191217　发行部电话：010 -88191522
网址：www.esp.com.cn
电子邮件：esp@esp.com.cn
天猫网店：经济科学出版社旗舰店
网址：http://jjkxcbs.tmall.com
北京季蜂印刷有限公司印装
787×1092　16 开　16.75 印张　360000 字
2017 年 3 月第 1 版　2017 年 3 月第 1 次印刷
ISBN 978 -7 -5141 -7887 -6　定价：46.00 元
（图书出现印装问题，本社负责调换。电话：010 -88191510）